网和天下

——三网融合理论、实验与信息安全

主编 曾剑秋

主审 方滨兴

北京邮电大学出版社

·北京·

序

三网融合是人类信息通信技术进步和社会经济发展的产物。从"烽火传书"到"驿寄梅花，鱼传尺素"，人类的信息传递方式在漫长的历史岁月中逐渐发生着改变。直至近代，电话、电视和互联网的诞生、电子信息技术的发展令人类的信息传播方式发生了历史性变革。三网融合正是人类信息通信技术水平不断提高、人们多样化的信息服务需求不断增加的必然结果。

三网融合并不是一个新鲜的概念，它由经济全球化催生并进一步推动全球化的发展，事实上，正是四通八达的网络覆盖使不同产业的全球化成为现实。发达国家早在20世纪90年代，就陆续允许电信业和有线电视业相互开放，通过技术驱动、业务发展、政策推动和需求带动，逐步向新的多网融合方向发展。越来越多的国家意识到，在信息社会，只有解决好信息的传递和使用，才有可能在未来激烈的竞争中占领制高点。我国于1998年提出"三网合一"的概念，在如何建立适应中国国情的融合市场以及发展电信、广电和互联网业务方面一直在进行有益的探索。直至2010年1月13日，温家宝总理在国务院常务会议上决定加快推进电信网、广播电视网和互联网三网融合，并明确提出了三网融合的实施的路径和时间表，三网融合由此进入实质推进阶段。

三网融合并不是三种网络业务的简单叠加，也不是打破行业重新组合，而是在政府统一领导下，依靠网络这个现代化的共有资源，更大地发挥各自的优势和潜力。三网融合的价值追求在于信息网络资源的共融、协调和整合，以创造更大的经济效益和社会效益。目前，我国三网融合尚处于探索和试点阶段，需要我们广大学者和专家结合中国的国情进行深入研究，为我国的三网融合事业铺石指路。北京邮电大学方滨兴校长和曾剑秋教授倾力完成的这本《网和天下——三网融合理论、实验与信息安全》就是在这样的时代背景和产业需求下写就的。书中详细介绍了欧美等国家网络融合的情况，对我国三网融合发展模式进行了总结；本书着眼于三网融合的理论创新，从不同层面对我国开展的三网融合的相关实验、试点经验以及三网融合过程中的信息安全问题进行了深度分析与研究，提出了很多新颖、有见地、有价值的观点，对更好地理解三网融合有很高的学术价值，对我国三网融合产业的发展会有一定的指导意义。值此书即将付梓之际，我欣然写下此文，以祝贺该书稿的顺利完成。同时，也希望《网和天下》能引起更多读者的共鸣，为推动我国的三网融合事业共同努力、共襄盛举。

吴基传

2010 年 11 月 30 日

目录

表目录

图目录

第一章 信息、信息内容与三网融合理论创新

第一节 三网融合概述

1. 三网融合

三网融合源于信息通信技术（ICT）进步和产业融合。20 世纪 70 年代，计算机和信息网络技术的迅速发展带来了媒体、电信和信息领域业务的交叉和融合，产业融合成为关注的焦点。随着光进铜退，电信网与广电网因传统上技术不同而产生的带宽差异日渐缩小，在网络接入带宽方面站在了同一起跑线上，融合成为扩展市场、节约成本、互利互惠的必然选择。

三网融合体现了网络融合演进的过程。1978 年，美国科学家尼古拉斯·尼葛洛庞帝（Nicholas Negroponte）用三个重叠的圆圈描述了计算机业、出版印刷业和广播电影业三个产业间的边界重合现象，并指出三圈重叠部分是发展最快、最有前景的领域，这是有关三网融合最早的表述。此后，三网融合经历了 20 世纪 80 年代的电信网、广电网和计算机网融合，90 年代的电信网、广电网和互联网融合以及 21 世纪以来的电信网或者通信网、传媒网和互联网融合等几个演进阶段，如图 1－1 所示。目前，中国要实现的三网融合主要指电信网、广电网和互联网的三网融合，很多西方发达国家已于 20 世纪末至 21 世纪初完成了这一阶段。

通过对网络融合发展规律的研究和归纳，三网融合的目的是发挥不同网络的优势，使消费者能够通过任一种物理网络获得所需要的信息服务，而并非某种网络一统天下，消费者对于相同的信息服务不同的物理网络的感知是无差别

本书得到国家社会科学基金特别委托项目“三网融合相关问题研究”支持，项目批准号 10@ZH002

的。三网融合是一个多层次的概念，包括技术融合、市场融合、业务融合、产业政策融合和监管融合等；三网融合也是一个动态的概念，其发展方向遵循一网融合、二网融合到三网融合的演进规律。

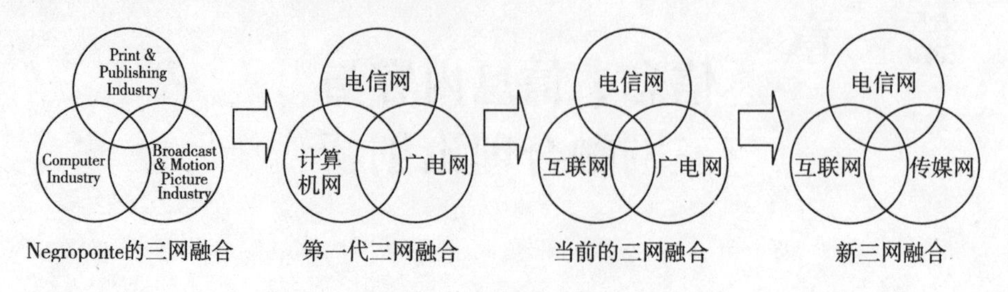

图 1－1　全球三网融合演进阶段

由此可见，三网融合是信息传递方式的演进。

2. 信息、信息内容与三网融合

(1) 信息的概念

美国数学家、信息论的创始人 Claude E. Shannon 提出："信息是用来消除随机不确定性的东西。"[1] 控制论的创始人 Norbert Wiener 也指出："信息就是信息，既非物质，也非能量。"[2] Dusenbery 提出："信息是一种向有机体或既有设备的感知输入（Sensory Input），输入的信息可以分为两种：一种是对系统的运行起决定性作用的信息，称为因果输入；另一种信息则只有在与"因果输入"有某种联系时才显得重要。"[3] Stewart（2001）提出，能影响其他事物的形成或转化的任何一种形式都可以称为信息，信息不需要意识的感知或了解，从信息到知识的转化最为关键，是形成现代企业创新和竞争优势的核心。但信息的这种影响本身已经暗含了意识对信息的捕捉和翻译，从信息到知识的转化就能说明这一点。Stewart 认为，从信息到知识的转化是最为关键的一环，它是形成现代企业创新和竞争优势的核心。[4] J. D. Bekenstein 从物理学的角度定义了信息，他认为信息具有物理属性，物质世界是由信息构成的。[5] 记录是一种特殊形式的信息，本质上，记录是作为商业活动或事物的副产品而生产出来的信息，因其价值而存在。记录不仅可以作为组织活动的证据，而且具有一定的信息价值。Anthony Willis 认为事物记录和交付信息的健全管理有 6 个关键因素：透明度、问责制、正当程序、遵守、符合法规和规定以及个人和企业信息安全。"[6] Beynon Davies 从信号和信号系统角度阐述了信息的定义。他认为信息是符号学中 4 个互相依存的层面：语用学、语义学、句法及实证的综合，而这 4 个层面又是

联系社会生活和物质世界的纽带。[7,8]

综合以上各种定义，信息是事物的运动状态和过程以及关于这种状态和过程的表示。虽然传播活动多种多样，但所有社会传播活动的内容实质上都是信息。虽然信息本身不是物质、不具有能量，但信息反映物质与意识的属性，它的传输需要依靠物质、能量、场作载体。含有信息的载体称为信号，信息蕴涵于信号之中并依靠信号传输。一般来说，获取信息需要三个基本要素，即信源、信道、信宿。信源是以信号的形式发送信息的主体或观测、考察的对象。信道是指传输、存储和处理信号的媒介。信宿是信息传送的对象。[9] 三网融合本质上是实现信息传递方式的融合，是信息在信息发出者（信源）和信息接收者（信宿）之间的不同传输方式、不同协议下传输的结果。

（2）三网融合对信息、信息内容的影响

1）三网融合推动信息整合

在三网融合推动下，各类型媒介通过新介质真正实现信息的汇聚和融合。融合的传播模式无论从传播内容的深度和广度，还是从传播形式的多样性而言，都极大地促进了信息的整合。目标受众不仅可以通过文字、图片以及包括3D电视的视频等多种形式了解信息内容，也可以通过不同信息传播主体进行全方位的体验。

2）三网融合引起信息传播的全媒体化变革

三网融合使新的产业革命开始萌发勃勃生机，各种传播终端正在由单一的功能向多功能、多媒体转化，单一媒体形态正在向多媒体产品形态和全媒体信息传播形态拓展。例如，随着数字化的发展，记者开始成为多媒体、全媒体移动记者，出外采访能够通过图片、文字、视频等多种方式记录，在网站、电子阅读器、报纸、手机等多个渠道实现信息的传播。

3）三网融合带来信息安全的挑战

三网融合增强了网络的开放性、交融性和复杂性，融合网络将面临严峻的安全考验。在技术安全方面，未来网络将使用IP协议，而IP协议固有的缺陷将给网络带来安全隐患；在网络安全方面，三网融合之后，原先封闭的电信网、广电网将不断开放，这种开放性使外部的攻击者有了可乘之机，流行于互联网的黑客、病毒、木马等将会转移到电信网、广电网，产生巨大的危害；在终端安全方面，三网融合将实现三屏合一，终端的快速发展使终端接入方式变得多种多样，面临的安全形势错综复杂。

3. 信息产业、信息内容产业与三网融合

(1) 信息产业

信息产业(Information Industry)是指将信息转变为商品的行业。它以信息为资源，以信息技术为基础，进行信息资源的研发和应用，包括一系列活动，如对信息进行收集、生产、处理、传递、存储和经营。在发达国家，一般都把信息资源作为社会生产力和国民经济发展的重要资源，把以信息产业为核心的新兴产业群称为第四产业。

1962 年，美国经济学家 F. Machlup 教授提出与信息产业相类似的知识产业(Knowledge Industry)的概念，分析了知识生产和分配的经济特征及经济规律，阐明了知识产品对社会经济发展的重要作用。[10]随后，M. U. Porat 在 F. Machlup 对信息产业研究的基础上，把知识产业引申为信息产业，并提出了四分法，为信息产业结构方面的研究提供了一套可操作的方法。[11]美国信息产业协会(AIIA)给信息产业的定义是：信息产业是依靠新的信息技术和创新的信息处理手段，制造和提供信息产品、信息服务的生产活动的组合。欧洲信息提供者协会(EURIPA)给信息产业的定义是：信息产业是提供信息产品和信息服务的电子信息工业。日本的科学技术与经济协会认为：信息产业是提高人类信息处理能力，促进社会循环而形成的由信息技术产业和信息商品化产业构成的产业群，包括信息技术产业及信息商品化产业。信息产业的内容比较集中，主要包括软件产业、数据库业、通信产业和相应的信息服务业。

借鉴国外关于知识产业、知识经济、信息产业等的研究成果，中国学者也提出了一些关于信息产业的观点。其中，最具代表性的观点如广义与狭义信息产业分类框架。广义观点认为，信息产业是指一切与信息生产、流通有关的产业，不仅包括信息服务和信息技术，而且包括科研、教育、出版、新闻、广告、金融等各部门；狭义观点认为，信息产业是指从事信息技术研究、开发与应用、信息设备的制造，以及为经济发展和社会公共需求提供信息的综合性生产活动。[12]中国对信息产业分类没有统一的模式，一般认为包括七个方面：一是微电子产品的生产与销售；二是电子计算机、终端设备及其配套的各种软件、硬件的开发、研究和销售；三是各种信息材料产业；四是信息服务业，包括信息数据、检索、查询、商务咨询；五是通信业，包括计算机、卫星通信、电报、电话、邮政等；六是与各种制造业有关的信息技术；七是大众传播媒介的娱乐节目及图书情报等。近年来，信息内容产业的概念逐步具有了广泛影响。

（2）信息内容产业

信息内容产业（Information Content Industry，简称IC产业），又称“内容产业”或“数字内容产业”，最早在1995年西方七国信息会议上提出。

1996年，欧盟“Info 2000计划”对内容产业进行了明确界定：制造、开发、包装和销售信息产品及其服务的产业，其产品范围包括各种媒介的印刷品（报纸、书籍、杂志等）、电子出版物（联机数据库、音像制品、光盘和游戏软件服务等）和音像传播品（影视、录像、广播和影院等）。[13] 1998年，联合国经合组织《作为新增长产业的内容》专题报告把内容产业界定为“由主要生产内容的信息和娱乐业所提供的新型服务产业”，具体包括数据组织、出版和印刷、音乐和电影、广播和影视传播等产业部门。美国将出版、电影、广播电视、音乐、通信、网页设计、应用软件、信息处理、数字图书馆等都视为内容产业的范畴。在日本，广义的内容产业既包括娱乐性比较强的电影、电视、音乐、出版物、动漫、网络游戏等产业部分，也包括以信息服务为主的电子商务、手机通信、远程教学和远程医疗等非娱乐产业部分。[14]

根据中国的具体情况，信息内容产业是指制作、开发、传输和销售信息产品及其服务的产业。它包括：①信息内容生产业（传统的和数字的新闻出版业、广播、电视、电影、电视剧和音像制作业、社会调查业、广告业、短信、测绘等）；②信息传输服务业（电信、互联网信息传输业、卫星传输服务、资信调查业、呼叫中心服务、专业服务等）；③信息内容服务业（互联网信息内容服务业、信息处理业、咨询业、公共信息内容服务业）。[15]

（3）三网融合对信息产业和内容产业的作用

1）三网融合促进信息产业规模增长

①融合产品的出现提供了新的商业机会，创造了新的商业模式

在电信、互联网和有线电视三大行业融合的过程中，各行业原有的产品和服务将继续存在，而原来各行业中相互独立的技术、产品以及商业模式的互相补充与渗透将促进大量新产品与服务的产生。例如，互联网与电信网的融合产生了VoIP，有线电视网与互联网的融合形成的IPTV 、VOD①和Cable宽带接入②等 。

① VOD（Video On Demand，视频点播）是一种用户可以选择随时收看自己喜欢节目的视频服务。
② 主要是指有线电视运营商使用其有线电视网的同轴电缆提供互联网宽带接入服务。

②三网融合带来新的软件、硬件和服务的需求

电信企业、广电企业和互联网企业融合将会转化为对软硬件终端研发和生产的需求。以融合产品为目标的新软件开发以及硬件配置要求将迅速形成新的市场需求，与此相关的服务市场也将迅速发展。

③三网融合带来更多的新参与者

三网融合产生的新市场会吸引更多的新参与者，新参与者的不断进入又促进了三网融合的持续发展。在电信、互联网和有线电视三大产业融合的过程中，除了原有的电信、有线电视和互联网产业的参与者将乘势扩大其业务领域之外，融合产业巨大的增长潜力也将导致其他强有力的新参与者进入。新进入者带来新的创意、技术和资本，为融合产业的发展源源不断地注入了活力。

2）三网融合促进内容产业的发展

从整个产业链来看，三网融合后，信息内容产业因自身长期价值的提升而成为最大的受益者。

①三网融合为内容产业提供强有力的技术平台

在大规模网络建设、终端迅速普及、运营商广泛介入三个因素的推动下，出现了更多新媒体形态，如有线数字电视、地面移动数字电视、移动多媒体广播、直播卫星电视、移动通信媒体、互联网和IPTV等。庞大的终端规模，更为复杂高效的传输网络，为内容产业的发展提供了强有力的技术平台。

②三网融合驱动内容提供商创新经营模式

三网融合为内容提供商拓宽思路，为思维创新的产业链运作经营模式提供了发展空间和政策支持。从产业发展的角度看，三网融合的关键是内容。三网融合后用户应用是第一位的，用户对内容的攫取是关键，而信息内容产业本身是可以异质化的服务行业，其前景好于单纯比拼速度或质量的数据接入和语音业务。另外，内容提供商们以前只能将版权出售给电视台，三网融合后内容提供商将有更多的选择，可以将版权出售给互联网、手机等更多的渠道和终端。目前，三网融合才刚刚起步，但关于内容的争夺已经开始，视频版权价格不断上涨，视频网站从流量比拼转向版权争夺。而在网络热潮的背后，内容提供方在未来市场的地位更加不可动摇。就整个内容产业而言，包括视频在内所有内容资源的价格都在上升。价格暴涨的背后，是产业链与商业模式的逐渐成熟。在内容参差不齐、同质化严重的时代，掌控渠道的运营商与服务提供商（SP）居于核心地位；而在内容优劣逐渐成为消费者选择服务主要依据的时期，相关的内容提供方将会拥有更大的话语权。

③三网融合增加内容产业的受众资源

三网融合后，渠道更加多元化。对内容产业而言，意味着有更多的分发渠道，有更多的受众资源，无论是有线网用户，还是电信、互联网用户，内容企业可以有更多的机会与其接触。就像3G网络的推出使得众多的互联网企业可将其平台移植到3G网络，从而增加受众人群。

第二节 三网融合相关理论

1. 产业融合相关理论

(1) 产业边界理论

边界是系统理论中的基本概念。边界存在的范围非常广泛，在系统与环境之间扮演着双重角色，是人们对于系统和系统与环境之间关系的未来演化进行预测和决策分析的重要依据。将系统理论中的边界概念引入产业组织理论研究，由此而得到“产业边界”的概念。

产业边界是由产业经济系统诸多子系统构成的与其外部环境相联系的界面。边界是由各个产业的技术、业务、市场、服务、企业、监管机制等特性加以区分而形成的，尼古拉斯·尼葛洛庞帝（Nicholas Negroponte）的三个不同圆圈出现交叉、重叠和包含，表明产业边界已经模糊、互相渗透甚至消失。[16] Ron Ashkenas 提出，企业成功的要素由静态环境下的规模、角色清晰、专门化和控制逐步演变为动态环境下的速度、柔性化、整合和创新，说明在动态环境中，产业边界不可避免地随着环境而变化，产业间的边界也由此呈现出模糊化的趋势。[17] 吴广谋、盛昭瀚从组织生命周期角度考察了组织边界的动态性，认为产业的动态边界是产业作为短时间尺度的、实现产业目标的决策变量。[18] 周振华在对传统的电信、广电、出版等产业以及工业生产行业的特性进行分析后，用技术、业务、运作、市场四个纬度来界定产业边界，如表1－1所示。技术边界，即每一个产业是用一种特定的技术手段及装备和与此相适应的工艺流程来生产某一种产品的；业务边界，即每一个产业通过不同的投入产出方式向消费者提供其产品或服务并形成自身独特的价值链；运作边界，即每一个产业的活动有其特定的基础平台及配套条件；市场边界，即每一个产业的交易是在一个特定的市场通过不同的环节与流转方式进行的。[19]

表1－1　产业边界分类

边界类型	定义	定义符	表征指标
技术边界	由生产的技术手段与装备及其相适应的工艺流程定义	生产	专用性程度
业务边界	由产业提供其产品与服务的活动方式定义	产品	差异性程度
运作边界	由产业活动的基础平台及配套条件定义	组织	专用性程度与可容量
市场边界	由同一或替代产品与服务的竞争关系定义	交易	市场结构性质

综上所述，产业边界是指在同类或者有密切替代关系的企业群或企业集合中，由于同一产业内的企业之间存在竞争关系和资源置换的合作关系，而在不同产业之间存在着进入壁垒与退出壁垒，从而导致不同产业之间存在着的各自的边界。

（2）产业融合理论

对产业融合的研究，可以追溯到对数字技术的应用而出现的不同产业间整合现象的讨论。Yoffie 将融合定义为“采用数字技术后原本各自独立产品的整合”。[20]美国经济学家 Takashi Kubota 则依照爱因斯坦的能量公式提出：信息产业经济增长等于消费电子产品、计算机和通信三者的融合。Greenstein 和 Khanna 从对计算机、通信业和广播电视业融合的角度，将产业融合定义为“为了适应产业增长而发生的产业边界收缩或者消失”。[21] Ono 和 Aoki 从功能视角对电信、广播和出版业的融合进行了个别分析，将网络功能界定为交换和传输，并提出从专有平台到非专有平台的转换以及从低带宽要求到高带宽要求的转换是网络融合的发展方向。[22]日本产业经济学家植草益认为，不仅信息通信业，金融业、能源业、运输业的产业融合也将得到进一步发展，“融合就是通过技术革新和放宽限制来降低行业间的壁垒，加强行业企业间的竞争合作关系”。[23] Stiegitz 认为，网络融合可以分为技术层面的融合与产品层面的融合，而产品功能组合由技术功能组合所决定。[24] Lind 根据产业生命周期理论，把产业融合定义为“独立产业之间的合并过程，以及产业边界间进入壁垒的消失”。[25] Evans 和 Schmalensee 从网络间的竞争角度构建了网络平台的三维功能结构模型，并且认为具有相同功能分布的网络在相关功能所对应市场上展开竞争，而无重叠功能的网络之间则可以展开合作。[26] Eisenmann 等也提出，可以通过共享网络和用户来整合竞争性网络的功能，从而替代平台包络（platform envelopment）策略进入目标市场并撼动在位者的地位。[27]

综上所述，产业融合是指由于技术的进步和规制的放松，在具有一定技术与产品的替代性或关联性的产业间的产业边界和交叉处发生技术融合，进而带来这些产业间产品与市场的融合，从而导致不同产业的企业间的竞争合作关系发生变化，使传统的产业边界模糊化或消失的现象。

（3）产业边界漂移与三网融合驱动因素

近几年，国内外学界对以产业边界漂移为主要表现形式的产业融合现象进行了大量的研究，分别从技术进步、产品融合、产业管制政策等方面提出了自己的见解。管制政策的变化消除了产业壁垒，[28]新技术使得任何一种服务（语音、互联网和视频）可以通过任何一种物理网络提供给消费者，[29]出现了原来属于不同产业的产品的融合。随着产业壁垒的消失，以前处于不同产业的企业成为直接竞争者，从而产生了产业渗透、交叉和融合。[30,31]

三网融合的驱动因素可归纳为技术进步、市场需求及产品融合、产业政策和管制放松三个方面。

技术进步主要包括数字技术、调制技术、光通信技术和 TCP/IP 技术的进步。数字技术使得语音、视频、数据、文件等各种类型的信息都可以转化为0－1码流，可以通过不同的网络进行交换和传输，并且提高了传输质量，为电信网、互联网和广电网的融合提供了技术保证。新的调制技术极大地提高了物理介质的传输带宽，电信部门基于电话双绞线的 ADSL2＋M 技术能够提供24Mbit/s 的下行速度和3.5Mbit/s 的上行速度，目前可实现20Mbit/s 的商用速度并正在大幅提升速率；广电部门基于有线电视网同轴电缆（Cable）的 DOCSIS 3.0 技术（欧洲版）可达到下行444Mbit/s、上行122Mbit/s 的速度，可实现商用120Mbit/s 的下行速度。光通信技术使高质量、远距离、大带宽的低成本传输成为可能，节省了电能和大量的铜资源，光纤接入技术使大带宽的互联网接入和视频服务得以实现。TCP/IP 技术是现在唯一被广泛认可的技术，能够承载语音、数据、视频等多种业务，为跨平台服务和产品融合提供了技术保障。

市场需求的变化主要体现在对于融合产品的需求激增。随着互联网和移动通信业务迅速发展，用户不再满足于单一的业务，对业务的需求结构发生了重大变化，越来越多的用户提出了业务综合化和个性化的需求。其中尤以对融合产品的需求增加速度最快，比如消费者希望通过一根物理线路能够享受到高清电视、宽带互联网接入和电话等多项服务。

产业政策和监管政策的变化。20 世纪后期，信息产业成为了世界经济尤其是西方发达国家经济增长的引擎。为了适应新的信息革命、促进经济增长，西方发达国家将信息产业作为国家战略产业，制订了一系列促进信息产业发展的产业政策，放松管制，鼓励自由竞争。虽然自由开放的政策导致了21世纪初的互联网泡沫和电信过度投资，但信息革命带来的社会经济的增长与交易成本的急速下降使世界经济获得了空前的发展动力，信息革命巨大的经济外部性效应使所有产业获益。在三网融合方面，西方主要发达国家于20世纪末至21世纪初先后放松了对电信产业和广电产业的管制，消除了双向进入的法律壁垒，广电部门和电信部门同时参与融合业务市场的竞争，融合市场获得飞速发展。

(4) 电信业和传媒业的边界

采用产业边界界定方法进行分析：三网融合前，从产品和服务的同一性来讲，电信和传媒业提供的都是信息产品或服务，但其产品服务内容、技术和市场有很大差别，存在明显的业务、技术和市场边界，从而在产业分类上被区分开来；从业务边界来看，电信服务提供给消费者的是点对点的信息（声音、图像和图形数据）传递，网络媒体提供单向声音、视频、画面等信息，平面媒体提供的是有形的书籍、报刊、影像等产品，两个产业提供的产品服务在功能特性上有很大差别，替代性不强，分别满足消费者不同的需求；从技术边界来看，两者各有其提供信息产品服务的网络平台和终端设备，用户只能使用特定的终端设备接收信息，各个特定载体的信息无法互相进行转换，两者所提供的信息产品服务只能在各自专用的网络平台和终端机之间传送；从市场边界来看，两者有各自分割的市场领地，属于非竞争关系，竞争只是发生在同一产业内的不同企业之间。因此，在传统产业构架中可以看到明显的产业边界的存在。

2008年电信重组以后，中国三大电信运营企业，即中国电信、中国联通、中国移动，均可以从事固定业务、移动业务、互联网业务和第三代移动业务等，具体可以细分为十一个大类：互联网业务、第三代移动业务、固话业务、移动IP、彩频、话音业务、短信、移动互联网、数据业务、CDMA及GSM。

广义的传媒业是指生产多种独特的产品用以信息传播的行业，即通过图书、报刊、电视、无线电广播、音乐、电影及录像带等来实现信息的传播。广义的传媒业甚至包括网络产业、邮政产业等。根据中国传媒业的发展现状，狭义上分为平面传媒和网络传媒，崔保国将传媒业细分为报纸产业、期刊产业、图书出版产业、电视产业、广播产业、电影产业，另外加上新媒体产业和广告与公关产业。

互联网是连接电信和传媒的纽带，双方都在利用互联网技术对现有的产品和服务进行延伸。事实上，产业并没有绝对清晰的边界。Kevin 提出的“大媒体 Mega - Media”就涵盖了电信业和传媒业的全部内容，它是指横跨多个信息传播领域的巨型传媒集团所构成的产业体系。近年来的一些学者在研究传媒产业时也把邮政和电信纳入传媒产业经营的范围之内。可见电信、传媒产业边界融合的最终状态将形成一个相互交融的集合。

2. 网络融合理论

网络融合（Network Convergence）是指由于数字技术、软件技术、TCP/IP① 协议、宽带接入技术等信息通信技术的发展，原本各自独立的、专用的网络平台可以成为通用的网络平台，从而提供基本相似的服务。网络融合主要表现为：技术上趋于一致；网络层上可以实现互连互通；业务层上互相渗透和交叉，都趋于全业务运营；应用层上使用统一的 IP 通信协议；用户终端的统一；最终促使行业监管政策和组织架构上的融合。[32]

从狭义方面来看，网络融合就是指电信网、有线电视网、互联网的融合与趋同，即三网融合。国际电信联盟（ITU）研究了当代科技进步和生产力发展情况，按照当前各国正向信息化社会演变的趋势，提出将电信网、广电网和互联网融合建设为统一的全球信息基础设施（Global Information Infrastructure, GII）的概念：“通过互联、互操作的电信网、有线电视网和计算机网等网络资源的无缝融合，构成具有统一接入和应用界面的高效网络，使人们能在任何时间和地点，以一种可接受的费用和质量，安全地享受图像、语音和数据等多种方式的信息应用和服务。”[33]

从广义方面来看，网络融合是泛指一个以 IP 为中心，可以同时支持语音、数据和多媒体业务的全业务运营网络。网络融合可以从多种不同的角度和层面去观察和分析，网络融合的主要目标是给用户塑造无缝的业务使用环境，即用户不论在有线环境中还是无线环境中，都可以享受到相同的服务并可获得相同的业务应用。

---

① TCP/IP（Transmission Control Protocol/Internet Protocol），传输控制协议/因特网互联协议，又称网络通信协议。该协议是 Internet 最基本的协议，是 Internet（国际互联网络）的基础。

第三节 新三网融合理论

1. 通信的传媒属性

传统意义上，通信与传媒是差异较大的概念。提到通信，人们就会想到邮政、电话、传真等；提到传媒，就会想到报纸、广播、电视等。但是，随着技术的发展，两者之间的界限正在日益模糊，通信手段越来越多地成为了传媒手段，通信越来越多地扮演起媒体的角色，现代通信技术成为了新媒体的基石，通信的传统属性越来越突出。[34]

1948年，贝尔实验室的科学家Shannon发表了著名论文《通信的数学理论》，在Nyquist和Hartley相关研究的基础上，使用数学方法对通信系统中信息传输的问题进行研究，为信息论的产生奠定了基础。[35]这些研究也被传播学的初创学者们采纳和吸收，对传播学的形成产生了重大影响 。一是把信息概念引入了传播学的领域，提高了传播学理论表述的科学性和严谨性，为传播学的定量研究提供了新的方法；二是拓宽了传播学的视野，使传播学能把人类社会传播活动置于通信技术的环境中加以考察。

新通信技术的发展也对传媒和社会价值体系产生了重大影响。通信强调端到端无损的、即时的、保密的信息传递，而传媒则强调将信息发布给更多人。最佳的例子莫过于Twitter。它的本质是一种即时通信服务，是微博的典型应用。它允许用户将自己的最新动态和想法以短信息的形式发送给手机和个性化网站群，而不仅仅是发送给个人。这一特性使得Twitter在灾难与突发事件的传递与报道速度上远超传统媒体。例如美国2009年年初的空难，印度孟买的连续恐怖攻击，迈克尔·杰克逊的突然逝世，Twitter使用者传出的目击照片和信息都是即时通信。它还被奥巴马和希拉里用在总统大选中拉选票。它在摩尔多瓦冲突中起到了召集人的作用，甚至美国国防部长罗伯特·盖茨（Robert Gates）表示：Twitter是在伊朗德黑兰抗议活动中起到重要作用的社交媒体，是“美国的重要战略资产”。

从传播学的角度看，Twitter 的出现削弱了“把关人”① 在传播中的作用，使得信息可以由任何人采集后直接发给任何人，并且以指数速度扩散。同样，个人的观点也可以不受约束的迅速传播。传统传媒不再能够垄断内容的分发和价值判断，以传统传媒为重要基础的相对稳定的社会价值体系在不断的冲击中迅速变化。

2. 新三网融合

(1) 以互联网为代表的新媒体

新媒体主要是指在新技术支撑体系下出现的媒体形态，除互联网外，还包括数字杂志、手机短信、触摸媒体等。新媒体在形态上与传统媒体完全不同，它颠覆了传统意义上的传播学，美国《连线》杂志给出了一个形象的新媒体定义：所有人对所有人的传播。

传统的传播学将研究分为两个方向：人际传播与大众传播。与之对应的媒体理论界则称之为人际媒体与大众媒体。在人们之间的交往活动中，人们相互之间传递和交换着知识、意见、情感、愿望、观念等信息，从而产生了人与人之间的互相认知、互相吸引、互相作用的社会关系网络，这就是人际传播。与大众传播相比，人际传播的主要特点是感官参与度高②、信息反馈的量大和速度快③、信息传播的符号系统多④。而大众媒体的运营者掌控着稀缺的传播资源和渠道，缺乏区分传播对象个体的能力，缺乏与传播对象互动的能力，其传播方式以重复和大面积覆盖为主要特点。

从以上的分析可以看出，人际媒体和大众媒体的优势和劣势完全互补。人际媒体可以递送个性化内容，但是一般在任何时间只能对一个人；大众媒体可以向几乎无数人同时递送或显示，但所送内容不具有针对性和个性化。人际媒体使得每个参与者都能够控制内容；大众媒体则由少数人/组织控制内容的制作与传播，如表 1－2 所示。

---

① 传播学中认为群体传播中存在扮演“把关人”角色的一群人，只有符合群体规范或者他们的价值标准的信息才能进入传播渠道，传递给大众。一般而言，这种作用主要是由记者和各级编辑完成的，往往受到政府或者权势部门（人）的影响。

② 感官参与度高：在直接性的人际传播活动中，由于是面对面的交往，人体全部感觉器官都可能参与进来，接收信息和传递信息。即使是间接性的人际传播活动，人体器官参与度也相对较高。

③ 信息反馈的量大和速度快：在面对面的 CI 信息传播中，我们可以迅速获悉对方的信息反馈，随时修正传播的偏差。传播对象也会对你的情感所打动，主动提供反馈意见。如果有了传播媒体的中介作用，信息反馈的数量和速度都将受到限制，因为冷冰冰的媒体可能会使传播对象不愿参与反馈意见。

④ 信息传播的符号系统多：人际传播可以使用语言和大量的非语言符号，如表情、姿势、语气、语调等。许多信息都是通过非语言符号获得的。大众传播所使用的非语言符号相对较少。

20 世纪 40 年代后期开始，一系列数字通信技术的进步催生了新媒体，主要包括 60—70 年代 ARPANET① 和 TCP/IP 协议的诞生、70 年代个人计算机的发展、80 年代 HTTP② 的产生、1992 年 Internet 向公众开放和图形浏览器的发明以及 20 世纪末计算机多媒体技术的发展。Vin Crosbie 认为新媒体的标志性特点有两个：一是独特的、个性化的信息的潜在受众是无限的，并且能够实时地进行传播；二是所有人都能够平等互惠地控制内容。换句话说，新媒体具有人际媒体和大众媒体的所有优点，并消除了两者的缺点：当一个人需要向其他个体发布独特的消息时，不再受到一次只能发给一个人的限制；当一个人需要同时向很多人发布相同的消息时，不再受到不能针对个人进行内容编辑的限制。

表 1－2　人际媒体与大众媒体的特征、特点与应用对比

	特征	缺点	应用
人际媒体	交流参与者对交流的内容有对等的和相互的影响和控制；交流内容可以针对每个参与者的特定需求和兴趣而个性化	对交流内容的对等控制和个性化，随着参与者增加而退化成噪声。当越多的人参与对话，每个人对内容的控制越差，内容和参与者个人需求和兴趣的匹配也越差	人际对话（conversation）是其最基础形式，技术只是延展了它的速度和范围，如信件、电话、电子邮件等
大众媒体	完全相同的内容到达所有接受者；内容发送者对内容有绝对的控制	内容不能针对接受者的独特需求和兴趣而个性化，接受者对内容没有控制	大众媒体的工具和形式有讲演术、布道、布告/法令、手稿、剧本、书籍、报纸、布告板、杂志、电影院、广播、电视、BBS 和万维网广播

尽管 Vin Crosbie 反复强调新媒体是完全依赖于技术的媒体，强调新媒体完成了人类依靠本能所不能做到的事情，但我们也必须承认，新媒体依然是人类沟通与信息传播的工具，新媒体所承载的内容才是本质。

① ARPANET 是美国国防部为了防止在打击中指挥中心被毁后指挥系统瘫痪而牵头研制的分布式数据网络，其特点是其不存在“核心”，部分通信网络失效以后网络的其他部分可以正常工作。ARPANET 的研制促成了 TCP/IP 的诞生，解决了不同软硬件计算机的远距离通信问题，后来其中的纯军事部分分离出来成为 MILNET，剩下的部分成为了 Internet 的前身。

② HTTP（Hypertext Transfer Protocol），超文本传输协议，是客户端浏览器或其他程序与 Web 服务器之间的应用层通信协议。在 Internet 上的 Web 服务器上存放的都是超文本信息，客户机需要通过 HTTP 协议传输所要访问的超文本信息。HTTP 包含命令和传输信息，不仅可用于 Web 访问，也可以用于其他因特网/内联网应用系统之间的通信，从而实现各类应用资源超媒体访问的集成。

（2）新三网融合的特点

新三网融合主要是指电信网、传媒网和互联网的融合。新三网融合的特点是：[36]

①以信息的生产、处理、传递和存储为核心。

②包括数据、影音、消息等的各种信息都可以通过任何一种物理网络传递给任一消费者，任何合法信息都能够通过网络轻松获取。

③数据能够在网络上进行传递、存储和处理，网络智能化和工具化程度越来越高。

④通信网络的传媒属性和传媒的通信属性均能够得到充分体现。

3. N 网融合与 U 信息化

N 网融合是新三网融合的延伸和发展趋势，是任何人都能通过任何一种物理网络方便地享受任何一种信息服务的网络，是每个人作为信息生产者、传播者和消费者的复合角色得以最大程度体现的网络，是基于 U 信息化的泛在网络。

U 信息化是指智能综合网络信息化社会，即无处不在的网络社会。1964 年，日本学者梅棹忠夫提出了信息社会概念，经过近半个世纪的努力，信息社会正在朝着无处不在（Ubiquity）的智能综合网络信息化社会（U 信息化）的方向发展。

目前，以 Bluetooth、RFID、WiFi、WiMAX 以及 HSPA 以及 LTE 等为代表的技术正在与 ADSL 和 FTTx 网络相互融合，用户可通过无处不在的网络，如固定电话、移动电话、电视、计算机及各种信息化终端设备获得文字、声音、图像等所需的信息。伴随互联网技术、视频技术的发展，U 信息化成为未来网络发展的大势所趋。U 信息化具有以下几个主要内涵：[37]

①U 信息化的发展方向就是网络融合，主要是向着无处不在的智能综合网络信息化社会的方向发展。

②U 信息化的物理体现就是无处不在的网络或者叫做“泛在网络”的出现。

③U 信息化表现的是一种无处不在的繁荣，所有人、所有组织、所有产业都能够从 U 信息化中受益。

总之，各种网络融合发展将推动信息化走向深入。如果中国能够在三网融合等方面加快发展，将迎来以信息化为标志的新一轮战略机遇，从信息传递方式上改变人们的生活与工作方式。例如，目前人们主要来用普通话音、短信以及文字形式的电子邮件进行信息传递，未来将是无处不在的视频信息传递方式。

本章结语

三网融合在全球快速发展，提升了社会信息化程度，提高了经济增长效率。三网融合并不是指某种网络一统天下，而是用户能够通过任一种物理网络获得所有信息服务，不同的物理网络是无差别的。三网融合既是包括技术融合、市场融合、业务融合、产业政策融合和监管融合等多层面的多融合，又是动态发展的过程，其发展方向是电信网、互联网和传媒网的新三网融合。在新三网融合阶段，通信的传媒属性得到充分的体现，新的通信技术不仅进入到传媒领域，而且会对传媒产生颠覆性的影响。三网融合必将走向 N 网融合，实现所有人都能受益的社会 U 信息化。

在发达国家，网络建设越来越多地被认为是社会基础设施投资范围，网业分离趋势日益明显，新媒体发展迅速，三网融合经过多年的发展已经基本完成，进入了新三网融合阶段。在中国，三网融合已经成为国家战略新兴产业，成为中国信息产业的新增长点，在增加就业岗位、提升人力资源水平和提高经济运行效率方面发挥重要作用。但是，三网融合在中国刚刚起步，在对三网融合的认识、产业准入和竞争、融合业务开发、产业政策和监管等方面存在诸多问题。因此，梳理三网融合的理论脉络、探寻三网融合的本质、依据中国的国情研判三网融合发展方向成了推进三网融合发展必不可少的前提与基础。

第二章 三网融合技术与网络发展

第一节 电信、广电、互联网络的演进

1. 电信网络的演进

电信网络以业务发展需求为目标，网络技术与业务发展互为因果。传统电信网从总体架构来看，是按照话音为主要业务设计的，是一种面向连接的网络。从具体结构来看，是按照传输网、交换网、接入网等网络体系连接。

(1) 传输网

传输网是信息传递的神经，由线路设施、传输设施等电信网络硬件设备构成的实体网络，为所承载的业务提供传输通道和传输平台。传输网可以通过多种复用技术，在一条干线中传递多路信号，从而减少所需电路的数量。传输网既是各种基本业务网络（包括电话业务网、数据业务网、移动通信业务网）的传输平台，也是基于 IP over SDH、IP over WDM 等互联网业务的信息传递平台①。

1）基于模拟电路的电路交换话网

早期的电信网络采用基于模拟电路的电路交换技术来提供电信语音业务，业务单一，传输网只为这一业务服务。

2）基于 PDH 技术的传输网

伴随数字电路技术，电信网络进入了以数字电路为基础的电路交换时期。传输层面主要采用一种准同步传输的 PDH 技术，在准同步传输网络上面可以开

① 毛京丽，李文海．现代通信网［M］第3版．北京：人民邮电出版社，2007。

展相关业务，但是传输设备复杂，传输效率不高。

3）基于 SDH 技术的传输网

电信业务的发展具有多样性，利用 PDH 网络支持 TDM 语音业务已不能满足需求，导致具有同步精度较高的新传输技术 SDH 的出现，以 SDH 技术为基础的网络传输可以实现多业务开展，使电信传输网络成为一个规范、高效的网络。

4）基于分组交换的传输网

IP 技术使电信网络的组成和结构发生了变化。IP 技术是一种基于分组交换的技术,它的出现使网络结构变得复杂。为了支持 IP 技术和 IP 业务,网络传输采用分组交换技术如 RPR、GE 等,不仅可以支持基于分组的多业务,而且可以简化网络结构,提高网络传输效率。

上述传输网络发展过程可以归纳为图 2－1。

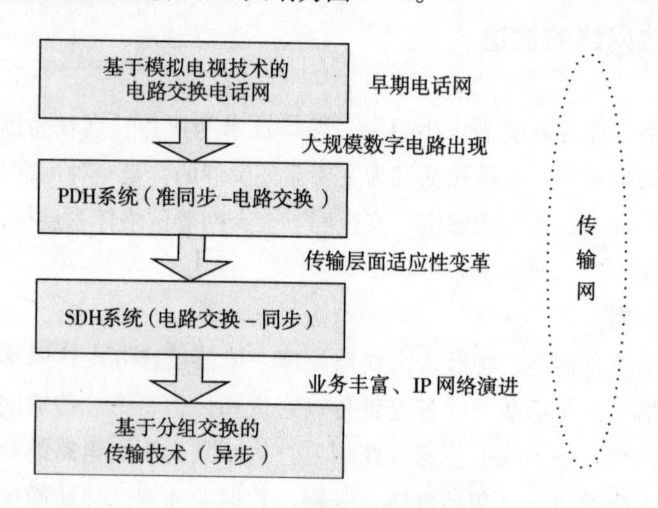

图 2－1　传输网络演进路径

（2）交换网

交换是电信网络最基本的功能，主要包括电路交换和分组交换。交换网的演进是电信网络演进重要的环节。交换网的结点就是交换机设备，通过向传输网的电路层提出服务请求，实现和传输网的关联。传输网中主要包括传输和复用功能，也可以通过数字交叉连接设备或光交叉连接器实现交换功能，而交换机中也已采用复用接口作为输出口。因此，在功能上，交换网与传输网的电路层面已经有了重合。

1）电路交换网

早期的电信网络，交换机采用基于模拟电路的电路交换方式提供业务。在当时极大地促进了电信业务的发展，但在宽带要求越来越高的今天，这种业务提供方式却阻碍着电信业的进一步发展。

2）软交换网

软交换网是基于软交换技术[38]实现网络交换功能的网络，也是基于分组网元利用程控软件提供呼叫控制功能的系统，具有为分组网的语音目的而设计的技术实现手段的功能。

3）IMS 交换网

IP 多媒体子系统最早是通过第三代移动通信合作计划（3GPP）R5 版本在核心网引入，3GPP R6 版本对 IMS 进一步完善和扩充。IMS 的重要特点是对控制层功能作了进一步分解，实现了会话控制实体（CSCF）和承载控制实体（MGCF）在功能上的完全分离，使网络架构更为开放、灵活。[39]

4）NGN 网络

IP 网络通信业务量的增长，软交换技术的演进，下一代网络（NGN）成为网络发展重点。NGN 就是以 IP 技术为基础，通过分组交换实现从 PSTN① 网到 IP 网的平滑过渡。[40]

中国的电信运营商的固定交换网络主要包括 PSTN 和固定软交换网，随着 IMS 技术的成熟和逐步商用，固定交换网将逐步整合成“软交换 + IMS”的 IP 化网络结构，其中软交换网络主要定位于 TDM 网络的改造，IMS 网络主要定位于为用户提供统一的多媒体业务。

（3）接入网

1）固定接入网

对于有线宽带接入技术而言，早期主要以铜线电缆接入为主，目前有线宽带接入正在由铜线电缆接入（窄带 + 铜缆）向光纤接入（宽带 + 光纤）演进。

光纤接入方式是带宽扩展性、稳定性好的有线宽带接入技术。光纤接入宽带技术可分为有源光网络（AON）和无源光网络（PON）两种，而无源光网络是主流光纤技术。无源光网络的无源技术特性非常适合运营商宽带接入网建设，可以快速有效地部署并易于进行网络扩展，并作为 FTTx 最主要的技术解决方

① PSTN 是一种以模拟技术为基础的电路交换网络。在众多的广域网互连技术中，通过 PSTN 进行互连所要求的通信费用最低，但其数据传输质量及传输速度也最差，同时 PSTN 的网络资源利用率也比较低。

案。无源光网络技术已成为目前全球各大电信运营商在宽带接入方面最主要的技术。

2）移动接入网

移动通信演进路径遵循前后网络兼容式演进轨迹：从1G到2G，再从2G发展到2.5G，逐步通过2.75G向3G方向发展，然后通过移动通信网络的一致性融合，发展到4G，进而向下一代方向发展。[41]

第一代移动通信系统（1G）① 是在20世纪80年代初提出的，主要采用的技术包括模拟技术和频分多址技术（Frequency Division Multiple Access，FDMA），使用高塔和单个大功率发射机，覆盖半径约为50公里，使用120kHz带宽，以半双工模式提供语音服务。蜂窝无线技术在地域上将覆盖范围划分为小单元，第一代移动通信系统主要有英国的扩展式全向通信系统（Extended Total Access Communications System，ETACS）、美国的高级移动电话系统（Advanced Mobile Phone Service，AMPS）、北欧移动电话（Nordic Mobile Telephony，NMT）450系统以及中国主要采用的TAOS系统等。第一代移动通信系统容量有限、制式太多、互不兼容、保密性差、通话质量不高、不能提供数据业务、不能提供自动漫游服务。

第二代移动通信系统（2G）是指引人数字蜂窝移动通信系统的技术，能够提供高网络容量，改善了语音质量和保密性，同时能够为用户提供国际漫游服务。全球第二代数字无线技术主要有全球移动通信系统（GSM）、D－AMPS、PDC（日本数字蜂窝系统）和IS－95CDMA等，但仍属于窄带技术。第二代移动通信技术采用GSM、GPRS、CDMA技术数据提供能力增强。

第二代移动通信系统（2G）引入数字无线电技术组成的数字蜂窝移动通信系统，提供更高的网络容量，改善了话音质量和保密性，并为用户提供无缝的国际漫游。当今世界的第二代数字无线标准，包括GSM、D－AMPS、PDC（日本数字蜂窝系统）和IS－95CDMA等，仍然是窄带系统。现有的移动通信网络主要以第二代的GSM和CDMA为主，采用GSM GPRS、CDMA的IS－95B技术，数据提供能力可达115.2kbit/s，全球移动通信系统（GSM）采用增强型数据速率（EDGE）技术，速率可达384kbit/s。

第2.5代移动通信系统是2G向3G发展过程中的中间过渡技术，2.5G是2G的增强版。通用无线分组业务（GPRS）可以看作在2G和3G之间移动通信技术发展的GSM的扩展。GPRS于2000年开始运营，能够使移动设备发送和接

① 肖建华，张平．移动通信网络的演进．现代电信技术，2002年第10期。

收电子邮件及图片信息。GPRS 的常用速度为 115kbit/s，使用增强数据率的 GSM（EDGE）最大速率可达 384kbit/s，而典型的 GSM 数据传输速率为 9. 6kbit/s。

相较于第二代移动通信的 GSM、CDMA 技术，以 TD－SCDMA、WCDMA、CDMA2000 和 WiMAX 为代表的第三代移动通信技术（3G），在通信质量、业务扩展以及高速移动通信能力上与2G 比都有了巨大进步。如果2G 技术功率为 20 ~40kbit/s，则 3G 技术功率可以达到 300 ~400kbit/s。3G 面向 IP 的通信方式，实现了移动终端与互联网的高速互联，在网络融合的技术演进程中，3G 技术有四个：欧洲的 WCDMA、北美的 CDMA2000、中国的 TD－SCDMA 和 Intel 等厂商提出的 WiMAX①。

WCDMA（Wideband Code Division Multiple Access）是一种由欧洲主导3GPP 具体制定的，基于 GSM MAP 核心网的、以 UTRAN（UMTS 陆地无线接入网）为无线接口的第三代移动通信系统。

CDMA2000，由美国高通北美公司为主导提出的 3G 移动技术标准，通过 CDMA 信道访问，传输语音和数据信息，并在手机和基站之间传递数据。CDMA2000 拥有较长的技术发展史，并对其之前的 2G 和 IS－95（CDMAONE）标准反相兼容。在美国，CDMA2000 是 TIA－USA（Telecommunications Industry Association）注册商标。CDMA2000 标准的演进标准是 LTE（Long Term Evolution），也是第三代合作伙伴计划 2（3GPP2）家族中的一员。

TD－SCDMA（Time Division－Synchronous Code Division Multiple Access，时分同步的码分多址技术）是中国提出的第三代移动通信国际标准。该标准将智能无线、同步 CDMA 和软件无线电等技术融入其中，频谱利用率、业务支持具有灵活性。

WiMAX（Worldwide Interoperability for Microwave Access）是一种主要基于城域网高速无线数据网络标准，WiMAX 分为 802. 16－2004 和 802. 16－2005 两个子集，前者 WiMAX 只支援固定式的存取，提供较高的速率，可作为线缆和 DSL 之外的最后一公里宽带接入方案；后者同时支持固定及移动式的存取，在移动时速率有所降低。

（4）技术发展历程

回顾百年电信的发展历史，特别是电信技术发展过程中的各个关键时期，

① 彭小平. 浅析移动通信技术的演进. 通信技术，2007 年第 6 期；罗文兴. 移动通信技术. 机械工业出版社，2010 年。

可以勾画出电信网技术发展的脉络，明晰电信网向信息网演进的方向①。

图2－2描述了电信网络技术的发展历史。

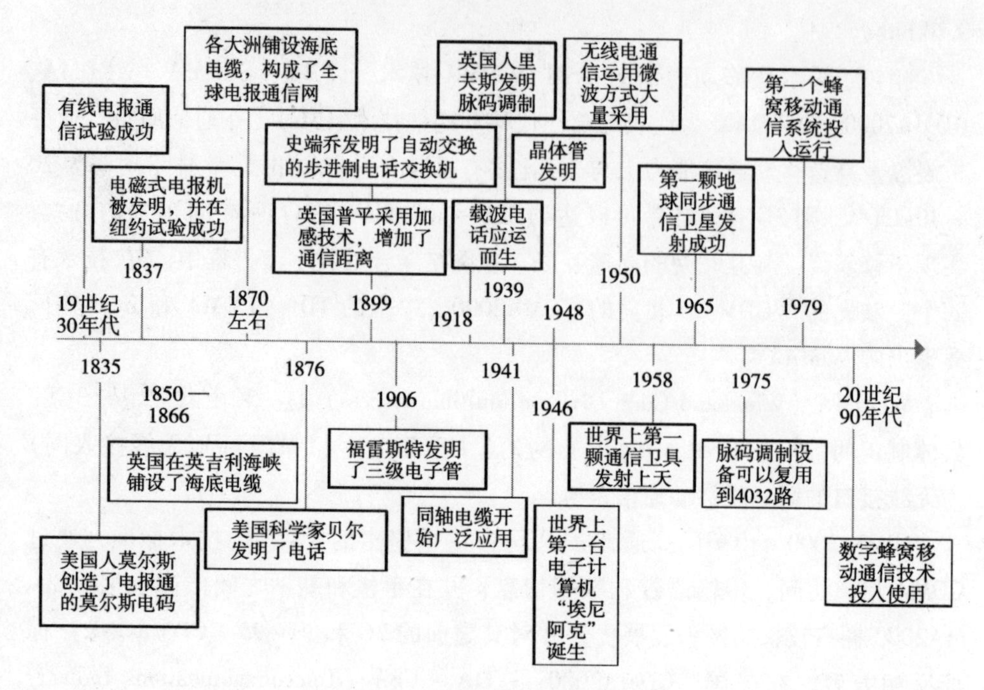

图2－2　电信网络技术发展历史

2. 广电网络的演进

（1）卫星覆盖网②

1）模拟传输技术

广电早期使用卫星进行节目传送，采用模拟传输技术。早期卫星每个转发器仅能传输一套电视加一套立体声广播，传输频段为C波段，由于卫星上转发器的发射功率小，因而地面接收需要采用大口径天线，才能保证信息传递的质量。

2）数字传输技术

传输技术由模拟方式发展到数字方式。广电系统采用DVB－S技术，对卫星传输系统实施统一的技术标准和接口标准。DVB－S技术的核心是采用MPEG－2视音频压缩解码技术。

① 邢小良．电信网络的演进．当代通信，2005年2期。
② 李丹江．广播电视网络发展．广播与电视技术，2001年10期。

3）Ku 波段

卫星传输普遍使用 Ku 波段，由于 Ku 波段为卫星专用频段，与地面通信频段互不干扰，故卫星上转发器发射功率可以达到 50dBm 以上的 EIRP[①]，可以使上、下行卫星天线的口径更小。

（2）地面传输网[②]

1）SDH 传输技术

地面骨干传输网采用光缆作为传输介质，并采用同步数字传输（Synchrong Digital Hieranchy，SDH）技术。SDH 与 PDH（准同步数字传输技术）相比，具有统一的光接口、同步传输、强大的网管功能等突出特点。同时，SDH 作为一个传输平台，支持 ATM over SDH 和 IP over SDH 技术。

2）复用 DWDM 传输技术

地面传输网络采用密集波分复用（Dense Wavelength Divisicn Multiplexing，DWDM）技术，传输容量提高到 40Gbit/s 至 400Gbit/s。DWDM 系统包括光放大器 OA、光复用器 OMU、光解复用器 ODU、光波长转换器 OUT 和光监控系统 OSC 以及光分插复用器 OADM 等。整个光复用器包括两个端站和若干中继站，全段为光信号，不需要进行电的再生。

3）SDH 数字微波技术

模拟微波已经逐步被 SDH 数字微波所取代。该技术采用 128QAM 或 4D－128TCM 调制方式，每个波道的传输容量为 STM－1；采用抗交叉极化技术 XPIC 后，每个波道的传输容量可以达到两个 STM－1。

4）HFC 网络技术

城域有线电视接入网从早先的 300MHz、450 MHz、550 MHz 电缆传输系统发展到近年的 750/860 MHz 光缆/同轴电缆混合网。从单一的模拟平台向数字和模拟双平台演进，网络同时具有 HFC 和 IP/ATM 两层平台。

（3）技术发展历程[③]

广播电视技术是 20 世纪发展最迅速、应用最普及的技术之一，从广播电视技术的发展历程可以验证。

图 2－3 描述了声音广播技术和电视广播技术的演进过程。

---

① Effective Isotropic Radiated Power，有效全向辐射功率。
② 李丹江．广播电视网络发展．广播与电视技术，2001 年第 10 期。
③ 史萍，倪世兰．广播电视技术概论．中国广播电视出版社，2003 年。

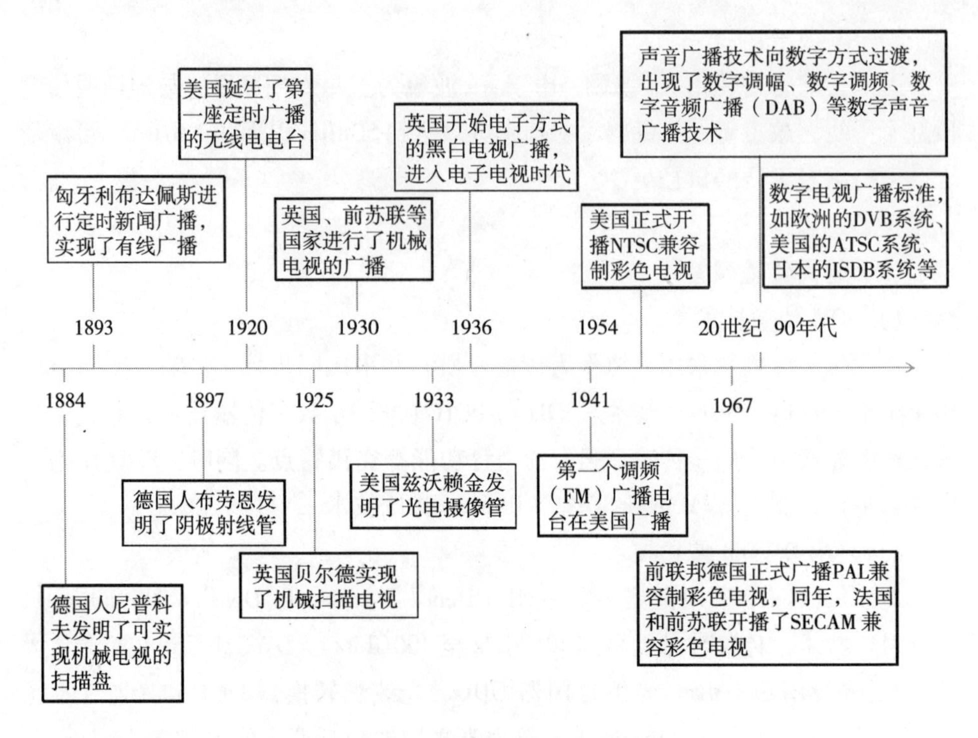

图 2－3　广播电视技术发展历史

3. 互联网络的演进①

（1）基于单个计算机的远程联机网络系统

现代计算机诞生于20世纪40年代，20世纪50年代是计算机发展的第一个高潮时期。早期计算机的主要元器件都是用电子管制成，体积大且系统集中度高，所有设备都需要放置在单独的机房中，批处理和分时系统的出现使得多个终端连接着主机，出现了第一代计算机网络。第一代计算机网络是以单台计算机为核心形成的远程联机网络系统。

第一代计算机网络的主要特点是：采用电子管作基础元件；使用汞延迟线作存储设备，后来逐渐过渡到用磁芯存储器；输入、输出设备主要采用穿孔卡片；系统软件原始，用户须掌握二进制机器语言进行编程；出现了以主计算机为中心的联机网络体系。

计算机网络应用于通信网络缘于通信需求的增加，远程终端需求增多，增加了主机负荷。为了提高通信线路的利用率并减轻主机负担，开发出多点通信

① 张凯. 计算机科学技术前沿选讲. 清华大学出版社，2010年。

线路、终端集中器、前端处理机 FEP（Front - End Processor）等设备与技术，对计算机网络的发展产生了长远的影响。早期的计算机网络被定义为“以传输信息为目的而连接起来，用以实现远程信息处理或达到资源共享的计算机系统”，这样的计算机系统基本上具备了通信的功能。早期计算机发展有三个特点：由军用扩展至民用，由实验开发转入工业化生产，由科学计算扩展到数据和事务处理，从而形成远程互联网络系统。

（2）基于大型主机的远程大规模互联系统

20 世纪 60 年代，以程控交换机为特征的电信技术的发展为大型主机资源远程共享提供了实现条件。基于大型主机的计算机网络以多个主机经由接口处理机（IMP）转接后实现互联，IMP 和互联的通信线路一起为主机传递信息，构成通信子网；与通信子网互联的主机控制运行程序，提供资源共享，组成资源子网。

第二代计算机网络强调了网络的整体性，具有资源共享、分散控制、分组交换、采用专门的通信控制处理机、分层的网络协议等特点，这些特点已经具有现代计算机网络的基本特征。

20 世纪 70 年代后期，计算机网络伴随电信网络的发展进入飞速发展期。发达国家政府部门和研究机构以及电信公司注重发展分组交换网络。分组交换网络以实现基于大型主机的远程大规模互联以及计算机之间的远程数据传输和信息共享为目标，其通信线路大多使用电话线路，少数铺设专用网络，这一时期的计算机网络被认为是第二代网络，其特点是远程大规模互连系统。

（3）基于网络标准化的开放式互连系统

随着计算机网络技术的发展与成熟，网络应用进入普及阶段。但是，网络规模的扩大使通信网络变得越来越复杂，第三代计算机网络应运而生，要求实现将不同厂家生产的计算机互连成统一网络。1977 年，国际标准化组织①提出了一个各种计算机能够在世界范围内互连成网的标准框架，即著名的开放系统互连基本参考模型 OSI/PM，简称 OSI。OSI 模型的提出，为计算机网络技术的发展开创了一个新纪元。

---

① 国际标准化组织（International Organization for Standardization，ISO），是一个全球性的非政府组织，也是国际标准化领域中一个十分重要的组织。ISO 成立于 1946 年，当时来自 25 个国家的代表在伦敦召开会议，决定成立一个新的国际组织，以促进国际间的合作和工业标准的统一。ISO 于 1947 年 2 月 23 日正式成立，总部设在瑞士日内瓦。

第三代计算机网络是以 OSI 标准为基础，具有统一的网络体系结构并遵循国际标准的开放式和标准化的网络。国际标准化组织（ISO）在 1984 年颁布了开放系统互连（Open Systems Interconnection）参考模型。计算机网络在遵循 OSI 标准的基础上，形成了一个有统一网络体系结构和开放式的标准化网络。OSI/RM 参考模型把网络划分为七个层次：物理层、数据链路层、网络层、传输层、会话层、表示层、应用层，各层之间相互独立，计算机之间能在对应层之间进行信息传递，大大简化了网络通信过程，新一代计算机网络体系结构为普及局域网和更广泛的网络应用奠定了基础。

（4）基于局域网的开放大规模互联网

20 世纪 80 年代末，局域网技术已趋成熟，计算机网络已经为互联网络所取代，其特点是运用光纤及高速网络技术传输，网络协议透明化。以 Internet 为代表的互联网，同时具有开放、集成、高性能、智能和安全等特征，第四代计算机网络就是在此基础上发展起来的。

第四代计算机网络的主要特点是：采用了 ATM、ISDN、千兆以太网等网络和技术，通过高速、多业务和海量数据的宽带综合业务数字网，实现网上电视点播、电视会议、可视电话、网上购物、网上银行、数字图书馆等交互性应用。

随着数字通信的发展，计算机网络朝着综合化①和高速化的方向演进。开放、大规模的互联网络向综合化发展与多媒体技术的迅速发展密不可分。这时期的计算机网络被定义为“将多个具有独立工作能力的计算机系统通过通信设备和线路由功能完善的网络软件实现资源共享和数据通信的系统”，广域网与城域网融合的移动互联网开拓了大规模互联网应用空间。

（5）基于 IPv6 的综合性融合网络

经过第四代互联网的发展，计算机网络进入了扩散、延伸和融合的新阶段。互联网长期以来以 IPv4 协议为基础，但 IPv4 在地址消耗、应用范围、服务质量、管理灵活性、安全性等方面的缺陷，促使互联网逐渐向以 IPv6 为基础的下一代互联网演进。

下一代计算机网络的主要特征是：采用 IPv6 协议，以高于 100M/s 的高性能信息传递，及时、方便和有效，实现一个可管可控的网络②。

---

① 综合化就是通过采用交换的数据传送方式将多种业务综合到一个网络中完成。
② 王明峰. 什么是下一代互联网. 中国教育和科研计算机网，2009 年。

随着网络的融合、业务的多元化、需求的多样化，计算机网络朝着综合性网络方向演进。未来网络的融合，包括互联网、移动通信网络以及固定电话通信网络的融合，会产生 NGI 和 NGN。下一代网络是一种能提供包括语音、视频以及多媒体等多种业务的综合性开放网络构架，也是一种业务驱动、控制分离、呼叫与承载分离的网络，更是一种基于统一协议、基于分组的下一代网络，通过统一平台提供多样性业务的融合网络。

4. 网络演进归纳

网络演进是一个变革的过程。经过各个时期的发展，电信网络、广电网络和互联网都出现了关键革新。虽然不同类型的网络差别很大，但是，新网络是以提供从前是属于其他某个网络专有领域的业务为前提。由此可以预见，未来的网络是向着“聚合和统一”的网络方向发展，详见表2－1。

表2－1 传输网络演进路径

电信网络		互联网络	广播电视网络	
电路交换	峰窝电话	分组交换网络	数字化和信号处理技术	数字广播技术
CCS	无线局域网(WiFi)	多重访问网络	光纤到户网络	地面数字电视技术
呼叫控制跟话音传输分离	语音、数据集成	层次体系结构	双向链路	移动多媒体广播电视技术
ISDN 和业务集成		ARPANET、Internet	业务集成	业务集成
光链路		OSI 模型		
SONET		业务集成		
业务集成				

结论：网络融合形成融合网络，统一综合平台提供集成业务。

第二节 网络融合的关键技术

1. 网络传输与接入技术

(1) 数字技术

数字技术借助一定的设备将图像、文字、声音等各种信息编码成由二进制数字“0”和“1”组成的数据流在网络中传输，数据在数字网中成为统一的0/1比特流。数字技术使电信网、计算机网和有线电视网有了共同语言，无论是音频还是视频等各种内容都可以通过不同的网络交换和传输，也使模拟信号数字化技术得以广泛应用。

模拟信号数字化有多种方法，最基本的是脉码调制（PCM）、差值编码（DPCM）、自适应差值编码（ADPCM）以及各种类型的增量调制方法。数字化后的信号抗干扰能力增强，通信质量不受距离的影响，适应各种通信业务要求，便于采用大规模集成电路，占用较宽的信道频带。

数字技术在电信网和计算机网中得到了广泛的应用,并在广播电视网中迅速发展起来,其中具有代表性的有数字广播技术(DAB、DMB)、地面数字电视技术。[42]

1）DAB技术

DAB（Digital Audio Broadcasting）数字声音广播以数字技术为基础，由单一频率模块组成，采用先进的音频数字编码、数据压缩、纠错编码以及数字调制技术，对广播信号进行数字化的广播。DAB技术不仅可以传送立体声或单声的广播业务，还可以传送文本和数据业务。DAB技术改善广播音质、提高广播服务质量，听众利用DAB接收机能接收到更接近原始发送信息质量的节目内容。

2）DMB技术

数字多媒体广播DMB（Digital Multimedia Broadcasting）从DAB的基础上发展而来，在DAB将广播音质提高到CD水平的基础上，DMB技术广泛应用于多媒体领域。DMB多媒体广播不仅能提供高音质声音广播，也能提供诸如影视节目、交通导航、报刊等可视业务。DMB利用了DAB数字音频广播技术优势，在功能上将传输单一的音频信号扩展为可传输数据文字、图形、电视等多种载体信号，提升了信息传递能力。

3）地面数字电视技术

全球数字电视地面广播标准主要有三种：欧洲的DVB－T数字视频广播、美国的ATSC数字电视国家标准和日本的ISDB－T综合业务数字广播。以欧洲DVB－T标准为例，DVB－T标准的核心是MPEG－2数字视音频压缩编码，采用编码正交频分复用COFDM调制方式，适用于大范围多发射机的8k载波方式。DVB－T标准为高清晰度电视（HDTV）信号传输提供大于20Mbit/s的净荷码率，支持天线室内固定接收;为标准清晰度电视(SDTV)信号传输提供大于5Mbit/s的净荷码率;支持车速移动条件下移动接收;具有单频组网能力。

中国地面数字电视传输标准（GB 20600—2006）于2006年8月18日颁布，

从2007年8月1日起正式实施（国标地面数字电视标准简称为DTMB－Digital Terrestrial Multimedia Broadcasting，较早时也称为DMB－TH）。国家标准中的一种主要传输模式采用时域同步OFDM（Orthogonal Frequency Hultiplexing）技术（TDS－OFDM），具有自主知识产权，支持移动接收，高清数字电视广播，单频组网，并在频谱利用、同步速度、支持单天线移动接收、室内接收等方面表现出了比DVB－T更好的性能和更广阔的应用前景。

（2）宽带化网络传输与接入技术[43]

统一的网络平台实现业务统一，需要高带宽、高速率的传输。常用的宽带接入方式主要有数字用户环路DSL、光纤接入和DDN专线、ATM（异步传输模式）网等。

数字用户环路（Digital Subscriber Loop，DSL）技术是基于普通电话线的宽带接入技术，该技术专线上网的方式使数据信号不需要通过电话交换机，并不影响语音信号的传输，其中，DSL包括ADSL、RADSL、HDSL和VDSL等方式。非对称数字用户环路（Asymmetrical Digital Subscriber Loop，ADSL）技术是一种高速高带宽技术，为用户提供上下行不对称的传输速率和带宽，其上行速率为640kbit/s，下行速率为8Mbit/s。高速数字用户环路（Very－high－bit－rate Digital Subscriber Loop，VDSL）是拥有更高传输速率和带宽的技术，下行速率可达55Mbit/s，上行速率可达19.2Mbit/s。

光纤技术发展是传输容量不断提高、传输距离不断延长的演进过程。光通信系统从PDH（准同步数字系列传输）发展到SDH（同步数字系列传输），传输容量从155 Mbit/s发展到10Gbit/s，40Gbit/s的技术已实现商品化，实验室已研制开发成功单波道160Gbit/s的系统。利用WDM（波分复用）等技术，还可以将系统容量进一步提高。目前，320Gbit/s的DWDM①(密集型光波复用）系统已普遍应用，16 010Gbit/s（即1.6Tbit/s）的系统已投入了使用，实验室中超过10Tbit/s的系统已开发出来。这些技术的研发提高了干线网的传输容量和速率。在传输距离方面，单根光纤每个跨距的长度已由20km、40km、80km，增加到120km、160km。拉曼光纤放大器的出现，为增大无再生中继距离创造了条件。通过采用有利于长距离传送的线路编码技术，加上采用纠错码技术提高接收灵敏度，以及用色散补偿等技术解决光通道代价和选用合适的光纤及光器件

① 密集型光波复用（Dense Wavelength Division Multiplexing，DWDM）是能组合一组光波长用一根光纤进行传送。这是一项用来在现有的光纤骨干网上提高带宽的激光技术。

等措施，无再生中继距离也从 600km 增加到4 000km。光纤具有带宽高、远距离传输能力强、保密性好、抗干扰能力强等优点，是未来接入网的主要应用技术。

光纤技术的发展不仅增强了网络接入的容量、速率，也使接入成本大幅度降低，使电信网、广电网和互联网融合成为现实。

(3) HFC 双向网改造技术（双向化网络传输与接入技术）

HFC（光纤同轴混合网）的双向化改造技术主要有 CM（电缆调制解调器）技术、EoC（以太网同轴电缆传输）技术、EPON/GEPON（以太无源光网络/吉比特以太无源光网络）、GPON（吉比特无源光网络）等解决方案。[44]

CM 是一种上下行带宽不对称的技术，提供高速上网及 VoD（视频点播）业务。电缆调制解调器技术前端需要配备一台 HFC 头端设备，通过以太网与互联网进行互连，完成信号的调制和混合功能。数据信号通过 HFC 传至用户家中，CM 完成信号的解调、解码等功能，并通过以太网端口将数字信号传送到个人计算机等终端设施。反过来，CM 接收个人计算机传来的上行信号，经过编码、调制后通过 HFC 传给头端设备信息的传递过程。CM 是美国有线电视网络开展互联网业务的主选方式，也是美国家庭上网的主流技术，市场份额超过电信的 ADSL（非对称数字用户线）。

EoC 技术是专为有线电视的同轴电缆网实现双向数据传输设计的技术，可在同一电缆上实现数字电视、交互电视、计算机上网等多种服务。EoC 因其实现容易、费用低廉、性能可靠，有望成为有线电视网双向改造的重要实现方式之一。EPON/GEPON、GPON 都是基于全光缆网的技术，也还存在各自的问题和缺陷，新的 PON 技术探索时不我待①。

(4) 移动多媒体广播电视技术（CMMB）

CMMB（China Mobile Multimedia Broadcasting）是由中国广电总局2006 年发布的针对手机电视和多媒体的标准。CMMB 基于卫星和地面互动多服务基本构造（STiMi），被描述为与欧洲的 DVB－SH（Digital Video Broadcasting－Handheld）标准中卫星与地面中继到手持设备的数字视频广播相类似的技术标准。CMMB 使用 2.6GHz 的频段并具有 25MHz 的带宽，提供 25 个视频和 30 个广播频道并附带数据频道功能。[45]

① 张庆满. 利用 EPON＋EoC 进行 HFC 双向网络改造技术探讨. 有线电视技术，2008 年第 11 期。

CMMB 以 STiMi 技术为技术基础，采用信道纠错编码和 OFDM 调制手段，针对手持终端接收灵敏度以及电池续航等问题，提高抗干扰能力和终端续航能力，CMMB“天地体”技术体系采用大功率 S 波段覆盖中国全境，利用地面增补转发卫星信号的盲点，并利用无线移动通信网络系统实现无缝覆盖。

CMMB 系统针对中国东西部地区城市颁布情况差异，以及用户对业务多样化的需求，采用低成本，高质量实现移动多媒体广播信号在中国境内的全覆盖。

2. 视听新媒体技术

(1) 网络电视

自 2009 年以来，互联网音视频传播技术在融合网络环境下应用更加广泛。以长虹、TCL 为代表的音、视频企业研发互联网电视、智能电视，同时中国网络电视台以及电视、计算机、手机三屏融合等业务均采用了多种互联网音视频新技术成果，包括，3D 技术网络电视台技术、云计算技术、三屏融合等技术。

1）网络电视台技术

与传统视频相比，网络电视台对网络视频的传播质量、互动体验、个性化服务以及内容管理更为规范，对技术支持也提出了更高要求。网络电视台的技术架构既包括视频生产和媒质管理这些电视台应用，也包括发布管理及分发管理，同时具备全流程管理系统，实现信息共享、协调与监控。

2）云计算技术

云计算（Cloud Computing）是分布式计算技术、并行计算技术和网格计算技术的发展，是一种新的计算模式。云计算基本原理是透过网络将计算处理程序自动分拆成无数个较小的子程序，再交由多部服务器所组成的系统经搜寻、计算分析之后将处理结果回传给用户。通过云计算技术，网络服务提供者可以在数秒之内，处理数以万计甚至亿计的信息，达到和“超级计算机”同样强大功能的网络服务。对于信息量巨大的视频内容传播，利用云计算技术无疑具有实用价值。国际知名企业亚马逊、IBM、微软、英特尔等公司都先后提出了云计算计划，云计算的商业价值可见一斑。[46]

云计算在应用方面具有很广泛的前景。例如，在一些杀毒软件中，出现了类似云计算的“云查杀”功能，用以应对木马病毒。在科研方面可以用于地震的侦测以及气象信息收集分析等，在互联网应用方面可以提供更加详细的信息检索服务以及 E－mail 服务等。

3）三屏融合技术

三屏融合技术是指内容在电视、计算机、手机三个显示屏之间联动的技术。上海百事通是中国国内较早提出三屏融合概念的运营商之一，通过其自主研发的电子节目指南系统（EPG）、数字版权保护系统（DRM）和视听内容播控系统平台把控内容，采用不同的编码格式和标准，利用互联网、IP电视专网、3G网络、下一代广播电视网（NGB）等多种IP网络作为传输通道，可向电视机、计算机、手机终端提供随时随地、伴随性、无缝化的内容服务。“三屏融合”技术具有“一套系统、分级管理、不可分割”的特征，可实现全程全网、统一管理、统一运营、统一服务、平台可管可控。

（2）IPTV

IPTV是宽带电视（Broadband TV）的一种，用宽带网络作为介质传送电视信号，将节目通过宽带上的网际协议向用户传递数码电视服务。从实现方式来看，IPTV可分为虚拟专网和公共互联网两大类；从结构形式看，又可分为外置式和内置式两大类。电视机虚拟专网上网方式是指将一种专门针对互联网媒体应用设计的运算芯片内置于电视机，或者安装在与电视连接的上网机顶盒中，只需插上网线，电视机便可直接上网或者通过机顶盒上网下载、在线播放内容。这种电视机上网服务方式并不能直接浏览互联网，只能登录电视机企业预订的平台，间接、有限度地访问互联网站提供的部分内容。[47]

电视机公共互联网上网方式是将电视机当成计算机显示屏使用，或者是将计算机显示屏尺寸做大当成电视机使用，其上网功能通过普通计算机服务器实现。前者只要求电视机和计算机显卡支持同样的视频传输协议如VGA（视频图形阵列）、DVI（数字视频接口）、HDMI（高清晰度多媒体接口）等，两者信号可通过有线或者无线方式连接。后者包括服务器内置于计算机显示屏和服务器与显示屏分置两类。与电视机虚拟专网上网方式不同的是，公共互联网上网方式不限制用户访问，理论上该类用户可以自由浏览、观看互联网上的所有内容。

（3）手机电视

手机电视是指通过无线交互网络在手机上观看电视节目的一种电视产品或技术，其核心环节是无线双向网络技术。手机电视的技术主要有移动通信技术、移动多媒体广播电视技术及无线宽带（WiFi）技术。3G的正式启动为手机电视的发展带来契机。收看手机电视的主流技术还是3G技术和移动多媒体广播电视技术，但是WiFi与3G技术具有较强的互补性，两者的融合已成趋势。未来，伴随WiFi等城域网技术的发展与规范管理，移动通信3G技术演进，3G网络建设和业务推广成熟，3G 终端快速发展，移动电视广泛普及指日可待。

（4）VoIP[48]

VoIP（Voice over Internet Protocol），是将语音通信和多媒体信息通过 IP 网络传输的传输技术，如互联网。VoIP 也被称为 IP 电话、互联网电话、宽带电话、网络电话。VoIP 涉及的服务有语音、传真、短信息、语音短信通过互联网传输。VoIP 通过语音的压缩算法对语音数据编码进行压缩处理，再把这些语音数据按 TCP/IP 标准打包在一个分组交换网络，接受地把这些语音数据包串起来，经过相似的处理方法将原声音流复制出来，从而实现由互联网传送语音信号的目的。VoIP 最大的优势为能广泛地采用 Internet 和全球 IP 互连的环境，提供比传统业务更多、更好、更便宜的服务。VoIP 技术仍然是目前互联网应用领域的一个热门话题，成为全球互联网与电子商务的十大趋势之一。

VoIP 技术是实现了互联网与电信网融合竞争的技术，这种竞争更确切地说是 IP 网络与 PSTN 网络之间的竞争。IP 电话能提供免费或比传统电话低廉的价格，但是在互联网发展程度不同的地区，所能提供的 IP 电话的质量不一，而传统电话则能提供稳定清晰的通信服务。

3. 移动通信技术

（1）第三代移动通信技术（3G 技术）

移动通信已成为通信领域内发展潜力最大、市场前景最为广阔的热点技术。[49]3G 演进规律曾经有三条公认的路径：一是 WCDMA 和 TD－SCDMA，均从 HSPA 演进至 LTE。全世界大多数电信运营商，以及爱立信、诺基亚、西门子、华为等主要电信设备生产商均支持这一路径。二是 CDMA2000 沿着 EV－DO Rev. 0/Rev. A/Rev. B，最终到 UMB。三是以英特尔、三星电子、阿尔卡特朗讯、奥维通等为代表的厂商支持的 802.16m，即 WiMAX 路线，只有一些新兴运营商仍然在这一路径坚持探索，如图 2－4 所示。

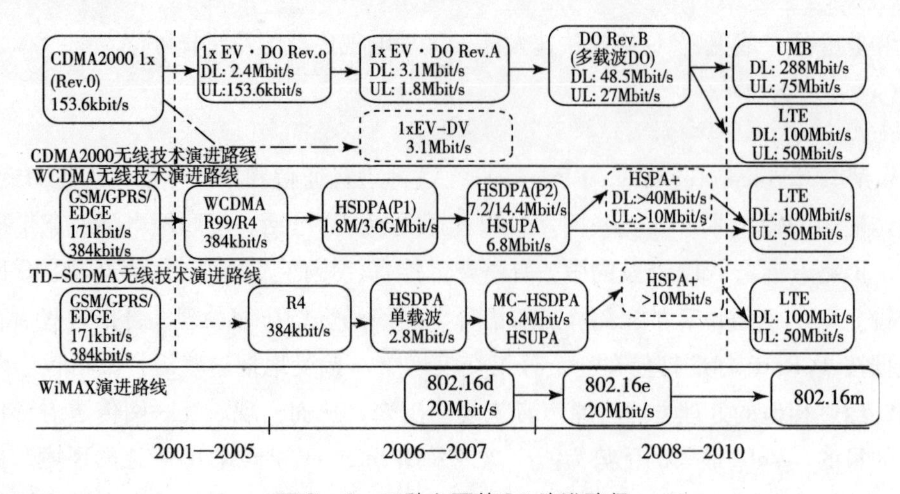

图2-4 三种主要的3G演进路径

LTE始于2004年3GPP的多伦多会议,是3G演进方向,LTE是3G与4G之间的一个过渡技术,也称之为3.9G的全球标准,它改进并增强了3G的空中接入技术,采用OFDM和MIMO作为其无线网络演进技术标准,在20MHz频谱带宽下能够提供下行326Mbit/s与上行86Mbit/s的峰值速率,改善了小区边缘用户的服务性能,提高小区容量和降低系统延迟,也改变了传统的3G技术标准。

(2)第四代移动通信技术(4G技术)

4G是第四代移动通信技术或标准的简称。尽管第三代移动通信无线技术正在全球推进,3G也存在竞争和标准不兼容等问题,但是,第四代移动通信标准的出现,不仅在技术和应用上有质的飞跃,而且可以实现商业无线网络、局域网、蓝牙、广播、电视卫星通信等各个方面的无缝衔接与业务集成。

4G是基于3G和WLAN并能够传输更高质量视频图像的技术产品。4G带宽能够提供下行100Mbit/s以上的速度下载,上传速度也达到20Mbit/s以上,并能够满足用户对无线服务的要求。中国利用TD-LTE技术可以进行移动高清视频会议、移动高清视频监控和视频点播等业务。

相比3G,4G是一个多功能集成宽带移动通信系统,是一个全IP的网络系统。4G特点主要有:高速率、较强的灵活性、良好的兼容性、用户共存性、业务多样性、技术基础较好、随时随地的移动接入,高度自治的网络结构等。为了适应移动通信日益增长的高速多媒体数据业务需求,4G通信系统采用了相应的关键技术,包括OFDM调制技术、调制与编码技术、软件无线电技术、智能天线技术、MIMO(Multiple-Inpnt Multiple-Out-Put MIMO)技术、多用户检测技术、基于 IP 的核心网技术等①。

中国对自主知识产权的第三代移动通信技术 TD 也进行演进研究，开发出新一代宽带无线移动通信技术 TD - LTE - Advanced。国际电信联盟（ITU）已经接纳中国提交的 TD - LTE - Advanced 技术成为国际第四代移动通信标准。中国提交的 TD - LTE - Advanced 技术成为国际通信标准，中国移动通信产业将会出现 TD - SCDMA 之后的第二个移动通信发展大潮，标志着中国在国际通信技术和产业的实力增强，意味着中国移动通信产业将迎来更加辉煌的未来。除 TD - LTE - Advanced 技术标准外，成为 IMT - Advanced 国际移动通信标准的技术还有基于 wimax 的 802. 16m 技术。

4. 计算机与下一代互联网

下一代互联网没有一个统一的定义，其核心概念是：既要保持现有互联网优势，又能解决互联网面临的挑战与问题并构建新一代互联网。

（1）IPv6

IPv6（Internet Protocol version 6）是基于 IPv4（Internet Protocol version 4）版本的互联网协议。IPv6 是一个用于分组交换网际网路的网络层协议，设计它的主要目的是为了弥补 IPv4 地址资源匮乏问题。IPv6 由 IETF（Internet Engineering Task Force）设计，并在 1988 年出版的网络标准文件 RFC 2 460 中做出了描述。

第一代互联网使用的 IPv4 协议，可以提供的 IP 地址为 40 多亿个。由于新的网络协议 IPv6 采用 128 位编码方式，相较于 IPv4 采用 32 位编码方式，IPv6 有更大的地址空间。新的地址空间将可以达到 2^{128}（大约 3.4×10^{38}）个，用一句话来形容——“IPv6 的地址量可以为地球上每一粒沙子都分配一个 IP 地址”。地址量的扩大消除了之前作为缓解 IPv4 地址量匮乏的网络地址转换器（NAT）的必要。网络安全也作为一个重要的部分整合进了 IPv6 的构造之中，IPv6 支持 IPsec 作为网络互动的基本需求，弥补了现今互联网无法知道每一个数据来源的不足，网络的安全性也大大提高了。目前，IPv6 已经应用于包括商业和家庭用户环境的几乎所有的操作环境中。

对于下一代互联网，技术方向上应该如何发展，当前主要有三种不同的观点：一是继续走现在的 IPv4 协议的老路，使用地址转换器解决地址不足的问

① 陈国锋. 第四代移动通信技术. 中国新通信，2007 年第 1 期。

题；二是继续使用IPv4地址协议的同时，利用新的IPv6版本解决互联网面临的挑战；三是彻底推翻现有互联网体系，重新构建新的互联网体系。

在互联网技术革命的浪潮中，中国的下一代互联网研究工作已居于世界前列，已初步建成开放的下一代互联网基础设施CNGI - CERNET2，覆盖近300所高校、科研机构和相关企事业单位，IPv6网络用户数超过300万。与此同时，基于CNGI - CERNET2平台，网格、虚拟现实、P2P、流媒体等一批具有重要影响力的高水平技术支撑和应用服务平台正蓬勃发展起来。基于IPv6的云服务系统正在研究和酝酿之中，中国的下一代互联网技术和产业格局正在逐渐形成。

（2）物联网

物联网的英文名称为“The Internet of Things”，简称IOT，意为将日常生活中的物品用网络互联，它的概念由1999年建立于麻省理工学院的Auto - ID中心提出。物联网被描述为具有自我设置无线网络能力的传感器，使它能被用于连接所有事物。物联网通过传感器、射频识别技术、全球定位系统等技术，实时采集任何需要监控、连接、互动的物体或过程，采集其声、光、热、电、力学、化学、生物、位置等各种需要的信息，通过各类可能的网络接入，实现物与物、物与人的泛在连接，实现对物品和过程的智能化感知、识别和管理。[50]

物联网具备诱人的应用前景，但是它的具体应用还有困难。如果世界上所有的物体都配备了极小的识别器，那么人们的日常生活将会发生巨大的变革。同时，这样一个系统将极大减少工厂对产品进行脱销或浪费的可能，因为所有人都准确地知道需要或消费什么产品。由于物品的位置将被准确定位，物品的失窃或丢失将极大地减少。如果所有日常物品都配备上无线收发标签，则物品可以被计算机识别并详细列出清单目录。由于下一代互联网协议IPv6配备大量的地址资源，将使我们能够连接上几乎所有的物品，进而它将可以识别。物联网将能编码50万亿~100万亿个物品，并能随时获知每个物品的移动信息。而每一个人将被1 000 ~ 5 000个这样的物品包围，且能够保持可序性和可查性。[51]

国务院总理温家宝在政府工作报告中指出，要大力培育战略性新兴产业，积极推动“三网融合”取得实质性进展，加快物联网的研发应用。由此可见，物联网的重要性不言而喻，物联网亦将成为国家重点培育的新兴产业。刚刚兴起的物联网正在掀起继计算机和互联网之后的第三次信息化浪潮，其对于改变人们生活方式的作用将更甚于互联网。

未来十年内物联网将大规模普及，应用物联网技术的高科技市场将达到万亿元的规模，遍及智能交通、环境保护、公共安全、工业监测、物流、医疗等各个领域。而物联网的广泛应用需要以下一代互联网为基础的网络支撑。

5. 关键技术归纳

以上研究表明，未来三网网络的关键技术将发生变革，技术变革不仅体现在某个网络的专业领域，在融合网络领域也逐渐凸显。

表 2-2 网络关键技术革新

电信技术	计算机技术	广播电视技术
3G、LTE 技术	IPv6 协议	CATV 技术
IPTV 技术	ATM 技术	WDM 技术、HFC 技术
4G 技术		HFC 技术
Wi-Fi 技术		DMB 技术、CMMB 技术
光传输技术		网络电视、手机电视技术

从表 2-2 中可以发现，所有不同的技术正在聚合，以提供丰富的业务。未来的业务发展不仅需要统一的网络，也需要融合的技术。

第三节 三网融合技术发展趋势

随着数字技术和电子技术的演进，三网融合为电信网、广电网和互联网的发展奠定了基础，并在各自的网络技术层面呈现出新的发展趋势；与此同时，三网融合也为融合技术的发展提出了一些新的方向。三网融合技术将改变业务形式，由有线和无线电话、CATV 和数据网络等提供的不同的技术服务的区别将伴随技术的进步和网络的演进使这些区别逐步消失，网络功能正朝着融合的方向发展，以提供集成的业务。

1. 国外网络融合发展情况

(1) 美国三网融合技术发展情况研究

三网融合作为一种历史发展的产物和技术创新，是全球进入信息化时代竞相开发与实践的结果。美国因其一定的经济、政治、社会地位，促使其成为最早尝试三网融合的国家之一。

美国的电信业和广电业长期混业经营。对于经营弊端，美国政府的态度经历了从管制到开放的变化。1996 年新的电信法的出台彻底打破了美国信息产业混业竞争的限制，从法律层面解除了对三网融合的禁令。允许长话、市话、广播、有线电视、影视服务等业务互相渗透，并允许各类电信运营者互相参股，创造自由竞争的环境。

美国电信业与有线电视业相互间开放市场之后，双方争夺市场的竞争日趋激烈，而其主战场主要表现在宽带接入。宽带接入业务的发展，使得用户对带宽的需求也越来越大。电信业提供的宽带接入是用户独享的，而且品种繁多，如 Verizon 公司可以向用户提供 768kbit/s、3.0Mbit/s、7.1Mbit/s 和 50Mbit/s 等多档下行速率的服务，甚至还可提供高达 100Mbit/s 速率的下载服务。与此相比，有线电视公司显得比较被动，美国一条有线电视传输线路服务不超过 500 个用户，并且总的下载量仅为 40Mbit/s。如果同时有 40 个用户，用 1Mbit/s 速度进行下载，那么整条线路的频带宽度将全部耗尽，有线电视这种技术缺陷，随着用户宽带业务的迅速发展更显突出。而随着有线电视公司 Comcast 领军进行的 DOCSIS①3.0 技术实验为提高传输速率提供了一个很好的解决方案，DOCSIS 3.0。现在是将 4 个频道进行捆绑，随着技术的发展，有可能进一步绑定更多的频道，理论上将能够提供 1Gbit/s 以上的带宽。

近年来，IPTV 的迅速发展使得网络视频这一业务在市场上的地位日益攀升。市场研究公司 YankeeGroup 2008 年 3 月发表的研究报告指出，IPTV 将改变美国用户电视服务的竞争格局，把传统的广播电视模式变为以开放的、灵活的和客户化的产品，以满足本地社区的需求。到 2011 年，预计美国将会有 900 万家庭用户订购电信服务提供商提供的 IPTV 服务。

除了宽带接入外，美国有线电视公司还涉足 VoIP 市场。早在 2007 年，Comcast 公司就已经成为全美第四大固定电话公司，当时它已拥有 440 万 VoIP 电话用户，到 2008 年，Comcast 公司在宽带用户强劲增长的带动下，VoIP 电话用户进一步增加。在 2008 年年底，该公司已经超过 Qwest 通信国际公司，成为仅次于 at&t 和 Verizon 公司之后的美国第三大固定电话服务商，Comcast 公司骄人的成绩，已成为有线电视公司成功转型的典范。

美国通过对电信业以及有线电视业的政策，对于三网融合产业有明确的指

---

① DOCSIS（Data Over Cable Service Interface Specification）是有线传输数据业务接口规范，定义如何通过电缆调制解调器提供双向数据业务，最新版本为 DOCSIS 3.0。

导效应，而电缆和光纤传输信号的有线电视公司借助其设备优势，纷纷进入电话和网络市场；电信公司则通过设施升级和兼并等方式开始拓展网络和电视服务。技术上，实行速率更快、带宽更宽的手段满足用户对于数字业务的需求，以 IPTV 以及 VoIP 业务为主的发展模式也进一步促进了整个三网融合产业的发展。[52]

通过技术驱动、业务发展、经济推动和需求带动，未来美国将逐步向新的多业务融合方向发展，如图 2 –5 所示。

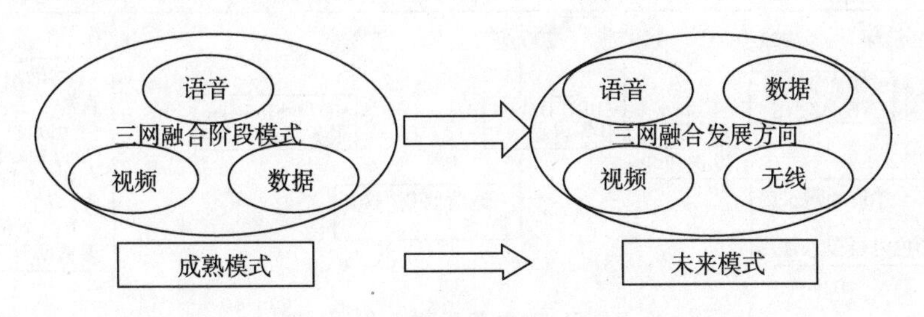

图 2 –5　美国三网融合发展模式

(2) 英国三网融合发展情况研究①

英国是全球三网融合发展最快的国家之一，也是较早发展三网融合产业的先行者，目前已经形成了繁荣的三网融合市场。

20 世纪 70 年代开始，英国通信市场竞争激烈，用户对通信服务质量的要求提高，伴随通信技术进步，种种力量促使整个行业进行巨大的技术革新的要求强烈。英国的三网融合正是在“全面竞争引起技术进步，技术进步推动业务变革”的过程中逐步发展起来。从 1997 年起，英国政府逐步取消了对公众电信运营商经营广播电视业务的限制。1999 年，英国的 Video Network 推出了基于 DSL 的视频点播业务。从 2001 年 1 月 1 日开始，电信运营商可以在全国范围经营广播电视业务。

英国《2003 通信法》为基础的政策体系形成后，通信技术、数字电视技术等技术的高速发展使固定通信网、移动通信网、互联网、有线数字电视网都已具备三网融合业务的能力，运营商纷纷走出传统业务领域的束缚加速开展三网融合的相关业务，英国三网融合的发展进入了全面加速阶段。2003 年，英国成立了新的通信业管理机构 Ofcom，融合了原有电信、电视、广播、无线通信等多个管理机构的职能，促进了网络融合产业的发展。图 2 –6 展示了 20 世纪 70

① 常颖. 英国“三网融合”市场研究. 广播电视信息，2010 年第 6 期。

年代以来英国三网融合的发展轮廓。

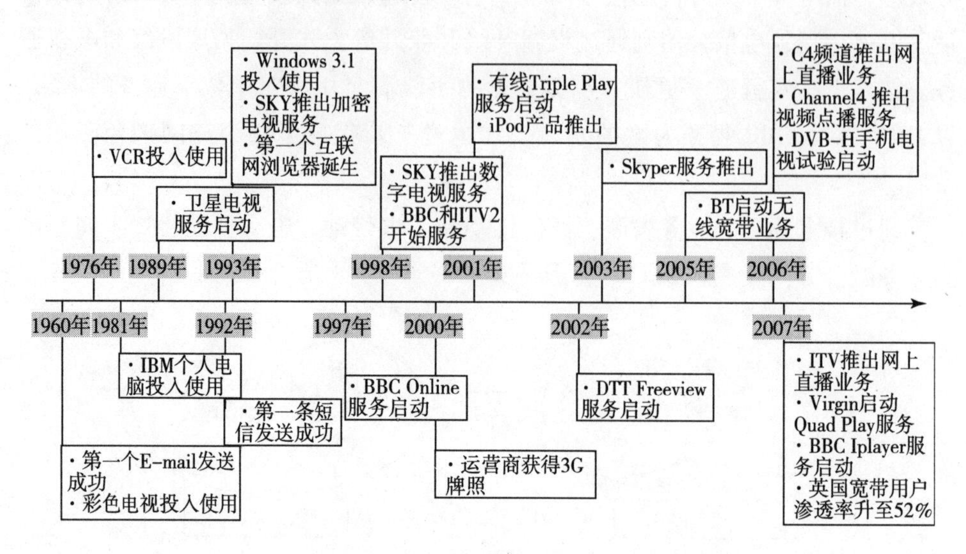

图 2 –6 英国三网融合发展轮廓

资料来源：Ofcom

在英国的三网融合过程中，由于技术的进步和社会需求的多样性，通信业业务发展、网络发展以及设备终端均表现出融合趋势。图 2 –7 说明了英国通信业发展的三个最具代表性年代的主要特点。

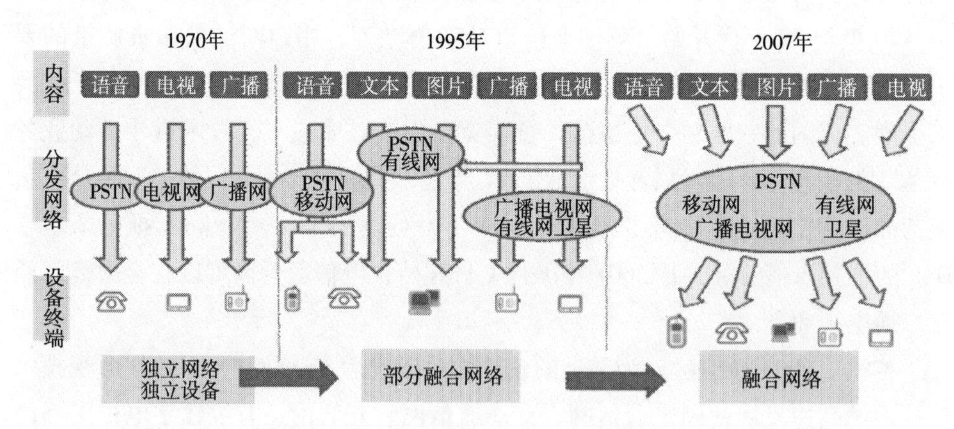

图 2 –7 英国通信业发展特点

资料来源：Ofcom

英国的有线宽带（Fixed Broadband）市场已形成了多家运营商激烈竞争的市场格局。激烈的竞争带动整个英国宽带市场飞速发展，入户带宽得到不断提升。为了在巩固现有市场的基础上进一步扩张自己的市场范围，以 BT 和 Virgin Media 为代表的运营商从 2008 年开始展开了激烈的网速竞争。

竞争所引起的目标接入带宽最高都已经提升至200Mbit/s。表2－3为英国运营商高速宽带业务商用和试验情况。

表2－3 英国运营商高速宽带业务商用和试验情况

公司	最高带宽	技术体系	地点	规模	推出时间
Virgin	50mpbs	Docsis3.0Cable	Virgin全有线网终端	1260万	2008年第四季度
Fibrecity (H20 Networks)	100mpbs	FTTH	Bounenouth Dundee	88000	2009年第一季度
Titanic Quarter (Redstone plc)	100mpbs	FTTH	Belfast	5000	2009年第二季度
BT	100mpbs	FTTH	Ebbsfleet Valley	10000	
Virgin	200mpbs	Docsis3.0 Cable	Ashford Kent	100	2009年5月
BT	40mpbs	FTTH	Muswell Hill Whitchurch	15000	2009年7月

数据来源：Ofcom

英国的发展经验说明，模拟电视逐渐被数字电视取代，固定和无线宽带电信服务增长迅速。英国Ofcom 2010年公布的报告显示，截止2010年第2季度，英国使用数字电视的家庭已经接近93%，并在以每周3万户的速度增长；宽带数字用户线和Cable Modem网络已经覆盖全英国80%的家庭和企业。英国宽带无线业务频谱的划分，使乡村消费者更易于接入宽带；移动电话用户截止2009年底已突破7 600万，普及率超过90%。使用图像信息的消费者越来越多，以3G为代表的技术变化，使英国信息市场涌现出许多新服务。

英国三网融合的快速发展使整个通信服务行业迎来了前所未有的发展时机，已处于绝对优势地位的固定通信服务、卫星直播电视业务。新兴2G/3G移动通信业务、宽带接入业务、有线数字电视业务和DTT（地面数字电视）业务均得到了发展的机会。总体看来，英国是以多种技术和业务并驾齐驱的模式进行三网融合产业的发展。

（3）法国三网融合发展情况研究

法国电信是欧洲最大电信运营商，也是全球领先的IPTV、手机电视和互联网服务提供商，其IPTV和手机电视遍及整个欧洲。相比较而言，电信业务比本国广电业务发展更快。尽管法国的电信业和广电业还没有像英国一样建立起统一、独立、完善的三网融合业务体系，但是市场研究机构Pyramid 2009年的报告指出，到2014年，随着法国各运营商加快投资光纤网络，将有50%以上的家庭选择三网融合的服务与产品。

法国电信于2004年年底推出LiveBox，这个家庭无线网关将ADSL调制解调器、以太网、Wi-Fi以及蓝牙等接口整合在一起，组成了一个统一的无线网络。用户可使用他们的网络连接利用VoIP技术进行通话，甚至下载电影。LiveBox将语音、数据和流媒体整合在一起，实现了三重融合，通过无线网关，不同的数字终端能够实现无线互连互通和信息共享。

LiveBox无线网关能够实现家电智能化操作，如将计算机上的音乐通过LiveBox无线网络共享给hi-fi音响设备，并能将手机中的照片通过LiveBox无线上传到个人博客上，网络电话以“无绳电话”的形式与LiveBox互联，还可以更新网上联系人列表，通知收到E-mail等。

LiveBox将家庭的所有电子设备通过无线方式连接起来形成一个整合平台，在这个平台上用户能够轻松操作所有设备并实现设备之间的信息共享和业务互连，如图2-8所示。

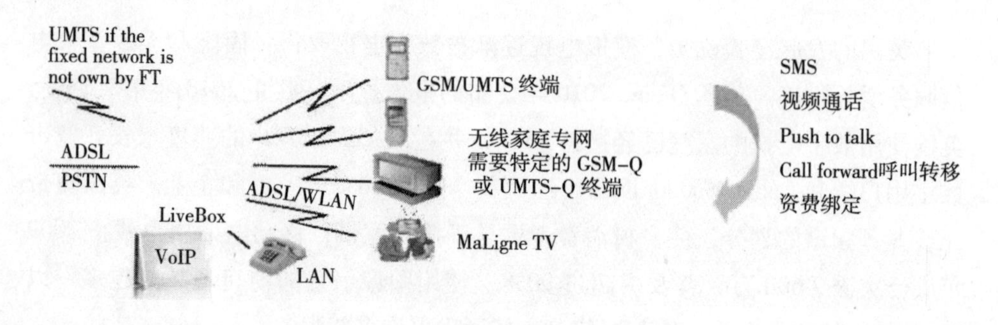

图2-8　法国电信家庭网关融合业务

总体而言，法国的三网融合产业仍然是以电信为主，并且在手机和互联网业务发展方面具有特色，但是与电信业在国内甚至整个欧洲的发展相比，有线电视业方面发展仍然缓慢。这种情况在某种程度上与中国国内的状况有相似之处，由于没有建立关于三网融合产业的统一实施标准以及政策，三网融合产业发展仍然处于起步阶段。

2. 网络技术发展趋势

(1) NGN网络技术

NGN（Next Generation Network）是以业务驱动为特征的网络，让电信、电视和数据业务灵活地构建在一个统一的开发平台上，构成可以提供现有三种网络上的语音、数据、视频和各种业务的网络解决方案。NGN 并不是电信网、互联网和有线电视网的物理结合，它主要是高层业务应用上的融合，在网络层上实现互连互通，在应用层上使用统一的 IP 协议。

1）中国已经对 NGN 进行了一段时期的跟踪和研究，且提出了网络技术 NGN 发展的方向，NGN 主要技术有以下几类：IPv6 技术、城域网技术、软交换技术、3G 与 IPv6 技术、4G 移动通信系统技术、IP 终端技术、网络安全技术等。

2）随着三网融合的推进，NGN 技术出现新的发展趋势：

①以智能光网为核心的下一代光网络

下一代光网络，以软交换技术为核心采用容量巨大高密集波分系统，具有自动配置功能的大容量光交换机，新一代的光路由器，适合不同场合运用的低端光系统（如 MSTP 和 RPR），以融合网络组成的智能光联网代表了光网络发展的方向。

②以 MPLS（多协议标记交换）和 IPv6 为重点的下一代 IP 复合网络

IPv6 技术：三网融合从技术层面讲，首先，要完成广电和电信网络的改造，使两家不同体系的网络，融合为统一技术标准下的网络；其次，是要有统一的网络协议。基于互联网络比较成熟的技术是 IPv6 技术，这样数据内容就能在不同的设备或终端间传输。以往对 IPv6 的研究和讨论主要限于学术范畴，IPv6 实验网建设等也主要是由科研机构主导推动，但随着 IPv4 地址的逐渐耗尽以及移动互联网、传感器网络等技术和业务的发展，发展 IPv6 技术和网络势在必行。

MPLS 技术：MPLS 将路由与分组转发从 IP 网中分隔开来，这使得在 MPLS 网中可以通过修正转发方法来推动路由技术的演进；同时新的路由技术可以在不间断网络运行的情况下直接应用到网络中，而不必改动现有路由器的转发技术，这是以前各种网络技术不易做到的。由于采用标签技术，MPLS 网络构架中可以将交换机的转发功能分离成独立的网络构件，各构件可以按照相应功能借助不同的标签各自独立发展。软交换技术是下一代网络 NGN 的关键技术，它的主要特点是分离交换与控制；以及用软件实现硬件的功能；通过软件的方式实现交换的控制、接续和业务处理等功能。

③3G、4G 的下一代无线通信网络

NGN 构筑的是一个基于分组包交换的网络体系。该网络体系可以从数据网中获取一定的业务分配给移动网络的用户，从这个角度来讲，类似移动网络中的 GPRS，当然与添加了多媒体业务功能的 3G 网络更加贴近。但 NGN 的概念远远不局限于此，它可以连通有线网络、无线网络和分组交换网络，是真正意义上的实现三大网络业务的融合。由此可见，GPRS 和 3G 仅仅是构建下一代网络演进技术的基础。[53]

（2）NGB 网络技术

NGB（Next Generation Broadcasting）是以有线电视数字化和移动多媒体广播电视（CMMB）的成果为基础，以“高性能宽带信息网”（3TNet）核心技术为支撑构建的，有线无线相结合的下一代广播电视网络。NGN 与 NGB 将影响下一代网络技术的发展。

NGB 是一个支持三网融合业务、全程全网、可管可控的网络，同时还涉及网络上各种所承载的业务以及业务系统。NGB 网络的核心传输带宽将超过 1 000bit/s，保证用户接入带宽超过每秒 40Mbit/s，并能提供高清晰度电视、数字音频节目、高速数据接入和语音等三网融合业务。

在基于有线方式的 NGB 网络中，NGB 是基于已有的有线电视网络架构，应用新的技术开发而建设的技术网络。NGB 的网络与其他网络一样，也由三部分组成：骨干网、城域网与接入网。

1）NGB 骨干网路由交换传输技术①

NGB 骨干网的核心技术就是路由交换传输技术，目前传输技术中比较成熟的技术是科技部开发的“3Tnet”路由交换传输技术。NGB 骨干网是基于 ASON 的自动交换光网络，基于 3.2bit/s DWDM 光传输系统的 Tbit/s 光传输技术，基于 Tbit/s MB－ASON 的 Tbit/s 光交换技术以及 Tbit/s 路由技术。

2）NGB 城域网接入汇聚技术

NGB 与城域网有密切联系。城域网通常是局域网的流量汇聚，因此城域网中非常重要的一个技术就是接入汇聚技术。目前 NGB 城域网的接入汇聚技术采用了 3TNet 技术成果，即全分布式无阻塞交换结构，同时 NGB 采用了以大容量高性能路由器为核心的大规模接入汇聚与接入网络对接架构，构建立体通信网络。

3）NGB 网络接入技术

NGB 接入网包括多种接入技术手段，各接入网根据各自的网络现状、网络架构运用不同的技术。其中，PON＋缆桥技术是一个很实用的 NGB 接入技术，这项技术广泛应用于有线电视网络公司在使用；DOCSIS 3.0 技术也是一个很重

① 盛志凡．中国下一代广播电视网络 NGB．广播电视信息，2009 年第 4 期。

要的NGB技术，DOCSIS的技术特点是服务质量非常好，可以满足未来电话业务、可视业务等服务质量要求很高的融合业务。NGB是广电走向三网融合的技术路线，与电信网的融合将拓展融合业务的应用。

(3) NGI网络技术

1996年美国政府出台的“下一代互联网”研究计划NGI即Next - Generation Internet，目标是要将互联网的速率提高100 ~ 1 000倍。中国于1998年提出了CNGI（China Next - Generation Internet），开始布置和推进下一代互联网（NGI）。

经过十几年的发展，NGI在很多方面都产生了突破性的进展，速度快、成本低的接入技术也大量涌现。下一代Internet协议的IPv6成为了NGI发展的基础，IPv6是由Internet工程工作小组研发的最新IP协议技术，旨在取代已沿用了20年之久的IPv4，从而增加IP地址的数量；加上新的网络安全协议IPsec的提出，提高了NGI网络的安全性能。NGI的发展，将提升互联网传输速率，IPv6协议的使用将使人们数字化的生活逐渐融入到互联网中，这将加快全球网络化的发展，提供更加快速方便和高效的生活。

(4) 统一多媒体网络

网络技术演进规律朝着先进和服务目标前进，在市场和服务对象诉求发生变化的情况下，全局全范围网络将成为一种理想。全局网络将是一个由多种可以互相操作的网络构成的统一体，支持融合数据、音频、图像、图形、视频和动画的多媒体应用。

统一全局网络将不仅可以发挥不同网络技术的优点并涵盖其服务范围，而且可以实现有效高性能服务，并支持未来更多的应用和业务，这也是三网融合未来发展的目标与趋势。

3. 融合化发展趋势

三网融合将对技术融合产生巨大影响，特别是对已有网络技术和共性网络技术，而影视数字化、通信网络宽带化、IP化趋势更加明显，并将加速媒介融合进程。随着宽带通信网、数字电视网和下一代互联网的快速发展，网络间的互连互通、业务运用的互相渗透已不可逆转。[54]

(1) 数字化

三网融合背景下，下一代广播电视网、高清晰电视、移动多媒体广播电视、电子商务、移动互联网等技术与业务将加快推进数字化进程。数字化技术已成为通信和消费类产品的共同发展方向。随着信息技术的迅速发展和广泛应用，网络化已成为电子技术发展的必然趋势。计算机技术的高速发展，促进了人工智能技术的发展，21 世纪将是智能技术高速发展的黄金时期。

(2) IP 化

以 IP 为基础的分组化网络成为网络发展的基础。各种直接以 IP 为基础的网络技术如 IP over ATM、IP over SDH、IP over DWDM 的发展不断提高网络效率，新型高速率路由器综合了交换机的速度和路由器的效率的各自优势，并采用并行或大规模并行计算技术，成为下一代互联网的交换中心。

(3) 移动化

随着无线通信系统和固定无线接入系统的飞速发展，加上广播电视移动技术的发展，网络无线化以其接入方便、个人化和无处不在的特性，逐渐成为网络接入的主要手段。目前移动通信正在从以话音为主的窄带网络，向以传输数据、多媒体为主的宽带综合业务的第三代网络过渡，随着移动通信技术的发展，3G、LTE 及 4G 技术的演进将会进一步带动无线技术的发展。未来，移动互联网、手机视频、移动多媒体广播电视等的全面推进将同步带动通信网络和广播电影电视网络的移动化发展。

(4) 宽带化

未来随着信息通信技术的发展，电信网、广电网和互联网都会在网络宽带技术上重视应用。从技术成熟的 EPON 到 GPON 千兆无源光网络的进展，光纤到户将会为用户提供更大的通信带宽。光纤传输的巨大带宽、低成本和易维护等一系列优点，使网络的光纤化成为满足传输业务需求的主要手段，成为各国网络发展的主要趋势之一。在推进有线电视数字化的同时，有线电视网进行双向化改造，逐步实现光纤到户。网络融合业务不仅是语音，还有高清晰视频，甚至更逼真和渗透性更强的互动业务，这些都是未来光纤宽带发展的基本方向。

各种业务的数据化、网络宽带化以及统一的 TCP/IP 协议的普遍采用，从技术上为话音、数据、图像和视频业务的综合业务网络的实现和各种业务基础网络在网络层的互连互通奠定了基础。尽管各种业务基础网络由于竞争的需要和历史原因会继续共存，但是三网融合网络和技术融合仍将是未来发展的趋势。

第四节 网络演进与信息安全

伴随通信、互联及广电业务飞速发展，越来越多的业务，如语音类、数据类、资讯类、视频类、搜索类，还有在线交流类、商务类和娱乐类等业务开始融合和延伸，三网融合网络的发展需要一个更可靠的网络安全基础设施。

三网融合网络技术的演进需要安全保障，安全融合也是网络技术演进过程中网络融合的主要组成部分。[55]

1. IP 网络安全保障

从网络的演进规律看，未来话音网络是基于 IP 承载网络展开的，长途网干线也是建立在 IP 承载网上，传统的电路交换话音网已经迁移到 IP 软交换网络上。这样的网络既符合网络融合发展趋势，也能够提供业务保障能力。由于承载网是基于 IP，所以保证网络安全可以采用一些相应的技术措施，比如，双归属技术通过相应配置、归属和检测，可以更好地实现安全运营和安全保障，将对整个网络安全起到至关重要的作用。

2. 网络安全评估方法和体系

为了保证整个网络的安全可靠，网络运营商正在逐步完善网络评估体系，包括传输网、数据网、交换网和重大的专项网，同时也形成了一套网络安全评估方法与体系。比如传送网，对其业务出现的故障和脆弱性的现状分析及风险计算，到实施应急措施，每一个网络都有一套方案。为了使网络更加可靠安全，通过对网络的脆弱性、提供的业务、面临的威胁、风险分析、安全需求进行相应的加固措施和应急措施，形成安全体系，确保网络的信息安全。

3. 网络安全分析和备件备份

网络信息安全存在各种风险，包括网络重载、蠕虫、木马、黑客、DDos 等多种形式的病毒和网络攻击，重大软件缺陷，设计漏洞，都会成为网络安全的潜在威胁。一条光缆上传输过多的数据也会造成安全隐患，特别是光缆中断将带来极为严重的后果。针对 IP 网的信息安全，通过对一些威胁源和网络脆弱性情况进行分析，避免这些高风险事件发生，降低安全事件发生的可能性和造成的损失。同时，对于重大硬件故障一定要做好备份备件，降低节点自身风险，使得整个网络安全、可靠。

4. 网络分类定级及网络规划

通过对网络分类，建立网络定级，形成安全保障的多级保护体系。通过进行相应归类，让融合网络成为国家、社会和企业可以信任的网络。同时，在整个网络的规划、建设、运行维护、设备冗余等方面充分考虑信息安全，使网络使用者感知到融合网络的可靠性、安全性。

本章结语

网络融合与数字化成为未来的发展趋势，高速率、高带宽、移动化的网络成为现实。电信网、广电网、互联网在不断演进过程中，从最初提供单一服务、满足人们单一需求，到提供多种交叉业务、满足人们多种需求。从传统电话到可视电话，从传统电视到数字电视 IPTV，从局域网到全球互联网，人们的信息需求得到了很大的满足。通过对关键技术的研究发现，以前各种新兴技术的出现仅局限于某一个领域，现在新技术不再局限于某一个网而往往是在三网的重叠领域。从技术的发展路径来看，未来网络是向着聚合和统一的方向发展。虽然电信网、广电网、互联网在物理层面上要实现融合是很困难的，但是通过在三网中使用统一的 IP 协议，在网络层上将三网融合在一起成为可能，为语音、数据、图像、多媒体业务在融合的网络平台上传输奠定了基础。无论是下一代网络或是物联网，无不凸显出未来各个网络将实现网络层层面上的融合，以实现不同业务和应用在统一的平台上使用。

网络技术将不断进步，人们对于信息安全的需求也逐步提高，随着三网融合的推进，网络安全也将成为一个不可忽视的问题。

第三章 三网融合战略定位与国家竞争力

第一节 三网融合的战略定位

随着经济的发展，科技的进步和竞争的加剧，调整产业结构，转变经济增长方式成为各国经济发展的重要课题。从国民经济角度来看，三网融合能够全面有效地带动国家经济的发展，实现产业结构的优化调整，延长产业链、创新价值链。因此，三网融合作为国家战略，起到了引领消费、牵引需求、制造机会、提供发展空间的作用。

三网融合的基本推动力是技术进步，是生产关系适应生产力发展之必然。三网融合作为国家战略新兴产业，在机遇与挑战并存的情况下，明确其战略定位成为当前三网融合工作的重点，是发展相关融合产业的根本前提。如果三网融合在发展初期没有战略定位或定位不正确，将导致产业没有或无法保持核心竞争力，这将直接影响三网融合的发展对提升国家竞争力的作用。本节立足国家战略高度，从七个方面讨论三网融合的战略定位。

1. 提升国家竞争力

国家竞争力是一个国家利用国内外市场和资源创造财富，使经济永续发展、国民生活质量持续提高的能力。对于中国而言，实施三网融合可以有效地满足消费者日益多元化的需求，提高居民对于信息产品的消费额度，推动经济发展；也可以有效地降低用户的消费成本，实现资源有效配置，更是技术进步的助推器。随着下一代信息技术的兴起，三网融合已成为推动中国国民经济发展和传统产业升级的重要驱动力，并为百姓生活全面信息化奠定基础，对提升国家竞争力有着不可估量的作用。

2. 体现科学发展观

科学发展观是中国共产党长期发展实践的总结，是对社会主义现代化建设规律认识的理论升华，树立和落实科学发展观主要包括两层含义：一是国家要大力发展包括信息产业在内的高新技术产业，积极推进经济结构调整，走新型工业化道路；二是从信息产业自身而言，要加快转变经济增长方式，从以量的扩张为主转向以质的提高为主，实现更快更好的发展。三网融合可有效提高信息化水平，推动家庭信息化和农村信息化进程，是落实科学发展观的着力点之一。同时，国务院提倡适度竞争，并分阶段布署三网融合进程，也体现了科学发展观的精神与要求。

(1) 促进国民经济发展和信息化水平

中国互联网络信息中心的报告显示，截至2010年6月，中国网民规模达到4.2亿，互联网普及率攀升至31.8%，较2009年年底提高2.9个百分点①。在使用有线（固网）接入互联网的群体中，宽带普及率达到98.1%，宽带网民规模为36 381万②。中国网民规模、宽带网民数、国家顶级域名注册量三项指标仍然稳居世界第一，但整体而言，中国是信息大国而非信息强国。三网融合能有效推动技术发展和网络升级，提高国民经济和社会信息化水平，使中国从现在的信息大国转变为信息强国。

三网融合已经成为信息服务业市场拓展的重要方向。中国整体上正处于由工业社会向信息社会过渡的加速转型期。根据国家信息中心2010年7月30日发布的《走近信息化：中国信息化发展报告2010》报告显示，2010年中国信息化指数为0.3929。该报告还称，自2008年中国信息化指数首次超过0.3以来，信息化加速转型趋势明显，年均增长率为8.68%。如果说过去的十年是电信网和互联网融合的黄金期，那么未来十年将是广播电视和互联网融合的加速期。随着下一代信息技术的兴起，三网融合从微观看是让百姓生活全面进入信息时代的基础，而从宏观看将是推动中国国民经济发展和传统产业升级的重要动力，三网融合的实施将推进国内信息化基础设施实现一次根本性的升级换代，将是推动中国国民经济发展和传统产业升级的重要动力。

---

① 第26次中国互联网络发展状况统计报告. 中国互联网信息中心，2010-8-20。
② 工信部，2010。

（2）推动家庭信息化进程

家庭信息化是大势所趋，并将改变人们的工作方式和生活方式。随着三网融合的推进，信息化向高端发展，特别是宽带化和移动化的发展，使推进家庭信息化的条件逐渐具备，2010 年 9 月，国务院常务会议明确了五项举措支持家庭服务业发展，特别是家庭信息化的发展①。

三网融合对家庭信息化的推动作用主要体现在家庭数字化、家庭网络化和家庭智能化三个方面。

家庭数字化，主要体现为家庭多媒体终端、家用计算中心和家用数据中心的建立和应用。在三网融合背景下，电视机既面临着从模拟电视向数字电视转换的问题，还将逐渐演变成家庭多媒体终端。而家用计算机则向着家用计算中心发展，不仅处理文字、文档、图书资料信息，处理各种音、视频信息，而且处理各种家庭通信、函件、电子邮件、财务等信息。家庭数据中心则是存储各种家用信息的中心，包括各种家庭文件、家庭音视频、家庭的音乐收藏、家庭的影视收藏等。

家庭网络化，主要体现为家用有线和无线局域网可以把各种家用电器连为一体，构造为一个家用物联网，并接入互联网。

家庭智能化，主要体现为家庭的节能环保，实现各种家用设备智能化综合使用，提高设备和能源使用效率和节能，促进绿色家庭建设。此外还能满足支付理财的需要，实现家庭各种支付项目的计算、提示、支付和管理。

三网融合带来的业务融合和终端融合都是家庭信息化建设的重要方向。在三网融合时代，业务融合的程度与速度加快，推动了家庭信息化建设进程。通过对散乱的家庭信息业务进行融合与整合，能有效提升业务的实用性与便捷性。同时，市场竞争的放开，对优化业务、提升服务、降低资费同样具有促进作用。

（3）推动农村信息化进程

三网融合将推动农村信息化进程。三网融合通过缩小农村和城镇的信息鸿沟，扩大农村地区的信息融合。以信息带动发展，以三网融合促进城乡结合，实现城乡经济社会发展一体化的新格局。与多重利益纷繁纠葛的城市相比，广阔而空旷的农村，是三网融合的一片“蓝海”。在这里，运营商可以摆脱城市

---

① 观点引自国家信息化专家咨询委员会常务副主任、三网融合专家组副组长周宏仁在第七届中国数字电视产业高峰论坛上的发言。

那种层层叠叠铺网、纷纷扰扰理清关系的发展思路，一步到位实现综合信息服务。[56]

三网融合可以节约社会资源。目前中国大多数的光纤光缆资源处于闲置状态，实现三网融合就可以充分利用这些资源，仅此一项即可减少重复建设近千亿元。农村推进三网融合，使农村一步到位走进现代信息社会。

三网各自为政的经营模式造成基础设施重复建设，阻碍新科技产品和新技术的研究开发。两相比较，三网融合的优势进一步显现，政府减轻了负担，农民直接享受到了最先进的信息化发展成果。在三网融合这个领域，农村可以利用后发优势实现跨越式发展。三网融合不仅加快了贫困地区农村信息化建设速度，而且合理配置资源，减轻了农民负担。

以山西的三网融合为例，山西农村一改城市先建电话网、再建信息网的老路，不仅节省了网络资源，还使农村一步到位走进现代信息社会。2009 年由于技术突破，三网融合的入户成本已大幅降至每户1 000元，山西省部分农村地区已率先实现了三网融合。山西三网融合的实现，向人们传递了这样一个信息：对相对落后和贫困的农村来说，三网融合是一条缩小城乡和东西部间信息鸿沟的捷径。

（4）适度竞争，稳步发展

国务院在三网融合的决定中提出了在 2013—2015 年“基本形成适度竞争的网络产业格局”。“适度竞争”体现了科学发展观。

“适度竞争”不同于美国三网融合中的“有效竞争”。有效竞争是由美国经济学家 J · M · 克拉克，针对“完全竞争”概念的非现实性而提出的，又称为“可行竞争”或“不完全竞争”，是指能充分发挥竞争效力的市场竞争态势。[57]有效竞争主要表现在以下方面：市场上没有垄断现象，存在很多的买者和卖者，新企业进入市场不存在进入壁垒；适者生存，也就是存在优胜劣汰的压力，以便促进企业改进产品、降低费用，使生产集中在效率高、规模适当的企业中，降低销售活动费用。

在美国对等开放的“三网融合”中，有效竞争对有线网络具有非常现实的意义。首先，这种所谓“对等开放”是非对称的，目的是保护“公共利益”；其次，一旦电信运营商经营有线业务超过一定限度（10%）时，有线业务即可放开价格，不再接受价格管制的限制。

中国提出的三网融合中的“适度竞争”则有两层含义：一方面，“适度”是指相互竞争必须在保障公共利益的前提下展开；另一方面，“竞争”目的是要充分满足消费者需求，有效供给。

（5）三网融合分阶段推进

根据国务院的政策部署，三网融合发展需要两个阶段：即 2010—2012 年的试点期和 2013—2015 年的全面发展期。三网融合分为两个阶段，是探索三网融合作为国家战略的长效机制，能够使广电总局和工信部形成合力，共同为国家的政治、经济、文化和社会服务；也就是把不明晰的政策予以明晰，把不适应的体制予以调整，把不配套的机制予以健全，把不清晰的职责予以明确，把不顺畅的协调予以理顺，把决策不科学的部分予以修正，把不成体系的监管予以完善。

3. 推动经济发展

（1）突出信息产业、文化产业和现代服务业发展

保证经济发展持续增长，要靠发展低碳型经济来实现，而大力发展信息产业、文化产业和现代服务业（以下简称“三大产业”）是既能保增长，又能节能减排的最佳选择。

通过三网融合促进“三大产业”的发展，是中国经济和社会发展的客观要求。当人均 GDP 在1 700美元以下时，解决温饱是第一要务，还无暇顾及娱乐和文化；当人均 GDP 达到1 700 ~ 5 000 美元时，文化和娱乐的需求会迅速增长。[58] 目前，中国人均 GDP 已超过3 300 美元，中心城市达到10 000美元，满足人们快速增长的文化和娱乐成为刚性需求。文化产业不同于其他产业，不是需求决定论，而是供给决定论，也就是通过供给来拉动国内消费。三网融合旨在提供更多的媒介手段来刺激文化产品的供给或刺激内需，以适应中国的经济社会发展。

（2）促进信息产业规模增长

产业融合带来新的软件、硬件和服务的需求。电信企业、互联网企业和广电企业为了提供新的业务需要在原有资源的基础上增加新的投入，融合产品的新需求会转化为软硬件终端的研发和生产需求，面向融合产品的服务市场应运而生。比如有线电视运营商为了提供电信类服务开发了 DOCSIS，并不断升级；电信运营商为了提供 IPTV 服务，开发机顶盒与新的流媒体技术；随着融合市场的不断发展扩大，系统集成服务和内容服务市场随之扩大。

(3) 提高经济运行效率

三网融合对社会经济运行效率的提高作用主要通过提升社会信息化程度，降低交易成本，促进竞争和优化资源配置来实现。

交易成本 (Transaction Costs) 又称交易费用，是由诺贝尔经济学奖得主科斯 (R. H. Coase, 1937) 在《企业的性质》中提出。交易成本是“通过价格机制组织生产的，最明显的成本，就是所有发现相对价格的成本”，是“市场上发生的每一笔交易的谈判和签约的费用”及利用价格机制存在的其他方面的成本。Williamson 把交易成本的产生归于以下三个特征：

第一，交易商品或资产的专属性 (Asset specificity)。交易所投资的资产本身不具市场流通性，或者契约一旦终止，投资于资产上的成本难以回收或转换使用用途，称之为资产的专属性。

第二，交易不确定性 (Uncertainty)。指交易过程中各种风险的发生概率。由于人类理性限制，使得面对未来的情况时，人们无法完全事先预测，加上交易过程买卖双方常发生交易信息不对称的情形，交易双方因此通过契约来保障自身的利益。因此，交易不确定性的升高会伴随着监督成本、议价成本的提升，使交易成本增加。

第三，交易的频率 (Frequency of transaction)。交易的频率越高，相对的管理成本与议价成本也升高。交易频率的升高使得企业将交易的经济活动内部化以节省企业的交易成本。

交易的不确定性和交易的频率与信息的流动有直接的关系①，信息的低成本舒畅流动能够降低信息的搜索成本 (Degeratu et al, 2000)，网络可以降低交易中的谈判成本 (o'Connor and o'koofe, 1997)，降低监管成本和减少信息不对称 (Pagows et al, 1999, Dutta, Kwan and Segev, 1998) 以及缔约成本 (Fapscott, 1997; Hutta et al, 1998)。

三网融合在满足消费者休闲、娱乐与社交需求的同时，将促进社会信息的低成本迅速流动。网格技术、云计算技术使网络具备了更强的数据存储和数据处理的能力。信息方便快速地生产、流动、存储和处理正是社会信息化的基本特征，降低了信息的搜集、传递、处理、鉴别和监督的成本，进而降低了社会经济运行的交易成本。

---

① 交易商品或资产的专属性同样与信息的流动相关，由于相关性与其他两项相比较弱，所以一般不作过多讨论。

三网融合使得电信企业、互联网企业和广电企业的经营范围扩大，原属于不同产业的企业可以在同一市场上提供竞争性服务，消费者的选择范围扩大，消费者福利提高，市场竞争得到促进，原来专属于不同产业的资源可实现相互进入和相互利用，三网融合形成的新融合市场也将不断吸引更多新资本的进入，进而优化资源配置。

4. 保持社会稳定

三网融合实现信息水平与社会稳定和谐发展。

贫富差距不断加大的阶段性问题，需要公共文化产品的供给予以平衡。

经济学中衡量贫富差距指标的基尼系数，一般以 0.4 作为“警戒线”，超过这道红线，社会矛盾将会加剧。按照清华大学孙立平的计算，仅仅是中国城市居民的基尼系数，就已达 0.54。贫富或收入差距在“以效率为原则”的一次分配中很难克服，国家主要通过秉承公平原则的二次分配来弥补。但仅凭借二次分配还不够，还需要提供更多的公共产品或保障更多的公共利益，来弥补由于一次分配不平等造成的服务不平等、文化不平等和社会关系不平等。通过三网融合发展“三大产业”时，不仅需要保障原有公共利益，而且需要增加更多的公共利益。也就是说，在今天的社会环境下，社会效益必须优先，公共利益必须保障，社会的三个不平等不能再扩大，信息鸿沟必须缩小。

农村信息化是缩小信息鸿沟的重要战略，通过三网融合的方式建设农村信息化，既使政府减轻了负担，又使农民享受到先进的信息化发展成果。

以宁夏为例，这个中国西北角的农业大省利用后发优势，借力三网融合，以农村信息化为切入点，通过恰当处理产业链核心的价值链关系，打造了一个集电子商务、视频点播、专家在线等实用功能为一体的新农村综合信息服务平台，率先在全国突破三网融合部门网络资源分割的体制障碍，在优势互补的基础上实现合作共赢。

缩小信息鸿沟对宁夏农民来说非常有实际价值，只要家里有了宽带、机顶盒和电视，就可以随时获得种植养殖、市场供求、农业科技、电影电视等信息。中国电信宁夏公司数据显示，目前，从银川到中卫、石嘴山、吴忠、固原，宁夏下辖的五个地市的2 362个行政村实现了村村通互联网、村村有信息服务站、村村能看互联网电视的目标。这种网络村村通的实现，让宁夏农民切实享受到信息化带来的实惠。

2009年年底，宁夏农产品网上销售突破5亿元①。这意味着，三网融合不仅让贫困地区广大群众早日享受到信息化带来的便利生活，更加快了贫困地区信息化的建设速度。

5. 满足民生需求

中国民生中突出的三个问题是医疗、社保和就业。医疗和社保离不开信息产业和现代服务业的发展，规范的互联网购物环境将会创造更多就业机会。此外，三网融合自身的发展有利于标准的统一和自主创新，将带动制造业的规模化，必然会促进就业。

在融合过程中，由于原先各独立产业的参与者向融合市场扩张以及随之产生的内容和服务需求的迅速增长，将创造大量新的就业机会。新产品的生产和新服务的提供需要人员，新进入的融合市场参与者也需要大量人员，而这些需求将直接转变为工作岗位，增加就业机会。

融合市场上的企业在融合产业环境下寻求生存机会时，需要重新审视企业所面临的新环境，充分把握融合市场的特征，为融合环境下的用户提供创新性服务，显然这需要更高的员工素质，这种需求在人力市场的竞争传导作用下，转化为促进社会人力资源水平提升的动力。

三网融合推进后，网络融合产品与服务的资费降低是必然趋势，将给普通消费者带来实惠。一个企业可单独为用户家庭提供一站式解决方案，如统一账单、统一服务等，即用户支付一项资费可享受多项服务，这将有效降低用户的消费成本和提高社会效益。

6. 加强国家的信息安全和文化安全

改革开放以来，中国总体上一直处于和平环境中，但危机时时存在，国家安全一刻都不能放松。同时，技术进步也带来国家安全的新课题。比如，互联网不仅是促进现代经济发展、社会主义民主和社会进步的重要手段，也成为不怀好意之徒扩大社会矛盾、影响安定团结的工具。错综复杂的国际形势，也无时无刻不映射在网络世界中。因此，无论是个人主义色彩较重的互联网还是自由主义色彩较重的手机，都需要主流媒体的声音，从而形成有利于国家政治、

① 宁夏农业信息网，2010。

经济、文化和社会发展的良好舆论氛围。

三网融合旨在加强国家的信息安全和文化安全。信息安全是指信息网络的硬件、软件及其系统中的数据受到保护，信息战、网络战是未来战争的基本形态，国家信息安全需要高度重视。文化安全，则是指确保文化产品对社会的正面影响，例如对黄色信息的有效拦截。

三网融合有利于创新宣传方式，扩大宣传范围，主导思想舆论，促进文化繁荣，将互联网视听内容纳入统一监管，建立统一的监管框架。

7. 推动国家知识产权战略

国务院于2008年发布的《国家知识产权战略纲要》明确强调，实施国家知识产权战略，“有利于增强中国企业市场竞争力和提高国家核心竞争力”，“必须把知识产权战略作为国家重要战略，切实加强知识产权工作”。知识产权已经被提升到了国家战略的高度。网络融合产业属于高新技术产业，可以激发行业技术创新和业务创新。一国的网络融合产业竞争力以核心技术的知识产权掌握情况为中心，一方面要注重自主创新，提高在网络融合知识产权领域的地位，尤其是把握网络融合产业标准的话语权；另一方面需要积极地运用知识产权规则，保护合法利益，例如确立中国提出的TD－LTE advanced 4G标准。

多种迹象表明，一个全球性的知识产权防护网正不断扩大。网络融合进程的推进将极大地促进产业技术的发展，为产业链各环节上的企业提供技术开发和创新的动力，从而大力推动中国通信产业知识产权战略的实施，摆脱受制于人的局面。

网络融合产业在积极开展国内知识产权工作的同时，将国际化战略放在同样重要的地位，积极参与相关标准和规范的讨论和制定工作，将有利于抢占制高点和话语权。

第二节 网络融合产业的国际竞争格局与国家竞争力

中国发展三网融合战略新兴产业需要准确判断国际政治格局和全球竞争格局的演变，有效部署战略性资源，在激烈的全球化竞争中增强国家竞争力。

国际政治格局是指在国际舞台上主要政治力量之间相互影响、相互作用而形成的一种结构状态。[59]或者说是在一定时期内国际舞台上主要政治力量对比关系的结构状态。相对而言，国际经济格局则主要强调全球市场主要经济力量相互作用所形成的结构状态，这种相互作用以竞争为主，随着全球化趋势凸显，国际合作也逐渐增多。一般而言，竞争的基本要求是在同一市场条件下，竞争者们按照相同市场规则，自由地参加或退出市场而不受外界干预的状态。国际经济竞争与一般意义上的经济竞争又有所不同，它是指“商品生产者在‘世界市场’上进行的竞争活动”。[60]

事实上，随着网络覆盖的广度和深度逐渐加强，全球不同产业之间、各个地域之间进行信息沟通愈发便捷；中国良好的经济环境吸引许多跨国企业集团纷纷进驻中国市场。随着中国的网络融合产业日渐成熟，网络融合产业趋于全球化。国际网络融合产业竞争格局的变化，导致产业内不同主体的经济行为相互制约。因此，对国际竞争格局作出正确判断是中国三网融合产业调整自身、适应全球竞争的前提条件。了解国际网络融合产业的国际竞争格局能够使中国三网融合产业的不同主体从宏观上把握全球力量的对比关系，从更广阔、更深层次上分析现阶段中国发展三网融合所处的国际环境和未来的发展态势。

1. 国际网络融合产业竞争格局的演变

（1）国际竞争格局演变过程

20 世纪 50 年代以前，世界各国电信业和广播电视业都属于分业经营的状态，无论技术、业务、市场、政策，各方面均不成熟。随着二战后全球经济的复苏，电信业不断发展壮大，以美国、日本为代表的发达国家的电信业务基本处于自然垄断态势。在美国，尽管由于贝尔公司专利到期使得在不到 3 年的时间里涌现出 6000 多家提供电话租赁与服务业务的电话公司，但 AT&T 市场占有率仍然远远高于其他独立的电话公司。日本的国内通信服务则由政府全额出资的公共法人日本电信电话公社（NTT）所垄断，国际通信服务由国际电信电话股份公司（KDDI）所垄断。这段时期的国际竞争格局基本处于分散状态，且电信领域和广播电视领域互相封闭。

20 世纪 50—80 年代，由于市场对通信业务的极大需求，电信业发展明显快于广播电视产业的发展。为了避免电信业寡头进行不正当竞争，促进电信业良性发展，引入竞争，规避垄断，各国纷纷采取措施对国内的电信市场运行进行行政干预。例如，在美国在长话和用户终端设备领域引入部分或全面竞争的情况下，AT&T 采取各种手段为新的竞争者设置进入壁垒。为此，美国监管机构将 AT&T 一分为七，打破垄断引入竞争，从而导致全球电信体制变革；另外，为了避免垄断的电信公司采用不公平竞争手段排挤有线电视公司，发达国家普遍采取非对称开放的方式，即允许实力较弱的有线电视运营商进入电信领域经营电信基础和增值业务，但禁止电信运营商经营广播电视业务。这段时期的国际竞争格局依旧处于分散的状态，但电信领域和广播电视领域开始实现非对称开放，且这种非对称开放主要集中在美国、日本、英国等发达国家，为日后网络融合产业国际竞争格局初步形成奠定了基础。

20 世纪 90 年代，各国开始调整市场政策，提升融合市场的开放速度、广度和深度。这一阶段，大部分发达国家逐渐认识到推行网络融合对于满足用户需求、拉动经济增长、推动技术进步的巨大作用，在有线电视运营商逐步具备足够竞争优势的背景下，开始尝试向电信运营商开放部分广播电视业务。1996 年《1996 年电信法》的出台标志着美国政府开始调整市场政策。一是打破长途与本地的界限，支持长途公司、本地公司相互准入；二是促进三网融合，打破电信市场、广播电视市场和互联网市场的界限，网络融合市场开始进入全面开放的竞争阶段。1994 年年底《开放电信基础设施和 CATV 网》绿皮书的发表，标志着欧盟拉开了两大产业融合的序幕；1994 年 11 月发布的《完全竞争指令》宣布成员国自 1996 年起在欧盟范围内开放电信业务，1998 年起对外全面开放，电信业务竞争格局在欧盟实现了从“本地市场”到“全球市场”的转变；1997 年欧盟发表《电信、广播与信息技术融合》绿皮书则预示着欧盟三网融合时代的到来。日本推进三网融合是在 2001 年 1 月 13 日，日本 IT 战略总部召开第九次会议，专题讨论电信和广电的融合，提出关于卫星电视和闭路电视采取硬件软分离的制度，电信广电可以互相渗透和兼营。会议首次提出，对于互联网的内容，电信和广电事业可相互利用。自此网络融合在日本进入市场发展期。

网络融合在美国、欧盟、日本等发达国家和地区开始推行，网络融合产业国际竞争格局初步形成。各国一方面逐步对外开放电信市场，另一方面采用渐进方式逐步推进广播电视市场和电信市场的相互开放。

随着发达国家技术和业务进一步成熟，国外运营商开始开拓发展中国家的网络融合市场，同时发展中国家网络融合产业也在逐步崛起，国际网络融合产业竞争重心逐渐由发达国家向发展中国家倾斜。

总体来看，以美国为首的发达国家在国际网络竞争格局中占据主导地位，他们凭借先进的网络融合技术、完善的网络融合政策和发达的网络融合市场赢得了国际网络融合市场的主导权——从设备供应、内容制作、平台运营，无一不有着发展中国家无可比拟的优势。与此同时，发展中国家凭借广阔的市场、创新的技术赢得了后发优势，利用发达国家的资本、技术和经验通过变革和学习，在短时间内实现发达国家用较长时间才完成的技术和业务革新，发挥比较优势，后来居上，开始挑战甚至引领网络融合产业的发展。

(2) 国际网络融合产业格局演进对中国的启示

①营造法治环境

无论是美国《1996 年电信法》关于联邦通信委员会的监管职能、促进网络融合的规定，还是日本 NTT 公司的企业重组方案的实施，以及在此基础上各大运营商推出具体的融合业务，都证明了网络融合产业格局的形成过程中必须遵循立法先行的原则，避免网络融合格局演进过程中的随意性和人为干扰。

②协调融合措施

作为市场经济尚不发达的国家，中国推进三网融合除了要通过市场准入政策以外，更要通过行政体制的市场化改革、打破行政垄断和贯彻政企分开来建立竞争性市场，根据中国的实际情况确定网络融合产业的推进方案。各国由于具体情况的差异在网络融合产业发展上也各不相同，中国需要根据当前电信产业、广播电视产业和互联网产业的发展情况，在协调各方利益的前提下制定可行的网络融合推进措施。

2. 网络融合产业的国际竞争格局的发展趋势

(1) 实施去行政化

去行政化通常是电信改革的起点，其目的是成立一个中立的市场管制机构，为公平的电信竞争环境创造前提条件，使原来政企合一的电信运营商成为独立的企业。国际上去行政化在电信领域有两种实现方式：一种是通过控股，控制主导电信企业的活动，使其服从政府的目标，被称为不彻底的分离方式；另一种则是不再把某个政府部门作为电信的管制机构，而是成立准政府或非政府的独立管制机构管制电信企业，这类机构不直接对政府负责，而是对法律负责，依法对电信企业实行管制，这在美国及英国、法国等欧洲国家体现得较为明显。

事实上，不仅电信领域，国际广播电视产业也在落实“政企分离”的原则，政府部门不会对有线电视公司的运营进行过多干预而只是实行基本的监管职能。这种去行政化也是中国广电行业的发展趋势。中国的广电行业长期以来的政企合一体制不适应现代市场的发展，尤其是在三网融合推进下，市场外延不断扩展，竞争空前加剧，作为竞争主体之一，广电实行政企分开、制播分离，从推进企业化管理入手提高电台、电视台经营管理水平，通过深化内部各项改革增强经营创收能力，经过资金的积累和实力的积聚，提高企业市场化水平，才能在三网融合的竞争中建立良好的体制基础。

（2）不同产业逐步开放

网络融合不是一蹴而就的，而是一个渐进的、不同产业逐步开放的过程。纵观国际网络融合市场的发展，电信、广电、互联网产业的逐步开放是整体趋势。最初电信产业实行垄断经营，实质上是国家实施行政限制，只允许一家国有企业提供电信服务市场，要破除垄断引入竞争，必然要求更多的企业进入市场，国家就需要修改法律法规，缩小垄断专营业务范围，扩大竞争，开放业务种类。广电与电信的相互准入也经历了从互不准入到非对称准入到全面开放的渐进过程，英国的网络融合演进过程就是一个典型的例子。互联网产业经历了大型机、小型机、PC、桌面互联网之后，随着3G应用大范围开展，移动互联网成为信息技术发展的新趋势，电信运营商和互联网企业面临着新的角色定位。总体而言，中国发展三网融合，推动不同产业逐步开放是行业发展的必然趋势。

（3）推进业务融合

网络融合下的业务融合是市场发展的基本需求。相对技术而言，用户更为关注的是运营商能够提供何种服务，希望运营商能够把语音、图像、音频、视频等内容进行有机整合，提供一体化的服务。目前，随着宽带、WiFi等热点的部署以及移动用户的发展壮大，这种整合的愿望越来越强烈。面对日益激烈的竞争，运营商只有提供融合的业务，才能够有效提高用户忠诚度，在市场中占有一席之地。目前国际网络融合业务应用最广的当属IPTV和VoIP，另外手机电视在德国世界杯期间也在欧洲取得很大发展。

国际运营企业实施融合业务部署的实例很多，例如美国最大电信公司AT&T的高清网络电视用户数截至2009年年末达到了180万①。IPTV排挤了传统的有线电视业，使其股价大幅下跌。电信公司争夺电视客户的同时，有线电视公司也在网络融合的市场上开疆拓土。英国则主要通过公司优势互补，联合提供融合业务，例如英国最大的固定电信运营商BT和移动电信运营商Orange合作向用户提供VoIP服务——利用BT的WiFi无线宽带，在Orange的移动通信信号覆盖不到的地区或室内区域支持移动通信业务。法国电信和法国有线电

① 宋向东．宽带+IPTV+VoIP加速美国三网融合．通信世界周刊，2010年2月1日。

视台基于 ADSL 技术推出 Maligne TV，都是为了适应网络融合市场的发展而作出的业务融合调整。

(4) 布局市场重组

市场重组在市场化程度相对较高的电信产业表现得尤为突出。为实现电信市场有效竞争，对市场资源进行重组，各国主要是利用法律手段对电信资源重新分配和组织，以改变这种力量悬殊的尴尬局面。

随着网络融合进一步深化，整个网络融合产业链不断完善，电信产业面临新的市场格局——开放、融合、竞争、协作的新环境。电信产业、广电产业、互联网产业、娱乐产业等相关产业将产生巨大的作用力，相互间的影响将逐步扩展和深入，并融合为新的网络融合市场，形成更为复杂的生态环境。这种背景下，为了避免资源闲置，实现强强联手的深入协作以提升竞争实力，网络融合产业内的市场重组成为必然趋势。[61]

3. 中国网络融合产业在全球网络融合产业链中的定位

国际网络融合产业包括电信、广电、互联网及它们之间产业边界逐渐模糊后形成的新的融合市场。而信息通信技术不仅是融合网络市场更是整个信息技术及其产业发展的关键，是一个国家的基础性战略技术，其水平的高低影响一个国家竞争力的高低，决定其在世界市场上战略地位的高低。

网络融合使单一的产业价值链条转变为以消费者为核心的价值生态系统，该系统各成员不再是单纯的竞争或合作关系，而是共生共赢的竞合关系，原产业链各节点也因此能够与最终用户直接建立关系。整个产业包括内容提供商、平台提供商、设备提供商、网络运营商以及终端生产商。

中国网络融合产业处于起步阶段且与发达国家、地区的差距在扩大。按国际竞争实力，网络融合产业可分为四个层次：

第一层次是美国。美国在核心技术、品牌、标准方面占据着绝对优势，始终保持着世界霸主地位，很多方面主导着世界通信产业及边沿产业的发展方向。美国的网络融合产业竞争更多的是技术方面的竞争。

第二层次是以日本及欧盟国家为代表的发达国家和地区。这些国家和地区的网络融合产业中某些业务领域处于高端水平，在大多数领域处于次高端水平，参与并影响国际标准的制定和产业的发展方向。在欧洲和韩国手机电视商业运营面临瓶颈时，2006 年日本电信运营商 KDDI 开发了把广播、电话和互联网连接业务一体化提供给用户的三重播放技术和设备，利用这种技术和设备把各有线电视公司开展的广播业务和与互联网连接的业务，与自己的固话业务相融合，在激烈的市场竞争中取得了成功。欧盟成功规划、培育和推进了欧洲第二代、第三代移动通信技术的标准。在中国广泛应用的 ADSL 技术（Asymmetric Digital Subscriber Line，非对称数字环路）最初就是欧盟推出的。后来发展的 xDSL，包括 VDSL（Very - high - speed Digital Subscriber Line，甚高速数字用户线）、HDSL（High - speed Digital Subscriber Line，高速率数字用户线路）等都是在此基础上发展起来的。而作为全球首个开通蜂窝移动电话网和 3G 手机业务的国家，日本移动通信技术的发展也一直走在世界前列。

第三层次是以韩国、新加坡和中国台湾地区为代表的一些后起的新型工业化国家和地区。这一层次的国家和地区的网络融合产业只在少数特定领域具有一定技术优势，基本处于以生产技术为主的融合产业价值链的中端，或处于由低端向中端过渡的发展阶段。例如韩国在网络融合产业与以美国为首的发达国家相比进程开始较晚，但在移动手机电视技术标准方面具有一定的优势，然而由于缺乏相应的内容支持，尽管在技术上实现了突破，而且政府推行的免费移动电视政策在最初产生了一大批消费者订制该业务，但商业运作却并不成功，并未实现进一步推广。原因就在于韩国在手机电视推行过程中，只为 S - DMB/T - DMB 接收终端制造商带来了巨大的利益，电信运营商则完全无利可图，造成其缺乏对 S - DMB 和 T - DMB 天地一体化移动电视网络进行维护的资金支持和盈利动力。这也直接导致了韩国的融合产业还不具备全球领先的战略优势，无法向高端水平进一步发展。

第四层次是以中国大陆为代表的众多发展中国家和地区。这一层次的国家和地区的网络融合产业发展基本处于起步阶段，普遍处于产业链低端，部分处于由低端向终端发展阶段。

总体来看，国际网络融合产业多层次的竞争格局日益明显，掌握核心技术、标准与品牌的发达国家牢牢控制着产业发展的主导权，而发展中国家所具备的低成本优势，随着更多发展中国家对跨国产业转移的争夺而逐渐弱化，产业可持续发展的压力日益加大。[62]

随着电信、广电与互联网用户的迅速增长，中国网络融合产业发展的巨大潜力逐渐显现。中国在网络融合产业的发展将对全球网络融合产业技术提升、业务普及起到举足轻重的作用。

第三节　三网融合对提升国家竞争力的作用

对于中国而言，实施三网融合可以有效地满足消费者日益多元化的需求，提高居民对于信息产品的消费，推动经济发展，也可以有效地降低用户的消费成本，实现资源有效配置，更是技术进步的助推器。随着下一代信息技术的兴起，三网融合势必成为推动中国国民经济发展和传统产业升级的重要动力，并为百姓生活全面进入信息时代奠定基础，对提升国家竞争力有着不可估量的巨大作用。

1. 三网融合与经济发展

(1) 三网融合对投资的拉动作用

除了电信运营商全业务经营和广电产业网络改造引发巨大的投资之外，设备制造商和技术服务提供商进行网络系统改造和升级；终端设备制造商提升终端对融合业务的承载能力；内容及增值服务提供商需要提供多媒体化、个性化愈加明显的内容和服务也都将对中国相关产业的投资起到极大的拉动作用。

三网融合有利于广电产业、电信产业、互联网产业形成一个完整的融合产业链，它涉及内容制作、有线电视网络和电信网络改造升级、高集成芯片制造和结算、通信设备制造等产业上下游的诸多企业，能够有效地拉动行业的整体投资，促进经济发展。

在中国电信产业重组和三网融合背景下，为了尽快在市场上取得有利的地位，抓住用户群体，电信运营商纷纷转型，发展全业务。中国电信、中国联通和中国移动三家运营商经营业务由原先较为单一的业务结构转变为提供综合信息服务，这就要求三家运营商加大网络建设的投资，使网络通信能力快速满足市场发展需求，在竞争中争取主动。中国移动 2009 年 12 月收购中国铁通，主要目的就是整合其固网资源。此外，中国移动大规模地进行 TD 网络建设，2007 年 TD 一期建设中国移动投资 267 亿元，2009 年完成二期建设，投资共计 558 亿元建设了 10 万个 TD 基站，完成 28 座城市以及三期 200 座城市的网络建设。中国移动称 TD－SCDMA 3G 网络在地级市覆盖率超过 70%①。在 2010 年 3 月的

① 中国移动网站，2010。

中国移动年度工作会议上，总裁王建宙表示中国移动将投入450亿元进行TD网络投资，新建7万个基站，同时完成TD网络IP化，完善室内覆盖，同时深度融合2G与3G网络①。中国电信作为目前国内最具实力的固网运营商，在发展移动数据业务方面也不遗余力地扩大投资，争夺市场份额。2008年中国电信宣布将在3年内投资约800亿元进行CDMA网络建设，截至2010年9月实现全国342个城市的覆盖②。中国联通也将加快推进3G精品网络建设，持续完善GSM网络，确保网络能力和网络质量不断提升。固网业务方面，中国联通将进一步加大固网宽带网络的投资力度，持续建设高性能的宽带和基础传输网络，全面提升固网宽带的营销和服务能力。除了加速网络投资，2010年电信运营商还启动了新一轮的终端投资补贴计划，继2009年超过100亿元的终端补贴之后，中国移动将投入150亿元③；中国电信在2008年启动了总数为500万部的CDMA终端采购计划之后，2010年对终端补贴政策进行调整，将不再向低端手机提供补贴，转而集中力量在中高端市场寻求新的突破④。中国联通则实行明确的低端手机补贴政策，年报显示2010年其终端补贴达11.7亿元⑤。

截至2010年7月底，三家电信企业实际完成投资224亿元，完成计划的23.6%。中国电信、中国移动、中国联通分别完成投资128亿元、78亿元和18亿元，如图3-1所示。

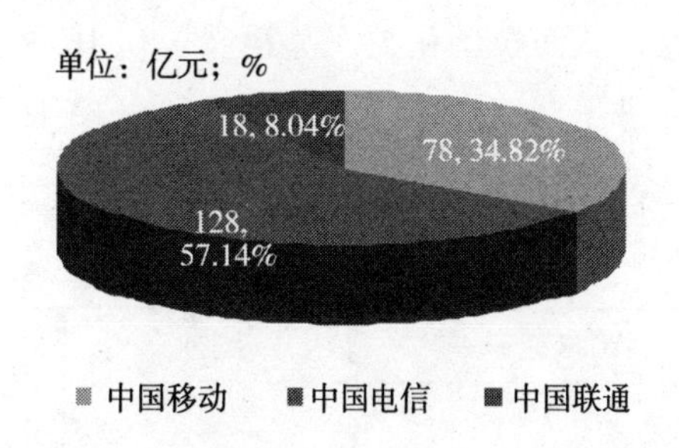

图3-1 运营商累计3G投资额及在全年计划占比

数据来源：工信部，2010年7月

面对电信运营商加快三网融合的投资部署，广电部门也将扩大对有线网络的改造和升级。除了积极推进有线网的数字化转换，有条件的地区还推行双向改造以应对三网融合背景下激烈的市场竞争。事实上，从20世纪90年代末期

---

① 于艺婉．中国通信网。
② 中国电信网站。
③ 古晓宇．京华时报，2010年5月17日。
④ 中国通信网。
⑤ 中国联通2010年中期业绩报告。

开始相继有一些城市进行双向网络改造，但一直进展不大，目前总体宽带用户也不过30万，主要原因是投资太大，双向改造的投资至少是铺设单向网络投资的两倍。因此，广电部门的网络投资对经济的促进作用相对较弱。

三网融合的基础是网络，而网络的载体是通信设备。通信设备作为三网融合的基础环节，在网络架构和硬件设施上将会给市场带来很大的投资空间。三网融合对通信宽带、通信传播速度和质量提出新的要求，使得光纤通信行业再次成为热门行业，很多公司也因此加大对光纤通信的投资，如华为、中兴通讯、烽火、大唐移动等。

另外，机顶盒作为三网融合的必备设备之一，其更新换代会给机顶盒制造商带来丰厚的收益，在这种情况下，机顶盒设备制造商也会加大对此行业的投资。

(2) 三网融合对消费的促进作用

三网融合创造新的需求，带来软性消费市场。三网融合催生的新的融合业务更加适应消费者的多媒体化、个性化、多样化的综合性需求。广电内容与电信固网融合形成IPTV，无线广播与移动通信融合形成手机电视，有线电视网与电信互联网融合形成有线宽带，广电内容与互联网渠道形成互联网电视，有线电视渠道与互联网内容形成有线互联网……这几类新型的融合业务无疑将极大地提升用户的应用体验，从而拉动相关产品消费。仅IPTV一项业务就对用户有极大吸引力，有效地促进了消费。截至2010年6月30日，中国（除香港、台湾地区外）IPTV用户数达到470万，如表3-1所示。

表3-1 中国各地IPTV的用户数

上海	470.32万	湖北	9万
江苏	78万	黑龙江	12万
广东	71万	浙江	20万
福建	28万	辽宁	8.7万

数据来源：中国IPTV产业动态，2010年7月

除了融合业务对消费的促进作用，三网融合还将带动用户对一大批终端产品的消费。例如三网融合可以促进有效提升用户收视体验的电视的销售份额的提高。此外，3G手机的爆发式增长也是得益于三网融合对手机消费的拉动。3G时代，人们不再满足于只能打电话、发短信的手机制式，而是开始寻求更丰富的手机功能，因此，各种手机也开始趋向智能化。消费者对3G的青睐，促使手机销量更上一层楼，拉动了移动终端市场。

除了业务和终端的消费，机顶盒也是三网融合必备设备之一。在中国 1.6 亿有线用户中尚有 1 亿有线用户没有进行数字化整转，在不考虑有线用户的增长情况下，机顶盒开支约 350 亿元，蕴藏着巨大的商机①。

2. 三网融合与技术发展和网络升级

三网融合在拉动投资和消费的同时，也对技术发展和网络改造升级产生了巨大的促进作用。

（1）电信产业

三网融合背景下，电信产业内，以运营商为代表，企业纷纷推出各自的网络和技术发展策略。

1）中国电信

网络建设上，首先优化固网并提高 CDMA 网络覆盖率，实现信号无盲区，提升用户使用体验。

三网融合逐步推进，互联网移动化趋势日渐明显，电信尽快完成无线网络建设，加快完成固移结合的宽带布局成为网络建设的当务之急。宽带接入方面可利用有线接入资源，结合 WiFi、CDMA1X 及 3G 技术向无线网络延伸。

技术上，光进铜退，EPON 建设是中国电信企业接入网战略转型的核心。EPON（以太网无源光网络）同时具备 PON 节省光纤资源、对网络协议透明的特点和以太网简便实用，价格低廉的特点。它通过一个单一的光纤接入系统，实现数据、语音及视频的综合业务接入，并具有良好的经济性。

2）中国联通

面对三网融合，网络建设上，中国联通正在建设全球规模最大的 WCDMA 网络。截至 2009 年年底，已经完成对全国 335 个城市的覆盖，并于 2010 年上半年基本完成了县级以上地市覆盖；同时在进行宽带升级提速，提出 2011 年享受 8M 带宽的目标，在此基础上力推的家庭网关，可实现 PC、网络 DVD、网络音响等数个终端的接入。

技术上，光进铜退，主推 EPON 的同时，开展 GPON 商用试点。中国联通 GPON 商用试点在山西等 7 个省市正式启动，此次试点面向家庭及小型商业客户应用，兼顾宏基站、家庭微基站（Femtocell）、GPON 回传等业务需求，重点

① 解读三网融合新政：两个阶段有序进五项工作启动. 人民邮电报，2010 年 1 月 15 日。

验证了城区新建楼宇接入、城区内旧楼改造接入、城乡结合新发展区域接入和农村接入四种场景，以及 FTTB、FTTH 和 FTTO 等多种建设模式。

3）中国移动

网络建设方面，中国移动可从自建和寻求合作伙伴两方面入手，加强有线宽带接入建设。一是尝试寻求合作伙伴，与广电或其他宽带网络运营商合作，通过网络改造和租用解决宽带入户“最后一公里”问题；二是自建接入网络，通过 FTTC + WiMAX、FTTB + LAN/PICO 或 FTTB 光纤到户等方式发展宽带接入业务。

技术上，力推光纤到楼、光纤到户，推动 GPON 规模化发展。相比 EPON，GPON 覆盖范围更广，最大覆盖 60 公里，可减少 OLT 设备 50% 以上；GPON 传输窄带业务延时较小，QoS 带宽分配机制灵活，支持“保障带宽”模型，带宽利用效率更高。

此外，中国移动积极推进网络的全 IP 化，全业务网络接入 IP 专用承载网，采用全 IP 承载的组网架构。

（2）广电产业

广电有线电视网一直是“多级建网”，由于在实际建网的过程中无须地区之间进行联网，只需通过卫星获取节目信号，再将信号源接入本地的有线电视网即可向用户传输信号。这就造成了有线电视网“各自为政”的以地市网为单位的网络结构，没有实现全程全网。

三网融合开展以来，广电已经注意到这种网络现状十分不利于与电信展开竞争，部分地区已经启动省网的整合，截至 2010 年 6 月，已经有 13 个省份名义上完成了省网整合。

三网融合对于有线电视运营商而言也是一个巨大的发展机遇，在此背景下，有线电视运营商采取了多种网络建设策略，如图 3 – 2 所示。

①新建全国广电骨干网：由广电总局自上而下在运作，采用 NGB 方案，并已经在上海建设了一张支持 3 万 ~ 5 万用户的试验网，每用户的带宽在 30M 以上。NGB 全国网至少需要3 000亿元投资，存在巨大的资金缺口①。

②省网整合：广电总局要求 2010 年年底全部省份都要完成省网整合。整合的难点主要在于各地网络资产的股权归属非常复杂，收购要价较高，统一全省广电网络的权益归属难度很大。而且网络设备制式繁多，设备新旧不一，技术

① 广电千亿 NGB 建网提速. 21 世纪经济报道，2010 年 10 月 23 日。

上的互联和整合难度也很大。各地人员在行政管理上的统一整合难度很大。省网的整合需要大量的资金和政策支持。

③双向改造：传统广电网络只有单向的接收信号的功能，通过双向改造，用户可通过广电网实现交互功能。新型的 IPTV 等广电业务均需要双向网络支持，目前全国 1.74 亿户有线电视用户中，仅有约3 000万户完成了双向改造①，还远远不能满足业务的需要。未来还需要持续地进行设备投入和改造。

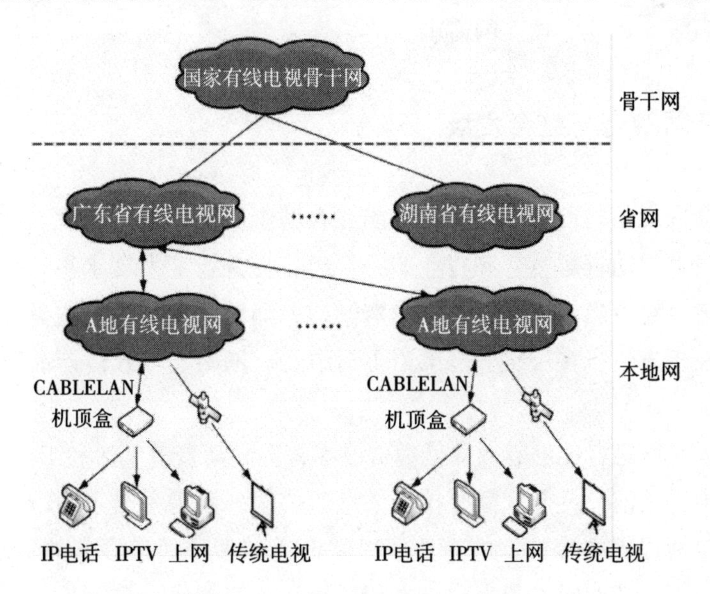

图3－2 新的广电网络结构设想

④统一终端：运营全网性业务的一个基本技术基础是全网的终端设备必须具备相同的业务能力，而现网的机顶盒制式繁多，缺乏统一的技术和产品规范，若要开展以省网甚至全国网为单位的统一业务运营，终端必须统一。陕西省广电网络在整合省网时就已经实现了全省的机顶盒设备的统一。

(3) 互联网产业

三网融合促进了下一代互联网的技术创新与应用。互联网技术已逐步臻于成熟。三网融合使互联网应用更为广泛，而有限的主机地址成为限制其发展的制约因素，三网融合对互联网的需求直接推动了相关技术的发展。现在被广泛应用的第二代互联网 IPv4 技术，核心技术属于美国。其最大问题是网络地址资

① 国家广电总局。

源有限，从理论上讲，全球约有1 600万个网络编址和40 亿个主机地址[①]。但采用 A、B、C 三类编址方式后，可用的网络地址和主机地址的数目大打折扣，以致目前的 IP 地址近乎枯竭。而 IPv6 的大量地址可以实现为每一个 RFID[②]（射频识别）分配一个地址，三网融合的推进将极大地促进 IPv6 网络的部署和发展。以此为契机，三网融合在互联网产业也将引发新的技术革命。概括地说，就是三网融合将使互联网在保持原有竞争优势的同时应用新的技术方案满足用户对网络高效、迅速、便捷的需求。

3. 三网融合与社会发展

从社会发展的角度看，三网融合能够有助于网络资源的合理高效使用，减少重复建设，推动资源整合和行业兼并重组，提升行业发展水平，推动科学发展。三网融合符合当今社会发展和消费倾向，随着相关技术的成熟，其满足了社会大众在多方位、多层次、多渠道下对语音、网络、多媒体产品以及融合产品的需要。

首先，三网融合能够有效降低消费成本，提高消费者生活和工作的便捷性。三网融合推进之前，一个家庭要接受信息通信服务不得不与不同产业的多个企业交涉，包括提供内容的广电企业，提供渠道和多种通信服务的移动运营商、固定运营商等，消费成本和交易成本相对较高。三网融合推行后，一个企业即可单独为用户家庭提供一站式解决方案，如统一账单、统一服务等，这能有效降低用户的消费成本；另外，随着三网融合逐步推进，消费者能够通过融合产品和服务进行远程家庭智能网管控制。家庭网关能够为家庭内的多个 PC（Personal Computer）同时提供宽带网络接入。除此之外，家庭网关还支持多项融合服务，包括混合视频和音频信息流的可视电话以及其他交互形式的娱乐服务，如在家享受医疗、购物等服务。这种融合能够降低消费成本并方便消费者的工作和生活。

其次，三网融合打破垄断，促成多个市场竞争主体，形成良性竞争，促进市场发展，提高了消费者剩余。一方面，异构网络对接提高了网络聚合效应，互连互通的直接结果就是一个网络提供多种服务，提高消费者福利；另一方面，

---

① IPv6 助力三网融合. 慧聪通信网，2010 年 8 月 2 日。

② RFID（Radio Frequency Identification，射频识别）RFID 射频识别是一种非接触式的自动识别技术，它通过射频信号自动识别目标对象并获取相关数据，识别工作无须人工干预，可工作于各种恶劣环境。

三网融合使得产业之间的界限逐步模糊，对于一种服务可以考虑由传统产业之外的其他产业的企业提供，例如消费者所需的互联网服务除了由谷歌、腾讯等虚拟运营商提供外，有线运营商也成为提供该服务的企业之一。这就极大地扩大了市场竞争主体的范围，更大程度上推动产业发展和实现社会福利，消费者也能够通过更为广泛的竞争获得更好的服务和更合理的资费。

最后，三网融合能够满足消费者的多样化、个性化、深层次需求。消费者对于生活、工作、娱乐的各个层面越来越注重信息化的转变，三网融合在这种转型中能够促进这种融合型产品和服务的提升。通过技术不断更新，融合产品不断推出，涉及通信、资讯、娱乐、家政和商务等多个层面，这不仅能满足个人客户需求，更能满足家庭客户和集团客户的深层次需求，进而提高了社会效益。

4. 三网融合与产业升级

三网融合是指电信网、广播电视网和互联网的相互融合发展，实现三网互连互通，资源共享，在同一个网络上实现语音、数据和图像的传输，实际上也就是服务提供者、服务、设备、网络、数据等多层次、多方面的融合。三网融合具有创新性、与最新成果紧密联系性、高竞争性、横向扩散性和纵向渗透性，信息综合化程度日益提高性等特点。

三网融合的上述特征在产业结构中有重要影响，它对于国家经济的发展有很大的促进作用。因此，三网融合有利于促进产业结构升级。

产业结构是一个国家的资源禀赋与现实经济实力之间的联结机制与转换器。这就是说，一国的资源在既定的技术下生产出各种各样的产品，满足社会生产和人民生活的需要。如果产业结构正常发挥转换器的功能，它就能迅速接纳新技术的诞生并形成新的产业，使得产业结构中新兴产业的比例迅速上升，从而提高社会劳动生产率，增强其在国际市场的竞争能力。

（1）三网融合促进产业结构升级

传统电信产业、广电产业和互联网产业相对于正处于增长期的三网融合产业而言兴起较早，有一定的产业基础。由于三网融合产业是知识密集、技术密集、资金密集的新型高层次技术群、业务群，具有高智力、高投入、高收益、高风险、高渗透的特征。因此，三网融合对传统电信、广电和互联网产业的改造不仅是网络和技术层面的改造，而是一种经济性、社会性、体制性的全面改造。三网融合的逐步推进，不仅是对三种传统产业进行改进，还将形成新的边界产业、融合产业，在单一化的传统产业基础上延伸出新的经济增长点，促进产业结构升级和经济增长。

事实上，在日趋激烈的市场竞争环境中，行业的健康有序发展要依赖产业链上各环节、各类企业的同步协调和良性互动。企业的竞争优势在很大程度上取决于产业链的整合程度和企业在产业链中的角色转变。三网融合和移动互联网的发展，广电、电信和互联网企业将会出现产品、客户重合现象，产业链将发生变化以适应市场发展。在新的商业模式下，基础服务提供和各类增值业务迅速发展。由不同的市场主体根据自身的市场定位、优势资源、客户关系管理，来寻找不同的细分市场，为各类增值业务提供具有竞争力的渠道。其他各类企业，则根据自身特点和市场需求，面向用户提供具体的内容服务。在这个过程中，产业链将完善，广电、互联网和电信行业间的壁垒将被打破。

三网融合背景下，传统行业的产业组织方式也发生改变，实现分段、分层专业化。面对日益多样化的用户细分群体，电信、有线电视和互联网企业不再实行传统“单兵作战”的营销模式，而是寻找合适的合作伙伴。网络运营商在制订战略计划的过程中，不再局限于企业本身的竞争优势，而是着眼于整个产业的价值创造，在为上下游企业创造价值的过程中形成竞争优势。

三网融合事实上是将新的能够实现不同业务平滑对接的技术应用于传统分离的电信、广电和互联网产业，最终实现在同一个网络上传输语音、数据和图像。这也使得传统产业的技术水平不断提高，而推出的三网融合产品的技术含量不断增加，从而推动产业结构逐步向合理化、高级化转变，提高国民经济产业结构水平。

新兴的三网融合产业和改造传统网络运营产业是相互依存共同发展的关系，以三网融合为前提的新兴产业的发展若能与原有分离的传统网络运营产业发展保持同步协调，将会带动和促进原有产业的产业结构升级，促进电信、广电、互联网产业结构不断优化。

（2）三网融合引发产业新机遇

国家工信部、国家广电总局加快推进三网融合，相关企业也在积极部署三网融合背景下的业务推广、技术创新等工作，引发了相关产业新的发展机遇。

1）宽带升级和网络改造

三网融合中，广电、电信企业要实现业务上的双向进入。为了培育和发展各种增值业务，广电进行双向网改造，并对中国下一代广播电视网（NGB）进行布局。上海建设的50万户试验网在世博期间已经投入使用，每户宽带速度超过60Mbit/s，带宽大幅提高①。

中国目前大部分宽带用户的带宽仅1M～2M，与美国100M独享带宽相比有较大差距。截至2009年宽带网络的家庭普及率仅为21%，全球排名第43位②。在这种情况下，应以三网融合为契机，广电和电信企业加快网络升级改造进程，推进光进铜退和光纤到户，发展光纤宽带网络，积极建设下一代广电网、电信网和互联网。中国加快电信宽带网络建设，大力推进城镇光纤到户，扩大农村地区宽带网络覆盖范围，全面提高网络技术水平和业务承载能力。2010年2月由CICC发布的三网融合深度研究报告中指出，未来3年，广电为融合宽带数据业务而改造现有网络（包括双向改造）需要投入约2 000亿元，电信行业为提供IPTV等业务对现有网络升级改造需要大约1 000亿元。随着三网融合的发展和不断推进，宽带基本建设水平不断提升，未来3～5年，宽带服务市场规模将从2009年的900亿元达到2 000亿元，付费视频服务市场规模也将从300亿元达到1 800亿元。

2）促进传统电视产业技术升级和市场拓展

互联网电视和智能电视是终端电视生产商推出的区别于传统电视的新型家电产品和服务形态。三网融合试点方案提出，优先开发双向电视、多媒体终端、智能化家庭设备、宽带网络设备等产品。

随着技术进步和产业融合，彩电行业进入了数字化、网络化发展的新阶段。近年来许多国内知名电视生产商如创维、康佳、海信等纷纷推出了最新研发的互联网电视产品，“传统电视机+网络视频下载机”的互联网电视已经获得市场认可，互联网时代的来临也实现了CRT（Cathode Ray Tube，阴极射线管）向平板转移的一次重大变革。互联网电视已经成为产业发展的必然趋势，也成为三网融合以及4C（Computer、Communication、Consumer Electronics、Content）融合的重要载体之一。互联网电视集成播控平台、内容管理平台、传输与分发网络、用户管理系统等建设，需要大量的资金投入，互联网电视可以向用户呈现高品质视听节目，但其日常运营需要大量带宽资源投入，这些都使得互联网电视的经营倾向于一种较为成熟的经营模式。就目前发展情况来看，互联网电视虽然具有很大的发展潜力，但仍处于起步阶段，实现规模生产的厂商不过六七家；从未来发展趋势而言，互联网电视也只是无线、有线、卫星、IP电视服

① 崔雷. 三网融合诸神之战：广电电信进入艰难博弈. 中国经营报。
② Strategy Analytics研究报告全球家庭宽带预测. 2009上半年更新。

务的补充，属于众多电视服务形态的一种，如图 3－3 所示。

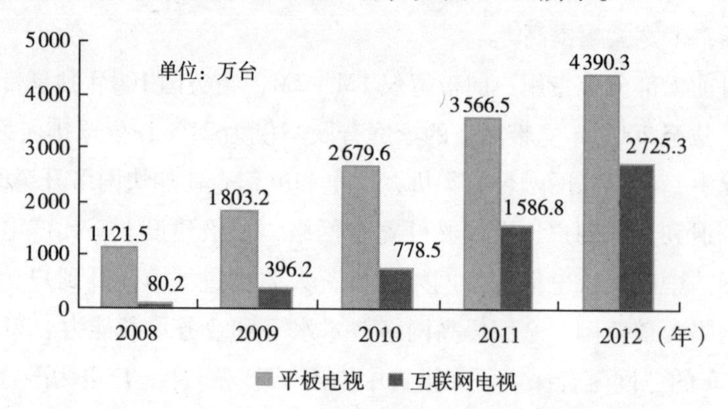

图 3－3　中国平板电视与互联网电视销售规模统计及预测分析

数据来源：中怡康公司 2010 年市场调查

2010 年上半年，中国网络电视台、上海文广和杭州华数相继获得互联网电视牌照，中国互联网电视市场将从无序的状态逐步走向规范化管理。

三网融合试点方案中要求“相关企业积极开发音视频点播、可视交互、互动休闲游戏、电视理财、网络教育、综合信息查询和信息浏览等业务”。这些新的应用需求将促进软件行业为网络运营商提供融合网络的优化服务，开发客户关系管理、商业智能、业务创建平台、身份认证系统、内容编辑分发系统、数字版权管理系统等软件产品。此外，随着三网融合的推进，游戏、动漫、信息搜索及多种综合信息服务类产品的市场需求也将进一步加大。这些产品的发展可以进一步提升互联网电视业务服务内容的丰富性和多样性。

3）促进新型视频观看模式——网络视频的发展

三网融合形势下，互动电视领域寻求纵深发展，IPTV 则借助“三重服务/播放”等捆绑业务受到用户青睐；基于互联网公网的网络电视通过提供各种高质量的音视频服务而受到宽带用户的欢迎。对于付费电视运营商而言，包括传统的有线电视运营商、卫星电视运营商和运营 IPTV 的电信运营商等，网络视频的兴起既是机遇也是威胁。一方面，付费电视运营商必须采取有效的防范措施；另一方面，付费电视运营商又必须主动地采取相应策略来处理与内容提供商的关系，提供网络视频服务。学习和总结网络视频运营商的经验和教训，主流的付费电视运营商能够总结出适合自身业务发展的新业务模式，为用户提供丰富多彩的产品与服务。

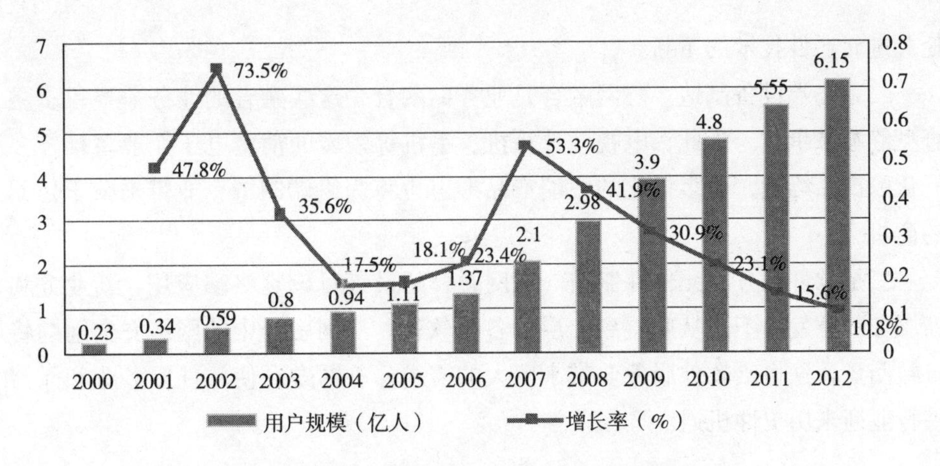

图3－4　2000—2010年中国网民用户规模及增长率

数据来源：CNNIC

图3－4显示，中国网民规模将继续扩张。随着网民的个人价值观和网络行为特征日趋复杂化和多样化，网民的视频消费结构也将呈现多元化的特点。消费需求结构的多元化将驱动中国网络视频市场竞争格局向追求规模和追求差异化两个方向发展。努力捕捉新兴的网络视频服务机会，寻求付费电视服务的补充或替代品。网络视频有几种较为流行的商业模式，例如免费、广告赞助、按次付费观看、订阅收费以及上述几种模式的组合。在这些模式中，具有吸引力的不是向用户收费的模式，而是广告赞助模式，这也从侧面反映了三网融合产业收入来源从终端用户向产业链上方偏移的趋势。

4）促进物联网发展

物联网有着十分广阔的应用前景，在军事国防、工农业控制、城市管理、物流管理等许多领域都具有重要的实用价值。中国的电信网、广电网、互联网正向着三网融合的方向发展，最终为人类提供一个“无处不在”的泛在网，为物联网的全球无缝链接提供了可能。可以说，物联网的基础是三网（电信网、广电网和互联网），三网融合将促进物联网的发展。

除以上热点领域，三网融合带来的机遇还包括以下几个方面：

一是网络建设和改造。广电要开展省网整合、双向交互改造、全国性的网络铺设、带宽的大幅提升等网络改造和建设工作，电信也要开展网络带宽的大幅提升、光纤入户、骨干网大规模扩容等网络扩容和升级工作，这些将给光通信产业链、有线接入网产业链带来数千亿元的增量营收，引发业务增量营收和技术革新。同时，三网融合建设中，无论是网络设备还是终端设备都离不开光芯片、电芯片和各种元件。网络的改造和升级、终端设备的多样化设计都要依托关键元器件技术的革新。

二是终端设备制造。三网融合是业务的融合，这些融合的业务需要很多融合型终端来承载。为此，电视、计算机、手机等领域的消费电子企业将推广多元化的产品终端，而多样化的终端产品形态也将为终端制造企业带来数千亿元的商机。

三是软件服务和元器件制造。三网融合的最终目标是终端应用，新业务和新服务的开发离不开从底层到上层的各类软件。三网融合中的网络安全问题将日益凸显，这也给软件服务业带来巨大的需求。三网融合使软件服务业和元器件行业迎来历史性机遇。[63]

（3）三网融合促进主导产业升级

产业升级主要指产业结构改善和产业生产效率的提升，是产业结构合理化和高级化的有机统一。三网融合具有先导性、对其他行业的渗透性和相关行业的关联性，将成为经济发展的助推器，实现优化经济结构，提升国民经济各行业从业人员素质，转变经济发展方式。

三网融合有利于产业结构优化，在现有技术基础上实现产业之间的协调，通过网络的互连互通形成业务的相互渗透，网络融合也加速了产业边界消失。例如，诺基亚、苹果、微软、谷歌、腾讯等终端厂商和互联网企业纷纷进入到三网融合市场竞争中，一些服务提供商已经开始利用电信数据通道直接为用户提供应用，甚至直接拥有客户。在互联网技术支持下，互联网已经能够进入到电信网、广电网的业务范围，业务的融合是不同产业趋向协调发展的表现。

三网融合产业链上的内容提供商、设备提供商、平台提供商、网络运营商之间联系日益密切，产业间的关联程度不断加强。随着电信产业和其他相关产业不断发展，用户需求的多样化逐渐凸显，运营商提供差异化的服务来提高用户忠诚度和用户黏性，开拓新的市场。业务发展到一定阶段，综合化信息的趋势越加突出，三网融合的作用越明显。在这种背景下，内容提供商能否提供高品质、差异化的内容，设备提供商能否生产提升用户体验的终端，将对网络运营商的运营产生极大影响。

三网融合也是一次挑战，关系到三网融合产业链上的各行业未来的发展趋势，对相关企业影响巨大。随着网络融合不断提升，产业边界日趋模糊，各个产业外延不断扩展，产业间的利益层次变得更加复杂多变，各广电集团、电信运营商、互联网企业都积极采取各种策略，抢占网络融合产业的制高点，如表3－2所示。

表3－2 三网融合前后业态对比

		实体	技术	业务	市场状况	互联网视听节目	监管
三网融合前	广电网	以中央电视台为代表的广播电视传播载体，歌华有线等各地有线电视运营商	多为单向传输的网络	广播电视节目生产制作和传输	近乎封闭，进入门槛高	央视、SMG、南方广播影视传媒集团先后获得IP电视牌照	广电总局为主
	电信网	以中国移动、中国电信、中国联通三大运营商为代表的电信运营实体	双向传输	基础电信业务、增值电信业务	国资为主，外资与民营可以参与增值电信服务	与IP电信牌照持有者合作开展业务，但有地域性限制	工信部、国资委
	互联网	网站数已经达到323万，其中绝大多数为民营企业	依附运营商实体，主要面向用户提供业务应用	开放性决定了多样化，互联网应用业务百花齐放	开放市场，优胜劣汰	市场规模形成，盈利模式基本确立	根据业务内容不同分属不同部门监管
三网融合后	网络统筹规划、共建共享	实体本身可能会因优胜劣汰而自然变化	有线电视网络数字化和双向化升级改造，提高业务承载和支撑能力。电信宽带网络建设，推进城镇光纤到户，扩大农村地区宽带网络覆盖	广电和电信运营商可以进入对方的领域	移动多媒体、广播电视、手机电视、数字电视宽带上网的业务将更发达、将可能按照国家统一标准发展相关业务	广电获得IP电视集成播控系统的建设管理权、工信部获得传输权	基本建立适应三网融合的体制机制和职责清晰、协调顺畅、决策科学、管理高效的新型监管体系

资料来源：中国IPTV产业动态，2010年7月

第四节　信息安全与国家竞争力

信息时代，信息安全成为衡量国家竞争力的重要指标。截至2010年10月，全球互联网用户已超过20亿，占全球总人口的1/3左右①，网络信息已广泛应用在军事、金融、工业和贸易等各个领域，人们在实现资源共享的同时，信息安全问题也日益突出。一方面，网络融合极大地提高了国家竞争力，促进了社会发展和科技进步；另一方面，网络也带来了信息污染、信息侵权、信息渗透乃至信息犯罪等一系列问题，信息安全与国家竞争力有着极为密切的关系，只有维护好信息安全，才能有效规避互联网带来的负面影响，更好地发挥网络的通信与信息检索作用，使其为人们提供有价值的信息资源和服务资源。

对于国家而言，信息化在推动国家经济增长，提升国家竞争力的同时，也带来了种种安全问题，信息化陷入尴尬的境地，如何解决这一问题值得深思。当信息化成为全球发展趋势，如何落实信息化、如何在信息化过程中保护好国家信息安全，成为重要的议题。

1. 信息安全现状及问题概述

(1) 信息安全现状概述

2009年5月29日，美国总统奥巴马宣布将在国内设立总统“信息安全协调官”一职，负责协调处理全美所有涉及信息安全的相关事务，并于同日发布了《网络空间政策评估报告》。奥巴马全面阐述了美国的信息安全新政策，新政策的主要内容是在白宫设立信息安全协调办公室，负责统筹和协调政府的信息安全。这一系列政策的颁布和实施昭示了美国对本国的信息安全保持着高度的警惕。

俄罗斯在保护信息安全上也不遗余力，并将信息网络安全纳入国家战略。俄罗斯政府认为社会稳定、公民权利和自由的保障、法治秩序以及国家财富直至维护国家完整，在现阶段很大程度上都取决于保障信息安全和信息防护等问题的有效解决。为此，俄罗斯建立了完善的信息保护国家系统，采取不断完善网络信息安全立法、建立网络信息安全保障体系等措施维护国家的信息

① 有关全球通信领域的最新统计数据报告. 国际电信联盟，2010年10月19日。

安全。[64]

中国对国家信息安全的重视程度也与日俱增。《2006—2020 年国家信息化发展战略》、《信息安全等级保护管理办法》等一系列政策法规的颁布，体现了近年中国政府对信息安全的重视。

2000 年之前，中国企业使用的基本上都是国外杀毒产品，信息安全受制于人。2000 年，瑞星才开始做企业产品，中国企业用户开始摆脱对国外杀毒软件的依赖，自主选择安全产品和服务。

企业用户、政府机构的信息安全，在整个国家信息安全中起着支柱性的作用，其中，国产安全品牌和安全产品成为核心。与操作系统、硬件等产品不同，杀毒软件容易通过升级调节各种各样的功能，实现对客户端存储信息的检测。

信息安全专家指出，病毒的发展存在两个趋势：第一，一种病毒会产生很多的变种，病毒数量急剧增加，这会给整个行业带来病毒库过度增长，对病毒反应变慢；第二，病毒商业化，由于网络上出现越来越多的虚拟财产，账号、装备、网上银行的密码等都与财产直接挂钩，病毒或木马的始作俑者已经把这些财产作为攻击目标以谋取私利。

随着移动互联网的到来，随时随地接入互联网成为现实；三网融合则加速了任何时间，任何地点接入网络的进程，这使安全隐患更加突出。2009 年上半年，约 1.95 亿网民遇到过病毒和木马攻击，1.1 亿网民遇到过账号或密码被盗的问题①。

怎样使软件“瘦身”，同时不会产生病毒库增大和更新——云计算是解决这一问题的有效方法。针对上网本或更小型智能终端的杀毒软件就是云安全模式的具体体现。云安全似乎已经成为一种趋势，瑞星、金山等都推出了云安全的解决方案。但是，云安全在提高杀毒软件杀毒能力的同时，也会给用户带来极大的信息泄露隐患。云安全技术会收集用户终端上的安全威胁样本，由于中国没有病毒处理团队，这些信息会被发送到国外总部，如果这些信息被恶意利用，产生的后果将不堪设想。

中国是最大的信息产品市场，网民数超过美国成为世界第一，中国毋庸置疑成为信息大国。如何更好地保障国家信息安全成为摆在中国面前的重要课题。

（2）信息安全问题解析

信息安全问题是指对信息的完整性、保密性和可用性的保护，还涉及信息

---

① 第 24 次中国互联网络发展状况统计报告. CNNIC（中国互联网络信息中心），2009 年 7 月 16 日。

系统的安全、数据库的安全、个人隐私保护、商用信息安全和国家机密保护。信息安全问题带来了巨大的压力和危机，加快中国信息安全领域的发展已成为提升中国竞争力，发挥互联网作用的当务之急。进入21世纪，中国要成为信息安全强国，需要加强信息安全的立法和标准、管理等方面的建设，并逐渐增强全民族的信息安全意识。同时，加强信息安全人员的自我监督，强化信息安全管理，增加信息安全领域的人力、财力和物力的投入。这些任务需要政府对国家信息安全重大基础设施进行正确的宏观决策，制定有效的国家信息安全规划。

中国发展信息安全领域的基础技术和信息发展的关键技术，如操作系统、芯片、软件等大部分仍然依赖进口。引进国外先进技术是必要的，但在信息安全领域，自己掌握关键性的安全技术，才会有真正的信息安全。

信息安全是一项系统工程，包含防护、检测、反应和恢复等信息安全保障内容，需要有效防范可能发生的信息攻击；也要为可能出现的信息冲突准备反击手段，在信息站的环境下具有生存能力。要着眼于创新性强、具有重大杠杆作用的突破性技术，并将这种技术有效地应用到信息安全的基础设施之中。另外，开发相关关键技术，逐步提升信息基础设施的安全保障能力和生存能力，成为国家信息安全的重要内容。

（3）信息安全概念变化

20世纪90年代以来，信息安全进入信息保障阶段。信息安全的概念发生了以下变化：

信息安全不再局限于信息保护。人们需要对整个信息和信息系统进行保护防御，也包括保护、检测、反应和恢复能力。

信息安全与应用的联系更加紧密。其相对性、动态性、系统性等特征引起人们的注意，追求适度风险的信息安全成为共识。

信息安全不再是单纯以功能或者机制技术的强度作为评价指标，而是结合不同主体的应用环境和应用目标的需要，进行合理的计划、组织和实施。信息保障除强调信息安全的保障能力之外，还提出了要重视系统入侵检测能力、系统的事件反应能力，以及系统在遭到入侵破坏后快速恢复能力。传统的加密、计算机安全和信息安全体系都是一种静态的被动的防御体系。从信息保障阶段开始，人们已经开始注重信息系统的动态主动防御能力，并强调信息系统主体的能动性，将信息系统的拥有者、管理者和使用者视为安全保障体系的核心。

2. 信息安全是国家参与全球竞争的有力保障

在信息时代，信息洪流正在冲破传统守旧的观念、解体工业社会的结构体系，重塑产业结构、生活方式乃至意识形态。而互联网特别是移动互联网的发展则在很大程度上为信息流动提供了新的渠道，加速信息传递，使得信息成为支撑国家政治、经济、军事、科技和文化等方面的重要战略力量。因此防止黑客和病毒通过网络传播侵入信息系统，以及保护国家机密不从网络外泄成为维护国家信息安全必不可少的一环。

信息战争是国家信息安全的最高形式。不可否认，安全是一个国家参与全球竞争的有力保障，网络的飞速发展使信息安全成为直接或间接决定了国家安全的另一种非传统的形式。正是因为网络已成为信息的重要载体，所以信息安全如网络一样，在发展自身的同时向政治、军事安全、经济安全、文化安全等其他国家安全形势渗透，给国家赋予了全新的内涵——没有信息安全，一切安全便都无从谈起。

（1）信息安全在政治领域的重要性

在政治领域，信息安全的重要性不言而喻。网络的发展使世界格局的历史位移与信息技术的发展保持同步，以至于信息安全直接影响政治安全。没有可靠的信息安全保障，政府工作部门的互联网操作系统将面临被黑客入侵和破坏的危险，甚至通过网络传达的机密信息会被窃取，只有强有力的信息安全做后盾，政令传达的网上沟通才能无后顾之忧。以往已有部分黑客可以通过信息技术轻易地侵入到他国政府或国家机关网站，获取政治经济情报，或者通过病毒手段把入侵对象系统破坏殆尽。2002 年 2 月初，美国多家著名网站遭到黑客攻击，造成直接或间接损失达 10 亿美元。2008 年，一个全球性的黑客组织，利用 ATM 欺诈程序在一夜之间从世界 49 个城市的银行中盗走了 900 万美元，最不可思议的是，目前 FBI 还没破案，甚至连一个嫌疑人都没找到。2009 年 7 月 7 日，韩国遭到有史以来最猛烈的一次攻击，韩国总统府、国会、国情院和国防部等国家机关，以及金融界、媒体和防火墙企业网站都受到了攻击。7 月 9 日韩国国家情报院和国民银行网站无法被访问，韩国国会、国防部、外交通商部等机构的网站一度无法打开。这是韩国遭遇的有史以来最强的一次黑客攻击①。

---

① 钱江晚报，2010 年 1 月 25 日。

(2) 信息安全在经济领域的重要性

在经济领域，信息与信息安全成为最活跃的因素。如果缺乏有效的经济信息，政府很难针对经济发展的重大问题作出适当的政策调整，也无法就紧急运行中出现的问题进行适当的宏观调控；企业也将无法及时对产业结构进行调整，从而提高产品竞争优势。网络则恰好能够及时、全面、准确地提供各类信息。无论石油、石化、交通、电力、电信还是金融系统等涉及国家经济命脉的产业，网络依赖性强，网络安全对中国经济的健康发展将起到前所未有的重要作用。

不止经济、政治领域信息安全至关重要，在文化、军事领域莫不如此，信息安全与国家的日常工作和人们的正常生活息息相关，没有安全的社会是一个不稳定的社会。

(3) 信息安全在文化领域的重要性

网络规模扩大，尤其是广电网络的双向改造所带来的信息安全威胁仍属于传统意义上的信息安全问题，可以通过技术手段来解决。三网融合带给传媒和舆论导向的冲击主要是由于通信技术进步引起的信息快速、自由流动超出传统信息监管方式的能力范围，这一点是国家目前最关心也是最棘手的问题。

目前，中国的信息文化安全主要体现在对网络与其宣传的驾驭能力，尤其是对舆情的控制能力。如何引导网络舆论，如何对网上的热点话题做访问，如何提高处置网络的能力，这些实际上都是舆情驾驭能力的体现。舆情驾驭的具体目标是首先要能够发现和获取，然后要有分析和引导的能力，之后要有预警和处理的能力。发生在拉萨的“3. 14”打砸抢烧事件，使政府对舆情的引导、控制问题浮出水面。要加强舆情控制能力，政府首先不能放弃话语权，对突发事件要反映快速，准确发现大家在争论什么、什么态度、什么观点。

另外，需要区分哪些是传统信息安全范畴，哪些是健康传媒与正确舆论导向的范畴，哪些是传统违法违规行为的网络版本，哪些是新的威胁，哪些是企业的担当，哪些是政府的职责。分别监管，区别对待，尤其防止信息安全泛化。不能因噎废食，影响到群众的正常信息生活、知情权和媒体合法的舆论监督权。

(4) 信息安全对提升国家竞争力的重要性

信息自由流动为人们生活提供了极大便利，也加速了不安全因素在互联网上的产生，非法链接、垃圾插件等极有可能破坏网站自身的内部秩序，甚至有些黑客已然瞄准了逐渐走上信息化道路但自身防范能力较弱的中小企业网站，定期对其进行攻击，以达到窃取情报或聚敛钱财的目的。

2009 年，国家信息安全相关部门负责人指出："信息安全问题现在已经成为信息化发展中必须面对的经常性问题，它不仅给一个国家信息化进程带来现实的挑战，而且也给国家与国家之间带来新的制约关系，为各国运用信息技术手段解决国际间的问题提供了可能。"信息安全关系着国家的根本利益，关系着百姓生活、工作的方方面面，必须高度重视，构建中国国家信息安全战略对于提升国家竞争力至关重要。

本章结语

三网融合有助于提升国家竞争力；有利于推动规划、生产、建设、运行和营销全过程自主创新，获取全方位的自主知识产权；有利于占领科技制高点，全面提高自主创新能力，引领战略和高新技术产业发展；对增进信息化水平及其与经济社会的有机联系、满足用户多样化需求、提高社会福利水平、拉动内需和形成新的经济增长点、提高市场经济效率和降低网络运营成本、提高国家信息化水平和维护国家信息安全具有积极意义。

在三网融合的推进过程中，政府的作用更多的是搭建一个适合内容提供商、网络运营商、终端生产商等相关行业发展的平台，提供适度宽松的发展环境，发挥市场的作用，充分调动企业积极性，促进网络改造和技术升级。最终以更低的资费为消费者提供更为便捷、丰富的服务，使消费者真正享受到三网融合带来的实惠。

理解国务院推进三网融合的战略意图，必须从国家利益出发。否则，将陷入部门利益的小圈子，形成妨碍国家战略实施的部门保护主义或地方保护主义，耽误了国家发展三大产业的历史机遇。

从全球范围来看，网络融合产业迅速成长并逐渐成为影响人们日常生产、生活和工作的支柱性产业，对网络融合产业的国际竞争格局进行准确定位和判断对于中国未来发展三网融合产业具有极重要的现实意义。

本章从提升国家竞争力和保障信息安全两方面入手分析了三网融合的战略意义。一方面，站在提升国家竞争力的角度，从国家社会经济发展、行业健康有序发展和消费者最终受益的目标出发，三网融合是大势所趋，是不可逆转的产业发展潮流，它对于经济发展的推动作用、对技术发展和网络升级的推动作用、对社会效益的提高、成本的降低以及在产业结构升级中的促进作用都有显著的体现。另一方面，作为一个国家综合国力的体现，信息安全是国民经济健康发展的保障。目前中国的信息安全仍然面临技术和产业结构的发展劣势，目前信息产业的核心技术基本掌握在个别国家手中，使得不安全隐患无法根除。

三网融合时代的到来，带来一场全新的网络革命，通过网络进行信息流动，一方面大大提高了信息利用的效率，另一方面也增加了信息安全的不确定因素，加强信息安全建设刻不容缓。为加强中国信息安全建设，有效保障国家根本利益，必须加强发展自主创新的信息技术，推动其快速发展；加快信息基础设施建设，构筑面向三网融会的国家信息基础设施，完善国家信息安全体系，保障信息加速流通过程中的安全，提升国家竞争力。

第四章 三网融合产业政策

第一节　产业政策概述

1. 产业政策概念

三网融合需要产业政策解读，三网融合政策将在试点中明确、实验中验证。

20 世纪 70 年代以后，西方发达国家通过制定产业政策，实现本国企业国际竞争力的持续提升，取得经济的飞速增长，产业政策已不再被单纯地认为是仅在非市场经济国家实施的一种经济调控手段。

由于各国具体国情和经济发展阶段的不同，在经济自由、政治民主和法治体系等方面价值取向不同，所以无论国际还是国内理论界，对于政府是否需要研究制定产业政策一直存在争议。与此同时，各国对产业政策内涵和外延的界定存在分歧，没有形成一个统一的产业政策概念，其中，比较有代表性的观点有：日本学者铃村兴太郎（1984）认为，“产业政策是在竞争性的市场结构中，当其调节机制发生障碍时，由政府来调节分配各产业资源，或干预特定产业内的产业组织，以提高一国经济福利水平的政策”。[65]经济学家下河边淳与管家茂（1982）主编的《现代经济事典》认为，“产业政策是国家或政府为了实现某种经济和社会目的，通过对产业的保护、扶植、调整，积极或消极参与某个产业或企业的生产、营业和交易活动，以及直接或间接干预商品、服务、金融等的市场形成和市场机制的政策的总称”。[66]日本经济学家小宫隆太郎（1993）提出，“产业政策就是针对资源分配方面出现的市场失败采取的对策。可以将产业政策的中心部分理解为在价格机制下，针对资源分配方面出现的市场失败而进行的政策性干预”。[67]英国经济学家阿格拉（1985）认为，“产业政策是与产业有关的一切国家法令和政策的总和”。美国学者查默斯·约翰逊（1984）在其《产业政策争论》中将产业政策描述为“政府为了取得在全球的竞争能力而打算在国内发展和限制各种产业的有关活动的总概括”。杨治（1999）认为，“产业政策是调控经济结构、调节资源配置结构从而提高资源配置效率的经济政策。它并非行业政策的简单加总，结构优化是产业政策的主题。产业政策应是整体的、动态的、开放性的，包括产业结构政策、产业组织政策和产业区位政策等。”[68]苏东水（2001）则认为，“产业政策是一个国家的中央或者地区政府为了其全局和长远利益而主动干预产业活动的各种政策的总和。”[69]

由上述的各种定义可以看出，产业政策概念的差别主要在于定义的角度不同。但是，无论哪一种观点，都强调了政策的作用对象都是一国或一个地区的产业经济活动，目的是通过宏观干预，推动某一产业发展，优化经济结构，提高资源配置效率。

2. 产业政策内容

产业政策由于覆盖面宽、调整范围大，涉及财政、货币、国际贸易、收入分配等领域，需要运用法律、经济、行政等手段，它是一系列相互关联、整体协调的经济政策的总和。按照产业政策作用的领域、范围、形式和效果及目标的不同，产业政策可以划分为产业结构政策、产业组织政策、产业技术政策和产业布局政策①。

（1）产业结构政策

产业结构政策是产业政策体系的重点和核心。产业结构政策指一国政府依据本国在一定时期内产业结构的现状，遵循产业结构演进的一般规律，规划产业结构逐渐演进的目标，并分阶段地确定重点发展的战略产业，限制长线产业、撤让衰退产业，实现资源的重点配置，促进国民经济持续发展的政策。

产业结构政策通过对产业结构的调整而改变供给结构，协调需求与供给结构。产业结构调整对象包括：一是根据本国的经济发展要求和资源、资金等实际情况，选择在一定时期内带动国民经济各产业部门发展的主导产业部门；二是根据市场需求的发展趋势协调产业结构，以使产业结构政策在市场机制的基础上发挥作用。

产业结构政策的实质是推动产业结构的合理演进，取得经济效益的增长和资源配置效率的改善。产业结构政策是促进产业之间和产业内部良性循环和协调发展的重要手段，其根本目的在于通过产业结构的规划和政策措施，提高产业结构

① 李长健．新编经济法通法．中国民主法制出版社（第1版），2004年8月1日。

的转换能力和产业内部协调发展，促进经济发展。产业结构政策有两方面的目标，一是产业之间的协调，二是产业内部结构的调整。

产业结构政策是一种宏观的政策，解决的是产业间的资源分配问题，比如说第一产业、第二产业、第三产业的规划措施，优先次序的选择，扶持对象，扶持力度，扶持方法等问题。对于三网融合而言，它横跨第二产业和第三产业两个产业，同时，内部又包括特性不同的众多子产业，对其制定产业结构政策，就不仅需要解决规划信息产业和外部其他产业间优先次序划分、资源分配问题，也要涉及信息产业内部各子产业的发展协调、资源分配问题。

(2) 产业组织政策

产业组织是指同一产业内企业的组织形态和企业间的关系。产业组织政策，是指处理产业内各企业间相互关系的政策，即通过选择高效益的、使资源有效使用、合理配置的产业组织形式，保证供给的有效增加，使供求总量的矛盾得以协调的政策，目的在于实现产业组织的合理化。

产业组织政策主要用于规划产业内部企业规模，规范产业内部市场秩序，反对垄断和不公平竞争，促进企业间分工协作，鼓励实施现代企业制度，支持引导大企业集团等有利于产业发展的组织形式等。按其内容划分，产业组织政策主要分为两类：第一，市场秩序政策，主要目的是鼓励竞争、限制垄断；第二，产业合理化政策，主要是确保规模经济的充分利用，防止过度竞争。产业组织政策是产业结构政策的配套政策。

(3) 产业技术政策

产业技术政策是指导主要产业技术发展的政策。其目的在于支持新技术的研究开发，鼓励引进、吸收本国本产业急需的外部技术，通过技术变革促进产业和国民经济的可持续发展。

产业技术政策包括两个方面：一是产业技术结构的选择和技术发展政策，主要涉及制定具体的技术标准、技术发展方向，鼓励采用先进技术等；二是促进资源向技术开发领域投入，主要包括技术引进政策、技术开发政策和基础技术研究的资助与组织政策等。

(4) 产业布局政策

产业布局政策又称产业空间配置政策。产业布局政策决定产业在地域和空间分布与组织，协调产业和国民经济关系。产业布局政策主要解决如何利用生产的相对集中所引起的“积聚效应”，尽可能缩小由于各区域间经济活动的密度和产业结构不同所引起的各区域间经济发展水平的差距。

产业布局政策内容主要包括：①制定国家产业布局战略，规定产业重点发展的地区或重点扶持的区域；②以直接投资的方式支持重点地区的交通、能源等基础设施建设；③利用经济优惠政策刺激重点地区经济发展，加强其自我积累；④通过差别性的地区经济政策使重点区域呈现出明显的区域优势，吸引各种资源流入，促进当地经济发展。[70]中国的宏观产业布局政策可以简单归纳为：保持东南沿海地区经济健康发展，吸引资金、人才向中西部地区流动，加速西部大开发，促进中部崛起，振兴东北老工业基地。

经济、合理、平衡、协调构成产业布局政策的基本原则。其具体内容指保证经济效益好、投资效率高、发展速度快的地区；鼓励根据自身资源、经济、技术条件，发展相对优势的产业；在加快先进地区发展的同时，缩小先进地区与落后地区的差距；促进地区间的经济、技术交流，形成合理的分工协作、优势互补的产业布局，实现经济和谐发展。

3. 信息产业政策

三网融合的基础产业主要涉及信息产业。信息产业政策是指国家中央或地方政府制定的，主动干预信息产业经济活动的各种政策的集合，包括信息产业结构政策、信息产业组织政策、信息产业技术政策、信息产业布局政策。

早在1984年，邓小平就提出要开发信息资源，服务四个现代化。20世纪90年代后，江泽民强调，四个现代化离不开信息化，要把信息产业与能源、交通、原材料等一起列为国家支柱产业来发展。随后，国家先后出台了一系列与信息产业有关的法律法规①。

总结归纳我国涉及信息产业的法律法规主要有：《国家科学技术情报发展政策》、《关于加快发展第三产业的决定》、《中华人民共和国档案法》、《中华人民共和国科技进步法》、《关于大力发展民营科技型企业若干问题的决定》、《关于以高新技术成果出资入股若干问题的规定》和《中华人民共和国中小企业促进法》等。

规划措施方面有：1992年《信息技术发展政策》；1999年《关于当前优先发展的高技术产业化重点领域指南》；2000年《鼓励软件业和集成电路产业发展的

① 王德欣. 档案信息资源开发利用的新思考. 档案建设，2006年第5期。

若干政策》；2002 年十六大制定“以信息化带动工业化，以工业化促进信息化，优先发展信息产业，大力推广信息技术应用”的战略方针，同年，信息产业部制定《振兴软件产业行动纲要》；2006 年《信息产业“十一五”规划》；2007 年《电子商务发展“十一五”规划》；2009 年《电子信息产业调整和振兴规划》；2010 年《关于做好工业通信业信息化“十二五”规划工作的意见》等，具体如表 4－1 所示。

表 4－1 中国信息产业相关政策

年份	政策名称
1992 年	《信息技术发展政策》
1994 年	《90 年代国家产业政策纲要》
1995 年	《中共中央关于制定国民经济和社会发展“九五”规划和 2010 年远景目标的建议》
	《关于“九五”期间加快中国集成电路产业发展的报告》
1996 年	《国民经济和社会发展“九五”规划和 2010 年远景目标》
1999 年	《关于当前优先发展的高技术产业化重点领域指南》
2000 年	《鼓励软件业和集成电路产业发展的若干政策》
2001 年	《“十五”计划纲要》
2002 年	十六大信息化方针
	《振兴软件产业行动纲要》
2006 年	《中华人民共和国国民经济和社会发展第十一个五年规划》
	《信息产业“十一五”规划》
	《2006—2020 年国家信息化发展战略》
2007 年	《电子商务发展“十一五”规划》
2008 年	《工信部关于进一步促进宁夏工业和信息化发展的意见》
	《国家电子信息产业基地和产业园认定管理办法》
2009 年	《电子信息产业调整和振兴规划》
2010 年	《关于做好工业通信业信息化“十二五”规划工作的意见》
	《关于推进光纤宽带网络建设的意见》
	《关于推进第三代移动通信网络建设的意见》
	《关于三网融合试点工作有关问题的通知》

从表 4－1 中可以看出，近年来，中国政府为了调整信息经济关系、指导信息产业快速发展，制定了一系列措施，并取得了显著成就。但是，与发达国家相比，中国信息产业发展的总体水平仍然较低，信息产业政策内容尚不完善，周密性和

及时性不足。在三网融合背景下，应进一步完善信息产业政策，加快信息法律建设，建立健全的信息产业政策体系。

第二节　国外三网融合产业政策分析

1. 美国三网融合产业政策分析

美国是世界上三网融合发展较快的国家之一。在美国三网融合过程中，一方面，联邦通信委员会（Federal Communications Commission，FCC）作为美国最重要的信息通信业管制机构，在三网融合的政策制定方面起到了至关重要的作用；另一方面，完善的法律体系为三网融合的稳步推进，提供了制度保障。

美国三网融合的过程具体分为四个阶段①，如图 4 -1 所示。

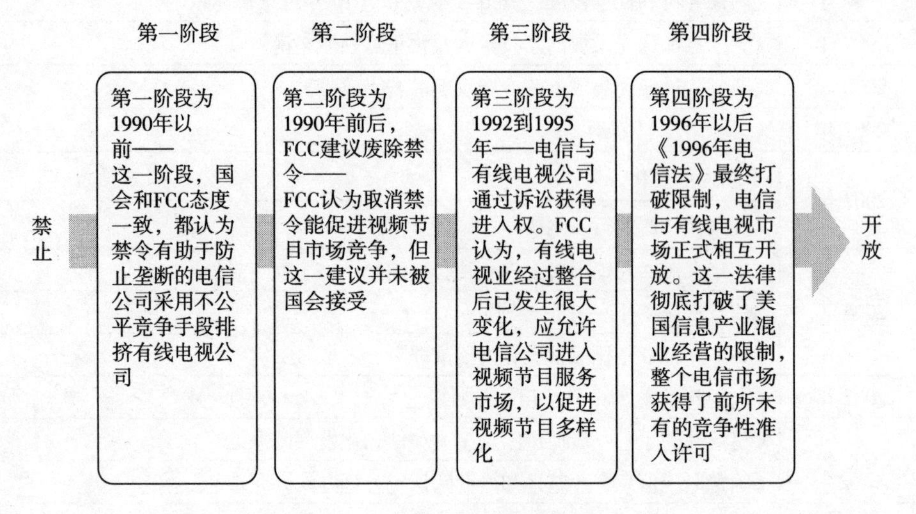

图 4 -1　美国三网融合政策演进

第一阶段（1970—1990 年）：电信业和有线电视业互不开放。

美国联邦通信委员会（FCC）为了保护新生的有线电视业，避免实力强大的电信公司利用自身的垄断地位，采取不公平的竞争手段排挤有线电视公司，通过出台一系列法令条款约束电信公司的业务发展。1970 年，联邦通信委员会（FCC）明令禁止电信公司跨业经营有线电视网（CATV）；1982 年，美国独立电话协会提

① 美国的三网融合经验谈. 中国教育网，2010 年 7 月 1 日。

请联邦通信委员会（FCC）撤销跨业经营规模的限制，被予以驳回；1983 年，美国电话电报公司（AT&T）案败诉后，电信公司从此被禁止进入信息服务业，包括有线电视业；《1984 年有线电视法》533（b）条款禁止本地电话公司给同一区域的消费者提供视频服务。

第二阶段（1990—1992 年）：美国联邦通信委员会（FCC）对电信公司的态度有所放松，认为取消禁令能促进视频节目市场竞争，因而建议立法部门（国会）废除混业经营的禁令，但是遭到国会的拒绝。

这期间，联邦通信委员会（FCC）认为有线电视业（CATV）经纵向整合后已发生很大变化，应允许电信公司进入视频节目服务市场与有线电视网（CATV）竞争，以促进视频节目多样化，因而建议国会废除跨业经营的禁令，参众两院提出数个草案，并制定《1992 年有线电视法》，但禁令仍被保留。1992 年 7 月，FCC 打算实行视频接拨（video dial tone）政策，允许电话公司提供视频传输服务，但美国上诉法院认为电话公司传输节目内容是违背宪法规定的，所以该政策并没有得以实施。

第三阶段（1992—1995 年）：电信与有线电视公司通过诉讼获得部分业务的相互进入权。

1992 年年末，大西洋贝尔公司向联邦法院提起诉讼，控诉联邦通信委员会（FCC）视频接拨政策侵犯其言论自由，1993 年 8 月获胜。随后多家电信公司相继以此为由向联邦法院提起诉讼，并最终胜诉。电话公司与有线电视公司竞争由此开始展开，大型电话公司陆续向联邦通信委员会（FCC）申请在自己经营区域开展视频接拨信号服务；联邦通信委员会（FCC）在给区域电话公司松绑的同时，也允许有线电视公司经营一般性电话业务。1994 年，有线电视公司（CATV）为争取进入电话经营业务，向法院提请诉讼，取得部分成功。

第四阶段（1996 年以后）：有线电视与电信市场实施双向开放。

《1996 年电信法》（*The Telecommunications Reform Act of* 1996）出台，意味着美国电信完成了从垄断向竞争的过渡，电信与有线电视市场正式相互开放。

《1996 年电信法》规定，有线电视运营商及其附属机构从事电信服务，不必申请获取特许权；特许权管理机构不得禁止或限制有线电视运营商及其附属机构提供电信服务，也不得对其服务施加任何条件；电信企业可以通过无线通信方式、有线电视系统以及开放的视频系统提供广播电视服务。第 302 条“由电信运营商提供的视频节目”第（a）（3）款规定，“公共电信运营商可以以任何方式为其用户提供视频节目，向用户提供视频节目的公共电信运营商有权选择某个开放的有线电视系统提供这种节目”。第 621 条（b）（3）款规定，“如果有线电视系统运营商及其附属机构从事电信服务，将不必为提供电信服务获取特许权”。

《1996年电信法》把《1934年通信法》、《1984年有线电视法》及《1992年有线电视消费者保护及竞争法》等法律中有关广播电视和电信的规制内容整合在一起，对进入广播电视业和电信业的条件进行了规定，修改了对此前不对称进入的规定，允许双向进入，允许长话、市话、广播、有线电视、影视服务等业务互相渗透，也允许各类电信运营者互相参股、自由竞争，以促进电信业的发展。《1996年电信法》的出台，标志美国打破了混业经营的限制，解决了广播电视网络与电信网络之间的对称性开放的市场进入壁垒问题，实现在基础电信领域内进行竞争市场环境。自此，美国电信市场实施开放政策，竞争性准入得到许可，有线电视公司借助电缆和光纤的设备优势，进入电话和网络市场，电信企业则通过网络升级和兼并等方式开始拓展电视服务。

在内容管制方面，美国以宏观调控为主，对广播电视节目内容和互联网传输内容实行差异化管制政策。美国政府除了禁止在互联网上向未成年人提供不良节目内容外，并不直接干涉互联网上传播的内容；在电信领域内，则倡导行业自律；对于广播电视节目的内容进行严格的审查和管理。

综上所述，美国三网融合政策经历了从限制到开放的阶段。在产业组织政策方面，美国经历了“互不准入——单向诉讼进入——对称进入”三个阶段，20世纪50年代，电信运营商实力较强时，联邦通信委员会（FCC）一直对有线电视业实行保护性政策，禁止电信公司进入广播电视业防止其不公平竞争；而随着广播电视业的不断发展壮大，当有线电视公司发展到一定阶段时，赋予电信公司进入权，直至电信市场和有线电视市场双向开放。

2. 英国三网融合产业政策

英国是全球实施三网融合较早的国家，基于成熟的技术和市场需求，对电信技术变革时期的监管问题进行了系统分析和深入研究，其在适应未来通信技术发展以及三网融合需要等方面的改革经验对中国具有重要的借鉴意义。

英国三网融合经历了电信与广播电视“互不准入——不对称进入——对称进入”三个阶段[①]：

第一阶段（1991年以前），电信和广播电视市场关闭，双方互不准入。到20世纪90年代初，电信业和广播电视业初步实现了各自从垄断向竞争的过渡。

---

① 英国三网融合的体制与政策及对中国的启示. 通信世界周刊，2007年4月11日。

第二阶段（1991—2001 年）：电信业与广播电视业不对称进入对方业务范围，政府政策向广播电视行业倾斜。

表 4-2 英国广播电视业、电信业竞争性市场形成过程

广播电视业	①1954 年颁布《电视法》，允许成立独立电视公司，标志着英国广播公司（BBC）的独家垄断时期终结 ②1984 年颁布《有线和广播法》，成立有线电视管理局和独立广播委员会，以管理和促进新兴的有线电视业 ③1990 年颁布《广播法》，成立独立电视委员会和无线广播局，广播电台和电视分业管理体制初步形成，竞争的市场结构初步形成
电信业	①1982 年英国电信（BT）实行私有化 ②1983 年莫克瑞（Mercury）公司成立，标志着英国电信（BT）独家垄断的时期结束 ③1984 年颁布《电信法》，废除英国电信公司的垄断经营权，设立一个法定的独立政府监管机构——电信管理局（OFTEL），标志着英国电信市场开放时代的到来 ④2003 年，成立通信管理局（OFCOM），并通过过新《通信法》

英国政府允许广播电视企业进入电信市场，并可以提供范围广泛的电信业务服务。1991 年，英国政府在白皮书《电信政策——竞争和选择》中规定，允许一些新的公共电视运营商（PTOS）进入国内长途与本地电信业务市场；1992 年，英国修订《有线广播法案》中，允许有线电视公司通过与莫克瑞（Mercury）公司互联，进入电话业务市场。正是由于这些倾斜性的法规政策，1995 年超过 85% 的有独立经营权的有线电视区域网开辟了电话服务业。

与此同时，英国政府还允许电信运营商有条件有限制地进入广播电视业。1997 年，电信管理局（OFTEL）逐步取消对公众电信运营商经营广播电视业务的限制，允许他们为尚未接入有线电视网（CATV）的家庭用户提供上网服务；1999 年，英国的 Video Network 公司推出了基于 DSL(数字用户线路)的视频点播业务。

第三阶段（2001 年至今）：即电信与广播电视对称进入阶段。

2001 年 1 月 1 日，电信运营商可以在全国范围经营广播电视业务，标志着电信和广播电视双向准入的实现。自 2001 年起，英国开始着手对现行通信和广播管制机构进行重组，将电信管理局（OFTEL）、独立的电视委员会（ITC）、广播标准委员会（BSC）以及负责英国无线频谱的无线通信局等 9 个机构的职能重新加以整合。

2003 年新《通信法》出台后，英国创立了新的通信管制机构通信管理局 OFCOM（The Office of Communications），实现监管机构全面融合。通过以上措施，英国基本实现了有线电视与电信的双向进入。

综上所述，英国的融合政策是典型的“互不准入”到“非对称准入”再到“对称准入”。最初，英国实行非对称管制政策，即允许有线电视公司经营电信业务，但仅限于基础业务（国内长途和本地话音）且必须经由电信网络；广电市场则对电信运营商封闭。主要原因有两方面：

一方面，英国有线电视运营商，与垄断电信运营商英国电信（BT）相比，网络规模小，并且大多是地方网络，不足以与电信企业竞争。为了提升有线运营商的竞争力，英国政府在政策上向有线电视运营商倾斜，不仅规定单向进入，而且还扶持了一个全国性的有线电视运营商莫克瑞（Mercury），要求英国电信（BT）向莫克瑞公司（Mercury）出租经营电话所需要的网络，并且所有的地方有线运营商提供电话业务时都要通过 Mercury 与 BT 互连互通；另一方面，英国有线电视运营商网络尚不完善，不具备多重业务融合的技术和市场优势，有线电视唯一可依靠的是新的光纤网络以及由此产生的低电话成本，在这种情况下，如果让电信公司进入有线电视领域，有线电视运营商将受到强烈冲击。

伴随有线电视运营市场的发展，英国逐步实现了对称准入，不仅允许电信运营商经营 IPTV、手机电视等融合业务，而且取消了有线电视公司提供电话业务须经电信网络的条件限制，另外也允许其提供话音业务之外的移动电视等业务。

3. 日本三网融合产业政策

日本三网融合造就出大批 IT 新兴企业，一些企业处于世界范围内领先地位。日本三网融合之所以能取得如此显著的进步，与日本政府积极进行政策引导，不失时机地制定法律法规、并不断完善监管体制分不开，对于中国发展三网融合具有重要的借鉴意义。

日本推进三网融合大致分为两个阶段①。

第一阶段：两网融合，即电信和广电的融合，如图 4 – 2 所示。

日本《放送法》第二条规定：“广播电视是以公众直接受信为目的无线通信的发送”；《电信事业法》第二条规定：“由有线无线及其他电波的方式传输和接收符号、音响和影像，即为电信。”根据法律条文的界定，电信业比广播电视业范围更广，广播电视是电信的一种特殊形式，两者具有内在属性的交叉性，因此需要往融合的方向发展。

第二阶段：三网融合。随着互联网宽带化和光纤通信的普及使类似电视的电

① 日本如何实现三网融合？经济参考报，2010 年 4 月 1 日。

信服务（如可视电话等）变为现实，电视借助互联网和光纤通信设备使服务领域更加广泛。

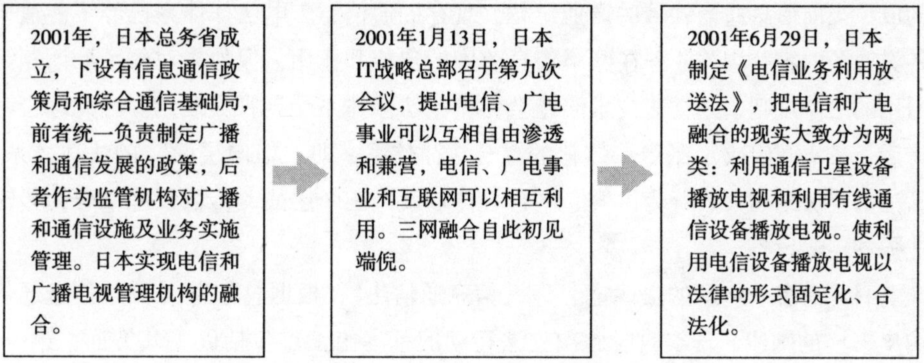

2001年，日本总务省成立，下设有信息通信政策局和综合通信基础局，前者统一负责制定广播和通信发展的政策，后者作为监管机构对广播和通信设施及业务实施管理。日本实现电信和广播电视管理机构的融合。	→	2001年1月13日，日本IT战略总部召开第九次会议，提出电信、广电事业可以互相自由渗透和兼营，电信、广电事业和互联网可以相互利用。三网融合自此初见端倪。	→	2001年6月29日，日本制定《电信业务利用放送法》，把电信和广电融合的现实大致分为两类：利用通信卫星设备播放电视和利用有线通信设备播放电视。使利用电信设备播放电视以法律的形式固定化、合法化。

图4－2　日本两网融合的过程

2002 年 12 月 6 日，日本出台《关于促进电信和广电融合技术开发》的法律，其中把“电信广电融合技术”定义为：“为把利用互联网的电信传输和通过数字信号播放的电视融合在一起，并成为融合基础的电信广电技术，通称为‘电信广电融合技术’。”该法力图通过对电信广电融合技术开发业者的支持，发展电信广电融合技术，并建设网络社会。该法规定，总务大臣必须制定促进电信广电融合技术开发的基本方针，基本方针包括以下四个内容：一是关于开发电信广电融合技术的基本方向；二是关于电信广电融合技术的内容；三是如何完善电信广电融合技术开发系统；四是促进电信广电融合技术开发的重要事项①。

为了使电信广电融合技术开发落到实处，日本还成立了独立行政法人信息通信研究机构。该法规定，信息通信研究机构为了达到法律规定的目标，要遵照总务大臣制定基本方针开展以下业务：一是向电信广电融合技术开发业者提交补助金；二是完善电信广电融合技术开发系统，让电信广电融合技术开发者共享；三是开展上两项业务的附带业务。2004 年 4 月 1 日该法开始实施。

为了利用网络，活跃经济，提高国民的生活质量，建设安心便利的社会，2003 年 5 月，日本 IT 战略总部提出“官民并举，共同努力，把日本建设成网络无所不在的社会”。网络无所不在体现在人们生活的各个方面，包括衣、食、住、行等，如实行在线医疗、普及化的电子商务和电子政务、远程网上教育、无障碍实时远程交流等。

2006 年，日本设立电信放送综合法律研究会。2007 年 12 月，日本总务省提

① 日本经验：三网融合获得政策法律有效支撑．经济参考报，2010 年 7 月 1 日。

出了建立综合法律体系的具体方案。该报告指出，随着传输基础设施数字化和IP化的普及，日本已形成了由业务内容及与不同传输设施对应的商务模式和市场，构成了当前信息通信领域的产业结构。现存的通信、广电法律体系已经不能适应各类业务内容及相关业务在网络信息流中的定位和作用。但如果对每个层面制定通用的法律规则，则立法技术问题会使整个法律体系受到很大制约。因此综合考虑后，日本政府决定制定一体化的综合法律体系，即“横向层面”的法律体系。新法的立法结构大致分为内容、平台、传输设施三个层面，传输设施又分为传输业务和传输设备。

日本总务省将新的法律定名为《信息通信法》，根据总务省《2008信息通信白皮书》的阐述，日本政府此次立法行动的基本出发点包括以下几方面：第一，能够应对急速发展的技术变革，重视网络的中立性；第二，通过放松管制和集约化给运营商一定自由，使之尽可能推出更多种类的业务；第三，改进适用于信息通信业的使用者保护规定。为此，日本总务省决定在内容、平台、传输设施三个层面分别着重抓好以下工作：在内容层面，重点放在“特别有社会影响力”的内容上，重新建立内容规则；在平台层面，为确保平台的开放性，研究必要的相关规则；在传输设施层面，要统筹通信与广电的传输业务规则，要按照业务的大分类划分通信设备，确保电波使用的灵活性。

日本政府希望通过现行法律的“纵向分割”结构向“横向层面”结构转换，建立世界上先进的法律法规体系，实现通信、广电立法体系立体化。2008年2月，日本信息通信审议会就《构建通信、广电综合法律体系方案》进行了讨论，并计划于2010年向日本国会提交正式法案。

由此可见，日本的三网融合不存在非对称准入的过程，按照日本法律，广电和电信属于有交叉性行业，注定要向融合方向发展。早在2001年日本就提出了电信广电事业可以互相自由渗透和经营，并且电信网、广电网和互联网可以相互利用。而后，建成网络无所不在的社会这一战略的提出，进一步促进了电信网、广电网和互联网的融合。

4. 其他国家和地区三网融合产业政策

（1）欧盟①

欧盟在2005年后，三网融合开始正式步入正常发展轨道。在2005年之前，

① 从欧盟实践看我国三网融合. 中国电信业杂志，2010年3月22日。

欧盟成员国主要为三网融合扫清障碍，创造发展条件。通过十几年的努力，欧盟完成了广播电视与电信两大产业从非对称准入到对称准入的转变。从发展历程来看，欧盟的三网融合并不是一步到位，而是分步推进。

第一阶段：允许有线电视业（CATV）进入电信业。

欧盟基于电信业和有线电视业发展不均衡的现状，采取向有线电视业倾斜的政策，具体体现在：1994 年，欧盟绿皮书《开放电信基础设施和 CATV 网》的发表，标志着欧洲电信网和广电网迈出了融合的第一步；1995 年，欧盟发布《有线电视指令》，规定有线电视网可以无条件无任何限制进入所有开放的电信业务市场。

第二阶段：欧盟基于 WTO 原则实施电信市场开放政策。

欧盟委员会逐步开放电信市场，建立与新的竞争环境相适应的规制框架。1994 年 11 月 17 日，欧盟委员会发出《完全竞争指令》，要求成员国彼此之间开放基础电信业务，直至实现全面开放；1997 年，WTO 谈判成功后，欧盟在绿皮书《电信、广播与信息技术融合》中从信息内容的制造、信息的网络传输和信息接收终端等层次对三网融合进行了具体说明，明确指出不同的网络平台都能一同传送电话信息、电视信息及计算机信息和数据。这些绿皮书推动了电信市场的充分竞争，为推进三网融合做好了铺垫。

第三阶段：突出重点，规范监管。

欧盟将三网统一纳入电子通信网，是欧盟强推三网融合关键而成功的重大步骤。欧盟在 2002—2003 年制定了《管制框架指令》、《接入指令》、《互联指令》以及《关于电子通信产品和服务相关市场的建议》等。这些《指令》和《建议》总的精神就是要求各成员国进一步降低电子通信的市场准入壁垒，实施公平、透明和无歧视的网络互联，鼓励发展新技术新业务。

2002 年，欧盟发布《电子通信网络与服务的统一监管框架指令》（简称《监管框架指令》），并于 2003 年 7 月开始正式执行，该指令不仅积极推动了欧盟各国电信网和电视网对称准入，为欧盟三网融合进程起到了革命性的作用，而且为监管电子通信业务、电子通信网、相关设施提供了基本依据①。其中，根据《监管框架指令》，电子通信网“意指用于传输信号为目的传输系统、交换设备或路由选择设备以及允许通过线路、无线电、光缆或其他电磁手段传送信号的其他资源，包括卫星网、固定电信网（电路交换和分组交换，包括互联网）以及地面移动网、电力电缆系统以及广播与电视网、CATV 网，不论其传送的信息类型”。关于电子通信业务，《监管框架指令》将其定义为“整个或主要在电子通信网上传送

① 欧盟统一监管力推 IPTV 促三网融合．通信产业网，2010 年 5 月 5 日。

信号所提供的业务，包括电信业务和在广播用的网上的传送业务但不包括提供或实施对使用电子通信网和业务传送内容的编辑控制……”由此可见,根据欧盟的指令,电信网、广电网和互联网都是电子通信网,电子通信网既可以传送电信业务,也可以传输视听业务和互联网业务。这样的定义为欧盟的三网融合铺平了道路。

与此同时，欧盟修改了20世纪90年代初发布的《电视无国界指令》，使指令的范围几乎涵盖了所有“由运动的图像和声音构成”的视听内容服务，包括通过互联网和3G电话等电子通信网络向公众传输的信息，并最终将其改名为《视听媒体业务指令》（AVMS)。《视听媒体业务指令》的核心内容是进一步扩大适用范围，涵盖到网站和其他在线流媒体视听业务，但不包括新闻网站的视频剪辑、动画内容、博客、视频播客（视频分享)、互联网图片电话及其他非商业性内容。这就使得《视听媒体业务指令》与《监管框架指令》对电子通信业务、电子通信网的解释完全一致，避免了在融合过程中电信与广电矛盾和冲突的产生。

2003年7月后，欧盟成员国在经过一段时间的政策消化后，开始将《监管框架指令》和《视听媒体业务指令》转化为本国的法律进行实施，2005—2006年欧盟范围内的规模性三网融合正式展开。

2006年6月29日,欧盟委员会公布了对《电信管制框架》进行改革的建议。这次建议的政策走向是进一步放松管制,如减少与电信相关的批发市场和零售市场的监管数量,“广泛采用新的商业模式和技术”,“给欧盟市场注入更多的活力”,等等。

2007年，欧盟提出了对电信框架审议的议题。在股东、电信管制者和电信业务用户两年的讨论后，又在欧委会和理事会进行了讨论，2009年11月4日，欧委会和部长理事会就欧盟电信改革达成了一致意见。

2010年3月，根据拉脱维亚交通和通信部长卡斯帕尔斯·盖尔哈提出的建议，欧盟各成员国电信部长会议上原则上同意将欧洲新的电信管制机构——欧盟电子通信管制者团体（Body of European Regulators of Electronic Communications, BEREC）设立在拉脱维亚首都里加。欧盟电子通信管制者团体的设立将进一步扩大欧盟层面的统一管制权，为欧盟三网融合创造了更好的环境。

从欧盟的三网融合产业政策演进过程可看出，欧盟三网融合政策主要是在市场经济环境下，鼓励电信业和广电业开放式发展，鼓励双方运营商发展宽带传输网络设施，对于具有三网融合性质的新业务，监管机构鼓励和提倡，至少不反对、不干预运营商合作。

此外，推进过程中，欧盟及时把握发展电信、电视、互联网三重服务于一身的IPTV业务的时机，考虑其内容比较分散，网络覆盖也比传统通信网络小的特点，对IPTV内容监管采取放松管制政策。以此为契机，促进电信运营商和有线电视运营商合作，欧盟的三网融合取得了实质性进展。

(2) 加拿大①

加拿大政府三网融合产业政策较为宽松，坚持政策上的开放，允许电信和广电业务之间的融合，鼓励市场竞争，而并不干涉电信和广电具体的市场行为，对两者发展优劣也不作判断。正是由于宽松政策，产业之间壁垒和隔阂低，电信和广播电视业务相互融合、相互交叉，提升了行业技术水平，保护了广大消费者的利益，促进了市场竞争，从而推动三网融合的发展。

加拿大政府对电信和广播电视市场实行政府指导和市场竞争相结合政策进行宏观管理，即不完全竞争性管理制度。管制机构由电信、广播电视管制机构和竞争管理机构共同组成。在这种管理制度下，加拿大电信和广播电视市场已经逐步由垄断走向开放，这就更加有利于市场的竞争，有利于三网融合的发展。

统一的广播电视与电信业监管机构加拿大广播电视委员会（CRTC），以及关于机构职能的专门立法——《加拿大广播电视电信委员会法》，为加拿大三网融合提供了良好的发展空间，保障了行业发展的统一性和协调性。

加拿大广播电视电信委员会（CRTC）是根据 1968 年广播法设立于同年 4 月 1 日，它遵循加拿大《广播电视电信委员会法》（*Canadian Radio - Television and Telecommunications Commission Act*），是加拿大联邦政府管理监督广播电视事业、发放许可证事务的机构，负责执行《电信法》与《广播电视法》，对全国广播、电视和电缆电视，以及跨越省界的电信事业进行管理和监督。委员会拥有规则制定权和许可证批准权，对电信和广播电视经营部门（包括节目）发放经营许可证，制定互连互通规则，保证公平竞争和普遍服务，协调各种纠纷，但不管频率分配。CRTC 每年经过通信部长向议会提出年度报告，在各地方设立必要的派出机构。

加拿大制定了一系列与三网融合相关的法律，如加拿大广播电视电信委员会的《加拿大广播电视电信委员会法》（*Canadian Radio - television and Telecommunications Commission Act*）、《广播法》（*Broadcasting Act*），以及《电信法》（*Telecommunications Act*）。

加拿大《广播法》第 9 条规定，由加拿大广播电视电信委员会（CRTC）对广播电视传输服务许可证设定等级、颁发许可证，并规定许可证的有效期为 7 年。同时还对所播放的节目内容作了一系列的规定和限制。与广播电视市场准入相比，

① 美英法等七国三网融合的管制与发展状况. 信息产业部电信研究院通信政策与管理研究所，2007 年 8 月 29 日。

加拿大电信市场准入条件没有在内容上作更多的规定，只是在申请人或者申请团体的资格上作了相应的规定，分为“一般电信业务的市场准入”和“国际电信业务的市场准入”。

虽然没有明确的法律规定，但是加拿大政府允许有线电视运营商提供电信业务，同时也允许电信运营商提供有线电视业务。

1999年加拿大政府颁布《新媒体豁免令》,将“新媒体”的定义界定为“利用互联网传播广播电视的媒体”,并规定利用互联网传播广播电视可以免予申请许可证。

（3）韩国①

在三网融合技术与产业融合发展的进程中，韩国与许多国家一样，同样面临着电信、广电两大传统部门在产业政策上的争执和矛盾。从韩国的发展历程看，文化部更多地与广电部保持一致，而通信部则更多地从电信运营商的视角来看待政策倾向，这种文化差异是造成协调管制困难的原因所在。于是，在2008年，韩国陆续出台了《IPTV业务法》和《广播通信委员会组织法》，在融合立法方面有了重大突破，对监管体制进行了修改，清除了融合业务发展的最大障碍。

2008年1月17日，韩国发布《IPTV业务法》，允许固网运营商向宽带用户提供IPTV节目。此外，法案还明确了两点：第一，韩国的广播电视公司可提供全国性的IPTV服务，但市场占有率不得高于1/3；第二，KT等固网运营商提供IPTV服务无须另外成立下属公司。该法案开启了网络通信服务和广播电视接轨的新多媒体时代，将进一步促进韩国IPTV产业链走向成熟，为三网融合业务发展铺平了道路。

2008年2月，对韩国ICT产业的融合进程产生更为深远影响的《广播通信委员会组织法则》生效。根据这部法律，韩国成立新的融合管制机构——韩国广播通信委员会，原有各自独立的信息通信部和广播委员会宣告解散。这一新机构的职责类似于美国的联邦通信委员会（FCC），负责韩国电视广播、通信和新传媒，解决了一系列长期悬而未决的管制问题，通过这次管制框架的调整和改革，改变了韩国融合服务发展相对滞后的现状，实现了三网融合的突破进展。

同年，在亚太地区，除日、韩外，新加坡和中国香港地区为适应三网融合发展需要，也在紧迫地开展立法和制定监管政策工作。2008年1月，新加坡媒体发展局（MDA）就手机电视未来的监管框架向公众征询意见。2008年1月29日，中国香港地区商务及经济发展局和电信管理局就移动电视服务监管第二次提出咨

① 英美韩三网融合经验的重新解读. 中国经营报，2007年5月11日。

询文件，并且两次咨询文件都不约而同地奉行市场主导、科技中立及便利规管的原则，鼓励和扶持融合业务的发展。

5. 网络中立与技术中立

(1) 网络中立

网络中立性，或网络中立（Network Neutrality）亦称作互联网中立性（Internet Neutrality），是关于网络在作为一个应用程序层的操作平台上的一些原则。这些原则就是“非歧视性的互连互通”，是指在法律允许范围内，所有互联网用户都可以按自己的选择访问网络内容、运行应用程序、接入设备、选择服务提供商。这一原则要求平等对待所有互联网内容和访问，旨在防止运营商从商业利益出发控制传输数据的优先级，保证网络数据传输的“中立性”。其实，现实中关于网络中立性的定义尚无统一，但多数都认同上述观点，即互联网可以成为一处免费为社区提供的宽带网络，网络运营商平等地对待每一位网络用户，不能通过调整网络配置使服务产生差别，不能以更快的速度或类似的高速传输服务向网络内容提供商和网络应用提供商额外收取费用。

近年来，围绕网络中立性的争论愈演愈烈。其争论的核心问题就是当用户拥有接入互联网并使用互联网资源、享受互联网服务的权利时，这种权利是否是有限制的或者说是否是自由的①。

支持网络中立的一方认为“网络中立性”是现今自由的重要保证，既然用户购买了互联网接入服务，就应当能够在合同约定的速率下使用任何互联网资源信息，享受任何互联网服务，无论是视频、音乐、邮件、商务还是其他业务；如果用户的这种权利被人为地限制，那么互联网也就不再具有“信息快速通道”的特征，违背互联网自由、开放的初衷，其各种创新也将受到限制。这些支持方除了包括互联网的直接使用者，网络用户、消费者权益保护组织外，还包括互联网内容提供商和 VoIP 服务提供商，如谷歌、微软、雅虎等，它们极力倡导和支持“网络中立”说，很多大型企业甚至出巨资要求国会立法保护，禁止网络运营商不合理地干预网络流量。2010 年 8 月，谷歌和 Verizon 公司便召开电话会议发表了有关网络中立的联合声明。该声明的主要内容是几条对 FCC 和各大宽带运营商关于网络中立的建议，包括建议禁止网络运营商限制用户使用合法的程序和服务或选择性限制用户的网速等。“我们会确保网络运营商真正做到这一点，”谷歌 CEO 埃里

---

① 石丘娜. 移动互联网与网络中立. 淮都网站，2010 年 10 月 9 日。

克·施密特（Eric Schmidt）在与Verizon的联合电话会议上表示，“Verizon已经向我们表明他们遵守约定的决心”。

以大型的电信和有线电视公司等宽带网络提供商为主，反对网络中立的一方则认为：为保证互联网接入服务商的投资激励和扩容动力，提供分级别的互联网服务是合理的，互联网运营商拥有对其提供的服务进行管理的权利；如果实施“网络中立”，肯定会降低宽带提供商升级网络与推出下代网络服务的积极性，造成少数用户侵占无限资源，最终很可能导致网络拥塞，妨碍到其他用户的使用，恶化网络环境。就现在的情况来看，各国政府对这一争议的态度各有不同，典型例子是美国的宽带提供商Comcast一度对BT服务进行流量拦截，后来被美国高等法院认为是非法，但其判决的理由是Comcast未遵守当初和用户签订的服务合同，而没有就宽带服务商在遵守合同约定之外是否可拒绝服务作出判决。欧洲多数国家仅仅要求宽带接入服务提供商提供最低质量保证的服务，而对其网络管理权利持默许态度。中国部分省的固网运营商也曾经对P2P业务进行过封杀，理由是不到10%的BT用户消耗了超过60%的网络流量，这种情况一方面企业可从服务合同上进行约束；另一方面政府可从公共利益角度进行约束。2010年，智利法律明确规定，ISP无权封锁、拦截、歧视、妨碍任何互联网用户的使用权利，也无权限制互联网用户使用、发送、接收或者通过互联网提供任何内容、应用程序和合法服务以及合法行为的权利。同时法律也规定服务提供者必须提供控制工具，保障用户的隐私和安全，禁止任何限制言论自由的行为。智利成为第一个批准网络中立法律的国家。

中国手机用户基数庞大，移动互联网发展迅速。因此，与其他国家一样，网络中立性问题必然成为移动互联网发展过程中争议性最大、解决难度最高的议题。移动互联网运行过程中是实行“网络中立”还是进行“网络限制”，以及进行多大程度的限制，在未来一段时间内，也将是中国的电信管制机构面临的棘手问题之一，也将直接影响三网融合的进程。

（2）技术中立

“技术中立性”是指法律应当对交易使用的技术手段一视同仁，不应把对某一特定技术的理解作为法律规定的基础，而歧视其他形式的技术。不论电子商务的经营者采用何种电子通信的技术手段，其交易的法律效力都不受影响。其实，“技术中立”这个词最早在美国提出，是美国电信管制政策之一，后来也逐渐被欧盟接受。在欧盟2002—2003年提出的电信“框架指令”中，要求各成员国电信管制机构执行技术中立政策。美国联邦通信委员会前主席William E·Kennard认为，技术中立是实行电信发展市场化的驱动因素之一。技术中立政策要求管制者不倾向于某项技术，而应当鼓励不同技术和行业部门间的竞争。政府和监管部门的职责就是努力创造一种环境，促进不同技术和行业部门之间的竞争，以加速创新和高级业务的发展，但又不影响用户的业务使用①。

一般来说，在技术发展的初期阶段，实施技术中立政策可以促进技术进步、加快技术创新。但是当技术发展到较为稳定和成熟的阶段，而且各种不同的技术并存且产权归属于不同的国家或企业时，实施技术中立政策的可行性就微乎其微了。现实情况是，在通信技术的标准选择上，美国以及欧盟等技术起步较早发展较快的国家，尤其是当本国标准与其他国家标准的竞争涉及重大产业利益时，并没有真正实施所谓的“技术中立”。这也就能让人理解在中国 TD－SCDMA 技术标准的发展过程中，欧美等国主张“技术中立”论调，要求中国政府以技术中立态度为所有 3G 标准发放牌照。

在通信技术的发展进程上，中国仍然落后于多数发达国家。20 世纪 80 年代由于中国通信技术基础薄弱而丢失了第一代；20 世纪 90 年代中国又错过了第二代技术之间的激烈竞争的时机，只能沿着产业技术标准规定的轨道发展。尽管华为、中兴研发生产了 GSM、CDMA 等系统设备，由于“跑马圈地”、“先入为主”的路径依赖效应，国内企业的市场占有率不过 20%，而且要交巨额的专利、芯片和软件费。20 世纪 90 年代末，移动通信从第二代推向第三代，在这个新技术产生的技术非连续状态关键时刻，具有自主知识产权的 3G 技术标准 TD－SCDMA 被国际电信联盟（ITU）接受为第三代移动通信技术的备选标准，在国际市场上与 WCDMA、CDMA2000 标准相互竞争，打破了没有自主知识产权的“受制于人”的困境，不再依赖国外技术标准开展通信业务，是中国通信技术领域划时代的转折点。

在中国 TD－SCDMA 标准完善和发展过程中，一些国家打着“技术中立”的旗帜要求中国政府对其 WCDMA 和 CDMA2000 采用不干预的立场，其目的是保证其技术标准在中国市场的份额，保护其在华利益。在技术市场中，当国外某种技术标准一旦被“锁定”，国内用户没有其他选择时，国外知识产权的所有者就具有了垄断优势，以超出成本更高的价格来获取巨额利益。技术壁垒正如国际贸易中的贸易壁垒一样，不但能够轻松获得高额利润，还能限制其他企业的发展和创新，将一切可能的创新全阻隔在技术壁垒之外。中国政府在 3G 上的“技术中

① 高富平. 政府在网络商品交易中的职能和作用. 中欧知识产权保护二期项目报告，2009 年 6 月 11 日。

立”，会使国外厂商有机可乘，并以其3G标准垄断中国市场，但是中国TD标准具有生命力并在稳健中向4G迈进。

中国政府承诺在3G标准选择中保持中立，保持国内TD-SCDMA、WCDMA、CDMA2000三种标准共存的状况，是国际经济实力和政治压力博弈的结果①。但随着中国经济的不断发展，国家实力的不断增强，TD-SCDMA技术也必然成为3G时代的主导技术标准，因为中国的移动通信市场巨大，中国提出的3G标准占主流，消费者能真正获益，企业能真正获利，国家才能真正发展，具有国际竞争力。

6. 国外产业政策经验借鉴

发达国家与地区的三网融合发展历程表明，三网融合的迅速发展得益于政府产业管制政策的推进，概括为以下几点：

第一，因时因地制宜。政府根据当时当地的网络条件、技术水平和市场的成熟程度作出具体准入措施调整。如英国的非对称准入是由于有线电视公司网络分布无法与电信抗衡且当时的技术尚未成熟，也没有形成空间足够的融合市场；日本政府也是基于技术、网络等条件发展已经达到一定程度的情况下，在2003年大力推进三网融合。

第二，宏观调控为主。政府通常只是以法律形式对市场开放情况做宏观规定，而对具体业务开展形式和运营商之间的合作模式不做规定。如欧盟1995年《有线电视指令》规定“有线电视网可以不受任何限制进入所有开放的电信业务市场”，美国《1996年电信法》打破信息产业混业经营的限制都是这种情况。

第三，设立统一的管制机构，制定统一的产业政策法规。从各国三网融合的进程可看出，三网融合发展良好的国家都具有统一的管制机构和成熟的政策法规：如美国的联邦通信委员会和《1996年电信法》；英国的通信管理局和《电信法》；日本对通信与广电进行统一管制的总务省，和《信息通信法》等成熟的管制法律体系。

在中国，三网融合由于政策、监管和行业隔阂等原因，导致手机电视、IPTV等技术创新和市场等发展不理想。作为国家信息化发展战略的重点，三网融合要遵循客观规律，在借鉴国外成功经验的同时，立足于国情，以促进市场竞争和创

---

① 朱彤. 3G标准并不中立的技术中立论. 南方周末，2005年9月29日。

新为目的，加快融合立法和建立完善的融合监管机制①。三网融合不仅仅是打破垄断，更需要的是电信、广电两部门摒弃门户之见和利益之争，在技术标准、产业政策、融合监管等方面通力合作，以切实让消费者受益、做大做强国内三网融合市场和提升相关产业的国际竞争力为共同目标。

第三节　中国三网融合产业政策的现状及存在的问题

1．中国三网融合产业政策推进

三网融合在中国，最初的提出背景源自于电信与广电之争。1998 年，电信垄断、价格高。电信垄断带来的服务收费贵并超过了广电重复建网的成本成为讨论的热点。流行的故事包括：上海广电当年租用电信网络，由于电信垄断，租金逐年上涨，于是在花费了6 000万元租金之后，上海广电决定重新建网；全国有线电视省级联网、国干网开始建设，但由于有线与电信技术边界不明确，出现淄博有线电视与电信之争。1998 年 3 月，以原体改委体改所副所长、时任粤海企业集团经济顾问王小强博士为主的“经济文化研究中心电信产业课题组”，提出《中国电讯产业的发展战略》研究报告，随后引发了“三网合一”还是“三网融合”的大辩论，如图 4－3 所示。

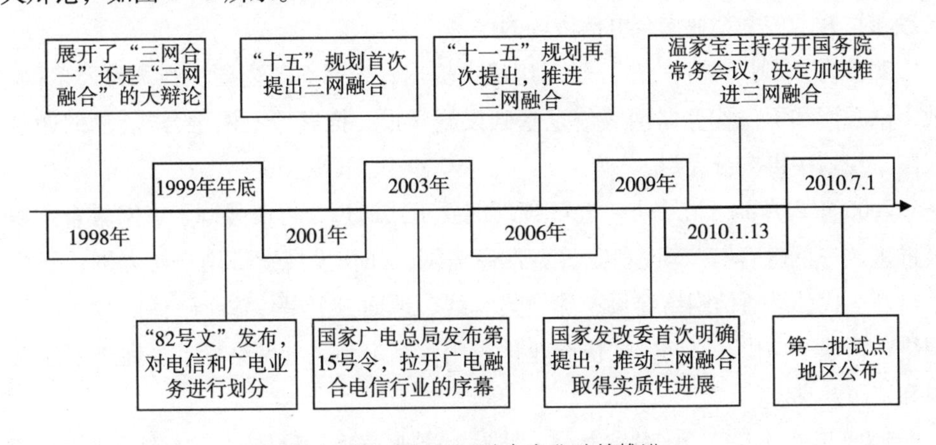

图 4－3　中国三网融合产业政策推进

① 三网融会方案设 10 试点城市. 人民日报，2010 年 7 月。

在三网融合产业政策推进的过程中，1999年底国务院转发信产部、广电总局《关于加强广播电视有线网络建设管理意见的通知》（即“82号文”），对三网融合产业造成了巨大影响。“82号文”规定：“电信部门不得从事广播电视业务，广播电视部门不得从事通信业务，对此必须坚决贯彻执行。对各类网络资源的综合利用，暂只在上海试点”。这给广电和电信业务范围画出一道红线，对广电业和电信业的相互融合影响深远，直到2010年的“1号文”出台后才在形式上废除它，但它造成的既有市场格局和行业规则仍会在未来数年内继续影响到三网融合的进程。同时，“82号文”也确定了有线电视网络应有的位置，指出：“广播电视及其传输网络，已成为国家信息化的重要组成部分。”

2000年10月，“十五”规划提出“抓紧发展和完善国家高速宽带传输网络，加快用户接入网建设，扩大利用互联网，促进电信、电视、计算机三网融合”，这是三网融合首次在国家规划中得到确认。

2001年10月，中国电信南北拆分的方案出台，形成新的“5+1”格局，包括了中国电信、中国网通、中国移动、中国联通、中国铁通以及中国卫星通信集团公司。这一格局维系了8年，直到2008年的电信业第三次大重组。相对稳定的市场格局，与现代企业制度的逐步确立，加上资本市场的倍增放大，使电信业取得突飞猛进的发展，越来越领先于广电业。

2003年2月10日，国家广播电影电视总局颁布实施了《互联网等信息网络传播视听节目管理办法》（国家广电总局第15号令，2003年1月7日发布）。其中第五条规定，“国家广播电影电视总局对视听节目的网络业务实行许可管理，通过信息网络向公众传播视听节目必须持有《网上传播视听节目许可证》”。此文件的颁布拉开了广电企业淘金电信市场的序幕。

2005年10月，“十一五”规划建议中提出，未来5年内要加强宽带通信网、数字电视网和下一代互联网等信息基础设施建设，推进“三网融合”。三网融合在国家规划中再次被提到。

2006年3月14日，“十一五”规划纲要正式通过，再次强调了三网融合：积极推进“三网融合”。建设和完善宽带通信网，加快发展宽带用户接入网，稳步推进新一代移动通信网络建设；建设集有线、地面、卫星传输于一体的数字电视网络；构建下一代互联网，加快商业化应用；制定和完善网络标准，促进互连互通和资源共享。

2008年1月1日，国务院办公厅转发发展改革委、科技部、财政部、信息产业部、税务总局、广电总局六部委《关于鼓励数字电视产业发展若干政策的通知》（国办发［2008］1号），提出“以有线电视数字化为切入点，加快推广和普及数字电视广播，加强宽带通信网、数字电视网和下一代互联网等信息基础设施建设，推进‘三网融合’，形成较为完整的数字电视产业链，实现数字电视技术研发、产品制造、传输与接入、用户服务相关产业协调发展。”

2009年1月，中国移动、中国电信、中国联通分别获得TD-SCDMA、CDMA2000和WCDMA的3张3G牌照，三家新运营商进入电信全业务竞争时代。

自2009年起，国务院开始推行一系列促进三网融合的政策：

2009年3月，温家宝总理在人大会议政府工作报告中指出，“要支持和推进新能源、生物、医药、第三代移动通信、三网融合、节能环保等技术研发和产业化”。这是国家首次将三网融合写入政府工作报告。

2009年5月25日，国家发改委在《关于2009年深化经济体制改革工作的意见》中首次明确提出，要落实国家相关规定，推动“三网融合”取得实质性进展，并第一次提出要“实现广电和电信企业的双向进入”。随即国务院成立了国务院副总理张德江为首的工作小组，直接指导推进“三网融合”事宜。工信部和国家广电总局就三网融合成立了专门的谈判小组，双方就“双向进入”进行了几次磋商。

2009年7月29日，广电总局下发《关于加快广播电视有线网发展若干意见》，提出“确保2010年年底前各省基本完成整合，为今后全国广播电视有线网络规模化、产业化发展奠定基础”，“鼓励和支持有实力的省级有线网络公司跨省联合重组”。

2009年8月11日，广电总局发出《广电总局〈关于加强以电视机为接收终端的互联网视听节目服务管理有关问题〉的通知》，被解读为和三网融合相关，不利于IPTV近期发展。

2010年1月13日，国务院总理温家宝主持召开国务院常务会议，决定加快推进电信网、广播电视网和互联网三网融合。1号文件的发布，意味着中国正式迎来三网融合元年。

2010年3月12日，工信部部长李毅中指出三网融合核心就是要在双向进入上找到切入点：广电行业可以进入规定的一些电信行业的业务，电信企业根据规定可以进入一些广播影视的业务。

2010年4月初工信部联合广电总局给国务院三网融合领导小组递交了一份《三网融合试点工作方案（第一稿）》，但是这份草案没有得到认可，被迅速打回重新制定方案。

2010年5月23日，工信部部长李毅中确认，国务院已通过了推进三网融合的总体方案，具体试点方案5月底出台。

2010年7月1日，国务院办公厅正式印发了第一批三网融合试点地区与城市名单，北京、上海、大连、哈尔滨、南京、杭州、厦门、青岛、武汉、长株潭城市群、深圳、绵阳共12个城市和地区入围。试点地区的公布，意味着三网融合正式进入实质推进阶段。

2. 中国三网融合产业政策

2010年1月13日，国务院常务会议指出：三网融合对于促进信息和文化产业发展，提高国民经济和社会信息化水平，满足人民群众日益多样的生产、生活服务需求，拉动国内消费，形成新的经济增长点，具有重要意义。

会议还提出了推进三网融合的阶段性目标：

第一阶段（2010—2012年）：重点开展广电和电信业务“双向进入”试点，探索形成保障三网融合规范有序开展的政策体系和体制机制。

第二阶段（2013—2015年）：总结推广试点经验，全面实现三网融合发展，普及应用融合业务，基本形成适度竞争的网络产业格局，基本建立适应三网融合的体制机制和职责清晰、协调顺畅、决策科学、管理高效的新型监管体系。

同时，会议确定了推进三网融合的重点工作：

第一，先易后难，试点先行。选择有条件的地区开展双向进入试点。符合条件的广播电视企业可以经营增值电信业务和部分基础电信业务、互联网业务，符合条件的电信企业可以从事时政之外的广播电视节目制作。

第二，加强网络，建设改造。有线电视网络数字化和双向化升级改造；整合有线电视网络，培育市场主体；加快电信宽带网络建设，推进城镇光纤到户、扩大农村地区宽带覆盖范围，推进网络统筹规划和共建共享。

第三，加快产业发展。创新产业形态，推动移动广播电视、手机电视、数字电视宽带上网等业务的应用，促进文化产业、信息产业和其他现代服务业发展。加快建立适应三网融合的国际标准体系。

第四，强化网络管理。落实管理职责，健全管理体系，保障网络信息安全和文化安全。

第五，加强政策扶持。制定相关产业政策，支持三网融合共性技术、关键技术、基础技术和关键软硬件的研发和产业化。对三网融合涉及的产品开发、网络建设、业务应用及在农村地区的推广，给予金融、财政、税收等支持。将三网融合相关产品和业务纳入政府采购范围。

中国已基本具备进一步开展三网融合的技术条件、网络基础和市场空间，加快推进三网融合已进入关键时期。要着眼长远，统筹规划，确定合理、先进、适用的技术路线，促进网络建设、业务应用、产业发展、监督管理等各项工作协调发展，探索建立符合中国国情的三网融合模式。

现有的三网融合产业政策内容主要包含以下五个要点：

（1）非对称双向进入

2004年年底，国家发改委在《鼓励数字电视产业发展的若干政策》征求意见稿中提到“条件成熟时，推动电信和广播电视市场相互开放、业务交叉竞争”；2008年1月的国务院1号文件《关于鼓励数字电视产业发展的若干政策》中，则提出“在确保广播电视安全传输的前提下，建立和完善适应‘三网融合’发展要求的运营服务机制。鼓励广播电视机构利用国家公用通信网和广播电视网等信息网络，提供数字电视服务和增值电信业务。在符合国家有关投融资政策的前提下，支持包括国有电信企业在内的国有资本参与数字电视接入网络建设和电视接收端数字化改造。”虽然这两次文件均有广电和电信双向进入的意思，但表述不够明确且有各种限制，如2008年的1号文件，明确了“鼓励广电开展增值电信业，国有电信参与投资数字电视接入网络和终端改造”，但只是“参与”，并不是作为投资的主体。

2009年5月25日，国家发改委在《关于2009年深化经济体制改革工作的意见》中指出，“落实国家相关规定，实现电信和广电企业的双向进入，推动‘三网融合’取得实质性进展”。这是第一次明确提出“实现广电和电信企业的双向进入”，但双向进入的方式和范围却并没有明确。

发改委在对三网融合的推进阶段划分中提到：2010年至2012年重点开展广电和电信业务双向进入试点，探索形成保障三网融合规范有序开展的政策体系和体制机制。2013年至2015年，总结推广试点经验，全面实现三网融合发展，逐步推动广电和电信企业的双向进入，其核心理念是非对称双向进入政策。

同时，再次明确了电信和广电企业双向进入的原则，并指出，“符合条件的广播电视企业可以经营增值电信业务和部分基础电信业务、互联网业务；符合条件的电信企业可以从事部分广播电视节目生产制作和传输”，如图4－4所示。

◆阶段任务：

1. 根据三网融合试点方案，选择有条件的地区开展试点，逐步扩大试点广度和范围。

2. 加快三网的升级改造。加快培育市场主体、组建中国有线电视网络公司，逐步形成适应竞争的产业格局。

3. 探索建立适应三网融合的机制、体制。

◆阶段分析：

1. 特点：非对称双向进入。

2. 广电网络运营商：试点阶段主要任务有两个，一是进行网络双向改造；二是省网整合，成立国家级网络公司，与电信运营商在内容传输市场形成充分竞争。

3. 电信运营商：试点阶段主要任务是对现有网络进行升级改造，建立适应三网融合的网络体系。

4. 对试点的争夺和跨行业合作方式的探索是本阶段的重点。

◆ 阶段任务：

1. 总结推广试点的经验，全面推进三网融合。

2. 自主创新技术研发和产业化取得突破性的进展，掌握一批核心技术，宽带通信网、数字电信网、下一代网络承载能力进一步提升。

3. 网络信息资源、文化内容产品得到充分的开发利用。融合应用更加普及、网络产业格局基本形成。

4. 适应三网融合体制机制基本建立，相关法律法规基本健全，清晰、顺畅、管理高效的新型管理体系基本形成。

5. 网络信息安全和文化安全监管机制不断完善，安全保障能力明显提高。

◆ 阶段分析：

1. 特点：逐步实现双向进入，电信运营商仍是主角。

2. 以现在的整合改造进度推算，广电网络三年内实现全程全网难度较大，预计整体进度将推迟1～2年，推广阶段有线电视网络仍将处于劣势，市场的竞争主体仍是现有的三家电信运营商。

图4－4　三网融合政策解读——阶段任务

采用“非对称双向进入”的方式推进三网融合，是由三网融合演进规律、中国现阶段国情和发展需要所决定的。首先，在三网融合推行初期，实施非对称双向进入政策，符合国际惯例。例如，美国三网融合经历了“互不准入——单向诉讼进入——对称进入”三个阶段，英国三网融合也经历了“互不准入——非对称进入——对称进入”三个阶段。从本质上看，这些国家都经历了非对称双向进入阶段，且均为对于有线网络的保护，主要政策意图均为鼓励竞争，反对垄断。其次，非对称双向进入政策符合中国的现实，广电与电信实力目前相差仍然悬殊，尚不具备对等进入的条件。从资本方面来看，广电基本没有自筹产业升级资本的能力，而电信有庞大的现金流。从营业收入角度看，2009年，中国广电网络收入418亿元，广告718亿元；电信行业总营收8 186亿元，净利润超1 400亿元；从用户角度看，广电有线用户数1.74亿，DTV 6 000万（超3 000万双向），有线宽带用户300万；电信行业手机用户7.9亿，固话用户3.1亿，宽带用户1亿，如图4－5所示。最后，根据中国加入WTO的承诺，电信增值业务向外资开放，并允许外资持有不超过49%的股权，而有线网络业务没有开放义务，非对称双向进入对维护中国信息安全具有积极意义。

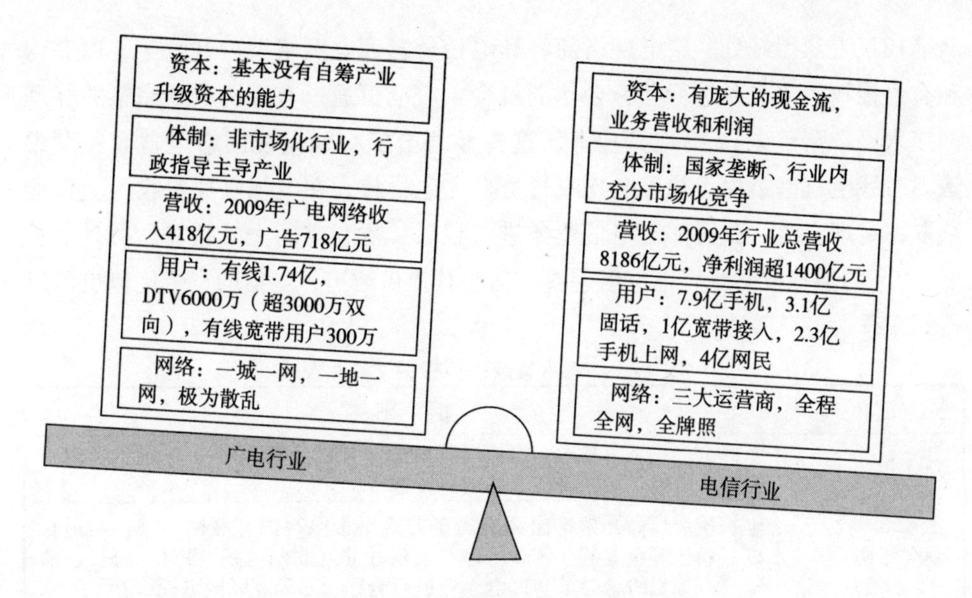

图4－5　广电行业和电信行业的比较

数据来源：第25次中国互联网络发展情况统计报告．运营商2009年年报。

三网融合要实现双向进入，无论是电信企业还是广电企业都不会因为双向进入对企业发展产生实质性负面影响。在网络经济时代，开放性的双向准入是互利互惠的。三网融合过程中两大部门不能只关注牌照，牌照不是最核心的问题，只要国家政策上确定试点的地方就必须放开双向准入，这是企业发展必须具备的视野。在国家层面，应取消多头管理，设立一个统一的监管机构，集中管理三网融合相关事宜，并切实肩负起相应的管理责任。

（2）内容集成播控权

内容集成播控权相关事件，如表4－3所示。

一直以来，广电总局与工信部高度关注内容播控权的归属问题。三网融合试点方案在五易其稿之后最终在2010年6月6日尘埃落定，试点方案明确了广电总局负责IPTV集成播控平台建设管理，包括EGP计费管理、通过有线网开展完整的互联网接入、数据传送及IP电话业务。工信部与广电总局最关注的IPTV集成播控权确定为广电总局独家所有。广电总局把控牌照权限，2010年4月份叫停违规IPTV业务，对旗下企业形成保护；广电总局在牌照发放中会权衡各试点地区的台网力量，以保障旗下企业的利益。电信运营商只能通过合作曲线介入业务运营权。同时，试点方案明确集中播控权的持有者为“广播电视播出机构”，意味着被推向市场参与竞争的仅仅是广电有线网，广电网络商并不能从播控权上获得好处。广电网络商将和电信运营商在网络上展开竞争，以获得和有播控权的电视台进行业务合作的机会。广电可通过有线网展开完整的互联网接入、数据传送和 IP 电话业务。这将显著增加有线电视网络运营商经营渠道。有线电视网络由于缺乏电视收视费自主定价权，在电视收视费收入上仅能获取稳定现金流，获得部分电信业务进入权后，盈利空间大幅拓宽。另外，虽然 IPTV 的播控权归于广电，但需要电信为其提供通道，电信的宽带优势也可以得到发挥。

表 4-3　内容集成播控权相关事件表

时间	相关事件
2005 年	上海文广旗下百视通与电信运营商合作开展 IPTV 业务，广电负责内容播控，电信负责网络接入和内容传输
2009 年初	电视生产厂商开始推出利润高于普通平板电视的互联网电视，四川长虹、康佳等企业甚至宣布将停产大尺寸非互联网电视。TCL、海信、清华同方等也纷纷寻求与广电企业进行合作，布局互联网电视
2010 年 2 月	三网融合试点方案从 2010 年 2 月起开始制定，但广电总局与工信部双方就内容播控权的归属问题未达成一致，广电以安全播出为由不予开放
2010 年 2 月 22 日	广电总局叫停广西、新疆两自治区电信公司的 IPTV 项目
2010 年 3 月 22 日	中国移动与中广传播合作的手机电视正式商用，成为国务院确定三网融合新政策后第一个正式商用的融合性应用
2010 年 4 月	华数传媒、上海文广、中国网络电视台获得广电总局下发的互联网电视牌照，清华同方电视、TCL 与 CNTV 达成战略合作
2010 年 4 月 12 日	广电总局向各省广电局发出一道“41 号文”，要求对于未经广电总局批准擅自开展 IPTV 业务的地区，将依照《互联网视听节目服务管理规定》等条规依法予以查处，限期停止违规开展的 IPTV 业务。广东、福建、浙江等 IPTV 用户大省的 IPTV 业务都将被强制叫停
2010 年 5 月	国务院与广电总局、工信部组成三方调研团对 IPTV 进行调研，最终肯定 IPTV 及跨区域跨部门合作。日前通过的试点方案中，电信也获准参与 IPTV 业务
2010 年 6 月 6 日	国务院副总理张德江召开国家三网融合协调小组会议，通过了三网融合试点方案。工信部、广电总局共同关注的“IPTV 内容播控权”，最终独归广电

在 2010 年三网融合试点方案中规定，内容集成播控权由广电总局掌握，主要是因为广电有内容方面的优势和管理内容的经验。IPTV 业务是以视频互动点播为基础的，需要强大的内容资源库支撑。而广电系统经过数十年来的发展，不仅拥有如今丰富的内容资源，还拥有强大的节目制作团队与硬件资源，以及丰富的内容管理经验，无论是历史节目资源，还是新制作的节目资源，广电都拥有天然优势。另外，IPTV 是一种在局域网上运营的业务模式，而有线电视网络具备稳定、可靠、可管理及高带宽的特点，可为 IPTV 业务的传送提供充分保

障，有线电视网络通过双向化改造以后非常适合 IPTV 的发展。

内容集成播控权实际上不是对内容的控制或垄断，只是对内容的管理，具体来说实际上是对于在视频当中播放的内容有审查和管理的责任。就内容而言，并非所有的内容都需要严格管理，例如与电子商务相关的内容就不需要严格管理。广电系统获得了 IPTV 和手机电视的集成播控权，同时也要承担相应的文化传播和内容安全的管控责任，履行媒体的社会责任和公益使命。

随着互联网和移动通信业务迅速增长，用户不再满足于单一的业务，对业务的需求结构发生了重大的变化,越来越多的用户提出了业务综合化和个性化的需求。电信有网络优势,广电有内容优势,必须以合作为先,三网融合才有前途。

（3）三网融合双向进入范围

国务院 2010 年 1 月 21 日印发的《推进三网融合的总体方案》指出，把推动广电、电信业务双向进入作为主要任务。并提出要明确双向进入业务范围：符合条件的广电企业可经营增值电信业务、比照增值电信业务管理的基础电信业务、基于有线电视网络提供的互联网接入业务、互联网数据传送增值业务、国内 IP 电话业务。IPTV、手机电视的集成播控业务由广电部门负责，宣传部门指导。符合条件的国有电信企业在有关部门的监管下，可从事除时政类节目之外的广播电视节目生产制作、互联网视听节目信号传输、转播时政类新闻视听节目服务，以及除广播电台电视台形态以外的公共互联网音视频节目服务和 IPTV 传输服务、手机电视分发服务，具体开放业务如图 4－6 所示。

电信部门开放的业务	
增值业务	第一类增值业务：在线数据处理与交易处理、国内多方通信服务、国内因特网虚拟专网、因特网数据中心 第二类增值业务：存储转发、呼叫中心、因特网接入服务、信息服务
比照增值业务管理的第二类基础业务	模拟集群、无线寻呼、VSAT业务、固定网国内数据传送业务、用户驻地网、网络托管业务
基于有线电视网的互联网接入业务	
国内IP电话业务	国内IP电话业务，特指Phone-Phone以及PC-Phone的电话业务；业务范围包括国内长途IP电话业务和国际长途IP电话业务
互联网数据传送增值业务	

广电部门开放的业务
除时政类节目之外的广播电视节目生产制作
互联网视听节目信号传输
除广播电视台形态以外的公共互联网音视频节目服务
转播时政类新闻视听节目服务
IPTV传输服务
手机电视分发服务

图 4－6　三网融合业务开放范围

2010年7月1日，国务院办公厅公布了第一批三网融合试点地区名单，三网融合试点工作正式启动，并于2010年7月20日印发了《关于三网融合试点工作有关问题的通知》。

《通知》指出，各省级协调小组尽快组织制定试点地区的三网融合试点实施方案，包括广播电视播出机构负责制定IPTV、手机电视集成播控平台的建设方案；电信企业负责制定在当地开展IPTV传输、手机电视分发、除广播电台电视台形态以外的公共互联网音视频节目服务等广电业务的实施方案；有线电视网络企业负责制定在当地开展增值电信业务、比照增值电信业务管理的基础电信业务、基于有线电视网络的互联网接入、互联网数据传送增值业务和国内IP电话业务的实施方案；试点地区的行业主管部门负责制定安全监管平台的建设方案，具体分工如表4－4所示。

表4－4　国内三网融合政策解读——业务分工

	广电系	电信系
IPTV、手机电视	IPTV、手机电视集成播控平台的建设和管理（IPTV和手机电视的集成播控权）	进行IPTV、手机电视的传输和分发
内容制作传输	节目的统一集成和播出监控（内容的制作和传播主导权）	除时政类的广播电视节目的制作 转播时政类新闻视听节目互联网视听节目信号传输
其他	电子节目指南（EPG）、用户端、计费、版权等管理	电信企业可提供节目和EPG条目，经广播电视播出机构审查后统一纳入节目源和EPG

由此可见，政府把IPTV、手机电视和互联网视频业务作为三网融合业务重点。IPTV作为三网融合的典型业务，在国内推广却是困难重重。除标准、商业模式等方面的因素外，电信和广电两大部门的博弈已成为IPTV大规模推广过程中的重要问题。但在2009年4月发布的《电子信息产业调整和振兴规划》中，明确指出，支持IPTV（网络电视）、手机电视等新兴服务业发展。这对处于政策困境中的IPTV产业无疑是一个发展契机。如今，随着加快三网融合相关政策的出台，给IPTV注入了新的活力。

（4）网络建设与网络融合方案

国务院总理温家宝2010年1月13日主持召开国务院常务会议，提出了重点工作之一是“加强网络建设改造”，具体要求包括：全面推进有线电视网络数字化和双向化升级改造，提高业务承载和支撑能力。整合有线电视网络，培育市场主体。加快电信宽带网络建设，推进城镇光纤到户，扩大农村地区宽带网络覆盖范围。充分利用现有信息基础设施，积极推进网络统筹规划和共建共享。

在国务院2010年1月21日印发的《推进三网融合的总体方案》中，“加强网络建设改造和统筹规划”再次被列为主要任务之一，具体安排有：

首先，加快有线数字电视网络建设和整合。推进有线电视网络数字化和双向化升级改造，优化网络资源配置，提高网络业务承载能力和对综合业务的支撑能力，建立符合全业务运营要求的可管、可控、具备安全包装能力的技术管理系统和业务支撑系统。

适应三网融合需要，按照网络规模化、产业化运营的要求，积极推进各地分散运营的有线电视网络整合。采取包括国家投入资金在内的多项扶持政策，充分利用市场手段，通过资产重组、股份制改造等方式，研究提出组建国家级有线电视网络公司方案，作为有线电视网络参与三网融合的市场主体，负责对全国有线电视网络的升级改造，逐步现实全国有线电视网络统一规划、统一建设、统一运营、统一管理。国家级有线电视网络公司要积极推动三网融合进程，积极参与市场竞争，加快开展多种业务，努力为广大用户提供方便快捷、优质经济的广播电视节目和综合信息服务。

其次，推动电信网宽带工程建设。加快电信宽带网络建设，大力推动城镇光纤到户；因地制宜，扩大农村地区宽带网络覆盖范围，全面提高网络技术水平和业务承载能力。

再次，加强网络统筹规划和共建共享。研究制定网络统筹规划和共建共享办法。积极推进网络统筹规划和资源共享，充分利用现有信息基础设施，充分发挥各类网络和传输方式的优势，避免重复建设，实现网络等资源的高效利用。符合统筹规划和共建共享要求的网络建设，要纳入城乡发展规划、土地利用规划和国家投资计划，如图4－7所示。

虽然三网融合指的是电信网与广播电视网、互联网的融合，但电信网与互联网从一定程度上已实现了融合，而广播电视网与后两者相比，还存在规模较小、区域分散、市场主体复杂等缺陷。从这个层面上来说，三网融合更多的是指电信网和广播电视网的融合，所以，不管是电信宽带网的技术升级，还是现今广播电视网的双向改造，都要充分利用现有基础设施，做到统筹规划和共建共享，避免重复建设，网络建设的重点工作如图4－7所示。

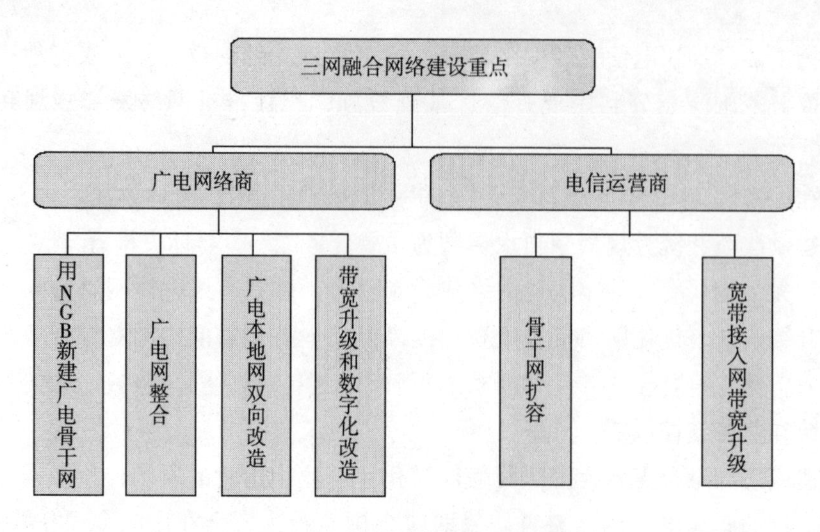

图4-7 三网融合网络建设重点

其中，建设下一代广播电视网是当前的难点，而中国广播电视网面临着双向互动改造、数字化转换、区域整合三大问题，这三个问题都需要循序渐进逐步解决。另外，构建光纤通信传输网是今后的重点，国务院常务会议明确提出要加快电信宽带网络建设，推进城镇光纤到户，扩大农村地区宽带网络覆盖范围。从总体上看，中国现今拥有着世界上最大的固话、移动和互联网用户群，而且，随着3G网络建设、光纤到户的大范围推广，宽带光纤传输网络市场前景广阔。但由于受管理体制、标准建设、成本较高等种种因素的限制，中国电信宽带网络建设速度还远未达到预期。在三网融合的背景下，加快建设电信宽带网络已经刻不容缓，这样，信息化和工业化融合、“光纤到户工程”、“农业农村信息化工程”等才将获得实质性的发展。

最后，关键是要统筹规划避免重复建设，充分利用现有信息基础设施，积极推进在建网络统筹规划共建共享。比如，按照政策规定，有线广播电视运营商在进行网络数字化、双向互动建设改造的同时，允许开展语音业务和宽带业务，但广播电视网络本身是局域网，限制其开展相关业务，所以有线广播电视运营商可租借电信企业的出口带宽。即使有线广播电视运营商抛开电信企业现有的网络基础设施，重新构建下一代网络，也需要基于光纤传输的新一代技术，并要考虑电信企业是否已经完成光纤通信网络的铺设，进而避免重复建设。特别是在推进农村宽带网络建设中，更需要国家做好统筹规划，鼓励广电企业和电信企业共同参与，有计划、分步骤地进行网络建设，并实现网络资源的共建共享。

总而言之，三网融合并不是在现有技术基础上进行简单延伸，更不是在同一个网络上简单地实现语音、数据和视频等多业务问题，而是需要充分考虑技术、网络、业务以及组织的融合。所以，三网融合背景下的网络建设需要充分考虑应用IP技术、光纤技术和数字技术，大力推进广播电视网建设、构建光纤通信传输网、统筹规划，避免重复建设。[71]

3. 中国三网融合产业政策存在的问题

目前，在政策监管方面，虽然“82号文件”已废除，国家鼓励三网融合并制定了一系列推动措施，但三网融合其他配套法律法规和产业政策仍需要完善，如多头监管现象，产业隔阂严重，产业政策并不明确等问题依然存在，主要可以分为政策环境约束和管制政策问题两方面，具体如下：

（1）政策环境约束

三网融合产业政策能否发挥作用既取决于产业外部环境，也取决于产业内部环境。产业外部环境主要是指信息产业的制度环境，即制度约束，三网融合目前的制度障碍造成了其产业政策的传导机制无法畅通。而产业内部环境是指市场约束，包括产业结构、产业组织、产业布局和产业技术等问题。其中，制度环境是政策问题的首要问题。

中国的电信与广电长久以来分而治之。但随着技术的高速发展，产业迅速走向融合，原先的电信和广电间行业壁垒已难以维系。三网融合的关键是如何在试点城市中探索解决体制分割问题。因此，需要从制度层面上消除传导机制的障碍，减少约束条件，增加推动三网融合体制改革的措施，尽快消除三网融合制度障碍，推动电信、广电逐步实现双向进入，探索建立电信、广电融合性管制新体制。

从产业政策内部环境来看，中国信息产业的产业结构、产业组织、产业布局和产业技术仍存在诸多问题。具体分析如下：

在产业结构方面，从总体上看，政府需要确定产业间发展扶持的优先次序，即确定出重点产业、非重点产业，支柱产业、主导产业和瓶颈产业。给予重点行业较多支持，给予非重点行业较少的支持，给予瓶颈产业优先发展的政策优惠，对于成熟产业则确定次优先发展的政策措施，给予目前比较弱小但对国民经济其他产业发展有重大作用的产业重点扶持，对于已经发展成熟且自身运行良好的产业给予较少的政策扶持。三网融合作为战略性新兴产业，必须给予适度保护和扶植，以保持更快的发展速度。

在产业组织方面，一方面，中国信息产业内部的企业组织形态和企业间的关系仍不合理，电信业有效竞争格局还没有形成；另一方面，电信和广电都属于垄断性较强的产业。在三网融合发展中，如何解决广电和电信之间的矛盾以及信息产业内部的平衡发展问题，需要相关政策制定机构给予充分关注。

在产业技术方面，中国信息产业创新模式亟待转型，从引进、消化、吸收和自主创新相结合，以二次创新为主的创新模式向全面增强自主创新能力的创新模式转变。只有技术创新，才能推动信息产业不断发展和进步，真正促进三网融合的开展。

在产业布局方面，目前中国信息产业仍存在东中西区域，以及城乡差距过大的问题。基于构建公平的信息社会以及建设和谐社会的要求，需要进一步缩小中国信息产业的区域差距和城乡差距。

(2) 管制政策问题

三网融合需要政府管制，近年来中国对通信产业的管制已取得较大进步，但是面对三网融合，政府管制政策仍面临着诸多问题和挑战。

第一，管制政策缺失。目前中国在三网融合领域的政策法规尚处于一片空白，不仅缺乏权威的《电信法》和《广播法》，甚至在互联网的管理领域还没有一部真正意义上的法律条款，而且现有的《电信条例》和《广播电视条例》也只是基于当时的各行业状况和传统认识，由行业主管部门起草的部门法规。但这些法规具有明显的行业、部门保护特色，一方面，不能适应现今三网融合发展的政策环境需求；另一方面，在力度和权威上存在着严重不足，易形成产业隔阂。

第二，管制机构重叠。一方面，在传统行业分立的情况下，管制机构是为了适应各个产业的特点而设立的，由不同的管制机构负责制定政策实施，如中国电信业和互联网业的主要管制机构是信息产业部，有线电视网的主要管制机构是广电总局。统一管制机构的缺失，将使三网融合业务面临着不同管制机构的多重规制。例如 IPTV，作为 ISP 受到信息产业部的规制，作为网上视听节目又受到广电总局的规制。如何进行统一的政策管制是目前亟待解决的问题之一。另一方面，中国现在的管制机构具有行业管制机构和行业协会的双重身份，存在同时追求本行业利益最大化和限制行业垄断利益的冲突，难以在国有垄断企业和消费者之间保持公平、中立的立场。

第三，政策尚待明确。从 2010 年 1 月 13 日，国务院常务会议提出加快推进三网融合，到 6 月 6 日《三网融合试点方案》的通过，再到 7 月 1 日第一批试点名单的公布，三网融合政策进程日益明朗。然而，关于三网融合的下一步推进，仍有一些悬而未决的问题亟待明确或解决，主要包括以下几点：一是广电行业的发展体制问题。与电信运营商不同，广电至今尚未经历大规模的行业改革，尤其是体制松绑，有可能会进一步影响到三网融合推进的速度。二是广电的巨额资本来源问题。虽然试点方案中明确要求国家资本进入到广电网络的建设中来，且鼓励多种资本进入，但基本上是对国有资本的放开，而没有允许民营资本的进入。三是三网融合规范问题。在技术规范方面，承载网规范、机顶盒规范、手机电视规范、IPTV 电视机规范等基本缺失；在业务规范方面，IPTV 业务规范、高清电视业务规范、手机电视业务规范等缺失；在管理规范方面，内容安全规范、行业监管规范等缺失。国家政策规范的缺失将导致行业规范盛行，不但不利于三网融合的快速布局，而且将造成重复建设和浪费。[72]

第四节 中国三网融合产业格局分析

1. 三网融合产业链演变

(1) 电信产业链

所谓电信产业价值链，是指电信产业内部的不同企业承担不同的价值创造职能，产业上中下游多个企业共同向最终消费者提供服务（产品）时形成的分工合作关系或网络。[73]

传统的基础电信业务的价值链存在三个环节：网络设备提供商、电信运营商和最终用户，如图 4－8 所示。因为基础电信业务主要是语音业务，相对简单，并且完全依附于网络，所以全部的电信服务业务都由网络运营商独自提供。[74]

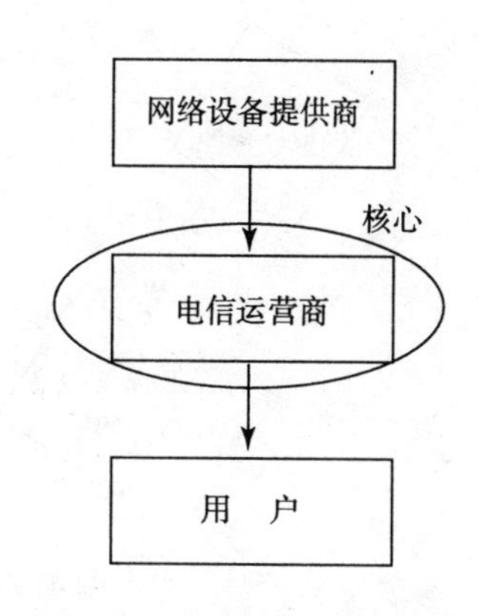

图 4－8 传统电信产业链结构

在传统的电信产业链中，用户之间的通信是一对一的方式，用户既是信息的生产者，又是信息的消费者。电信运营商处于价值链的核心，其主要任务就是建网与扩容，不太关心客户的需求和感受。

在电信市场竞争日益激烈的情况下，人们的需求不只停留在语音业务上，消费者逐渐从传统的语音业务需求转向综合数据业务的需求，即不仅要满足最基本的通话服务，而且要满足日益增长的各项增值服务，如图像传输、视频对话、网上购物等。[75] 随着用户需求的多样化，特别是用户的跨行需求，使每个企业必须寻找合适的合作伙伴，形成具有竞争优势的服务链条。通过合作完成电信服务是市场和技术发展的客观要求。

因此传统的电信产业价值链在进一步的细化和延伸后形成了更加复杂的电信产业价值链。新的电信业价值链，是以网络运营商为核心，由电信设备制造商、系统集成商、软件开发商、内容/服务提供商、内容开发商、终端设备提供商、渠道商和最终用户等中下游多个部分共同组成的多根链条。电信的主要业务由基础电信业务向增值电信业务转变，电信运营商的核心竞争力体现为对产业价值链的掌控能力，如图 4 -9 所示。在整个价值链网络中，运营商与价值链的各个参与者在相互促进的同时，也会相互影响、相互制约，其中任何环节出现了问题，都会影响到整个价值链的高效运作。他们之间的共同协作，可以拉动用户需求，创造出比单个企业更大的协同效应，在促进对方取得经济效益的同时共同推进电信产业的持续发展。[76]

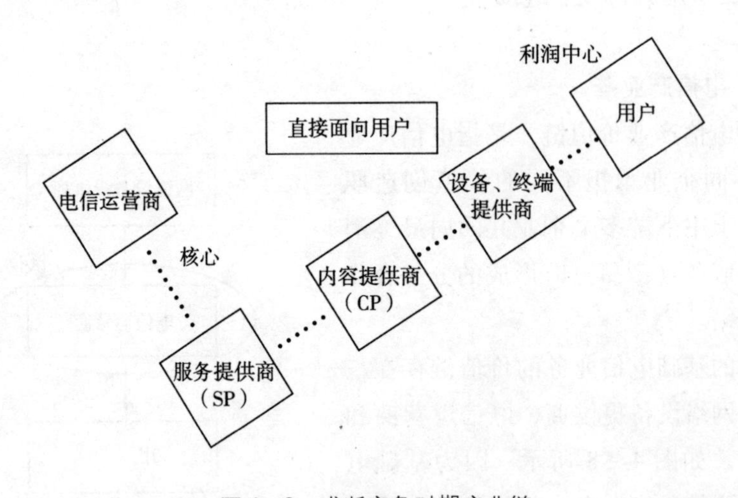

图 4 -9　垄断竞争时期产业链

在电信运营商中，固网运营商只能强化对传统语音子产业链的控制，但却逐渐丧失了对增值业务子产业链的控制能力，不得不向宽带方向发展，并占有了互联网接入市场的绝大部分市场份额。由于移动通信终端设备具备一定的数据传输能力，移动运营商对增值业务子产业链的掌控能力明显强于固网运营。

(2) 广电产业链

由于中国对于电视广播内容监管力度比较强，而肩负着对广播电视内容审查监管播控等多项职责的广电部门也可以说是国家的“喉舌”，是政府形象代表和政策的传达者，所以广电部门在市场经济中的地位也较为特殊，是市场规律和政府调节相结合的产物。

由于中国特殊的国情，广电产业更多体现的是计划经济的痕迹，市场竞争成分较电信产业相对较少。虽然和一般产业不甚相同，但是广电产业也经历了一些体制和内容管辖方面的改革。传统广电产业链结构，如图4－10所示。

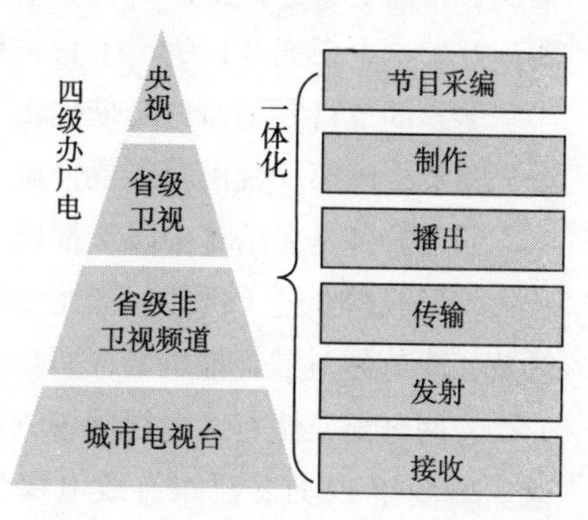

图4－10　传统广电产业链结构

1983年的广电改革，提出中央、省、市、县四级办广播电视体制，广播电台、电视台一体化操作，分属于各级党委，由政府投入和管理，纵向之间既没有资产从属关系，也没有经济合同关系。所以现在一些地方广电和上级广电部门会出现利益矛盾和政策上的掣肘，管理上比较混乱，很多地方广电部门各自为政，造成了不必要的浪费和内耗①。

1996年，广电开始制播分离、台网分离，以促使广电产业链的裂变、拉长。制播分离的概念来自于英文“commission”，最早起源于英国，原意是指电视播出机构将部分节目委托给独立制片人或独立制片公司来制作。从中国国情来看，则指的是国家电视播出节目在保证正确舆论宣传的前提下，将部分非新闻节目的生产制作交由社会上电视制作公司来完成的一种管理体制。制播分离是与制播合一相对而言的，制播合一是指在电视台体制内用行政手段对节目制作与播出进行集中统一管理，表现为节目的自制、自审、自播；制播分离则指将部分节目制作职能从电视台内剥离出来，完全意义上的制播分离意味着节目制作和经营的公司化、市

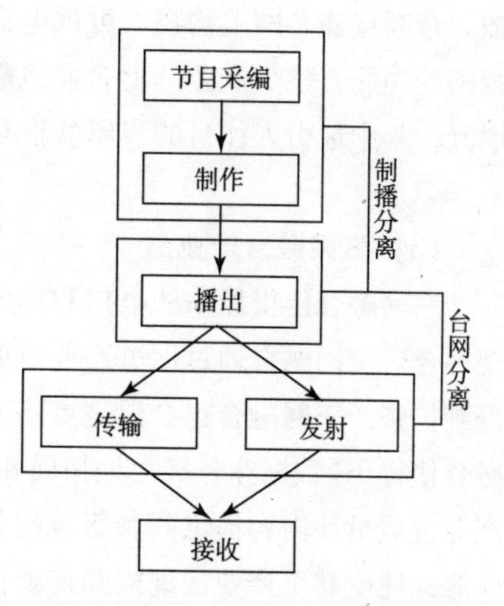

图4－11　改革后广电产业链结构

① 重大项目全球化、信息化背景下的我国广播电视发展战略研究报告. 北京广播学院广播电视研究中心，2004年8月24日。

场化、社会化。改革后广电产业链结构，如图4－11所示。

由于观众对广播电视节目的要求越来越高，在“制播合一”的体制下，广播电视精品节目少，整体节目水平长时间在较低水平上重复运转，所以迫切需要广开渠道，拓宽节目生产平台，聚集全社会的力量，即实施制播分离来生产丰富多彩的节目。制播分离催生出一批充满活力的优秀节目制作公司，以及华谊兄弟等中国第一批民营影视公司。

制播分离是在培育中国广播电视之外的节目内容生产产业，使之逐步成熟壮大，形成产业链。例如，黑龙江电视台在都市频道进行了“制播分离”试点改革，改革创新了管理机制，实行相对独立的制片人（工作室）制度。[77]

台网分离，使有线电视网进入多元化的经营，不仅仅是电视传播的专属渠道。2000 年 12 月，广东有线电视台网正式分离，将原来台里的数据中心独立出来，成立网络公司，从而全面整合了广东省有限电视传输网络资源。新成立的网络公司除从事有线广播电视的相关业务，还依托有线电视传输网开展扩展业务、增值业务等，其中增值业务当然包括了因特网上的各项服务业务。近年来，深圳、上海、大连、青岛、苏州、南京等有线电视台都进行了多功能业务先导网实验。现已实验开通的业务有高速互联网接入、计算机互联网、视频点播、音频点播、网上购物、可视电话、电话会议等内容，极大地拓展了有线电视网的功能，整个产业链上企业也越来越多。另外，有线网络的融资也在悄悄展开，其中最引人注目的当属歌华有线的成功上市。[78]

（3）三网融合产业链

三网融合使得原来的电信和广电的产业链在融合中出现裂变，在裂变中出现融合。三网融合通过促进产业链的拓展，使得产业的产量和规模在不同领域得到扩张。三网融合也会促进更多的行业和产业进入到整个产业链中，如三网融合使得3G 数据业务极大地拓展和延伸了传统移动通信的产业价值链，大量的产业链成员如内容提供商和服务提供商加入到产业中来。这将不仅促进产业的膨胀，使得整个产业的规模和产业链上企业的数量迅速扩张，而且通过市场竞争可以进一步获得产业质量的提高。[79]

三网融合还将促进产业形态创新，推动 IPTV、移动多媒体广播电视、手机电视、数字电视宽带上网等业务的应用，促进文化产业、信息产业和其他现代服务业的发展。

1）IPTV 产业链

IPTV 产业链融合电信和广电技术与业务的交互式网络电视，是一种集宽带互联网、多媒体、通信等多种技术于一体，集音频、视频、数据业务为一体，构建了信息共享平台，向家庭用户提供包括数字电视在内的多种交互式服务的崭新技术，在业务上包括能够支持交互能力的电视节目的直播、点播及时移播放及信息服务等。IPTV 可以理解为电信运营商对家庭视频业务的终端延伸，对于广电来说，则是在传统终端之上的业务延伸。[80]

IPTV 是产业融合的产物，它因电信、互联网、传媒、娱乐几大产业相互渗透、逐渐融合而生，成为四大产业融合的起点。因此，IPTV 产业链的发展离不开电信、互联网、传媒、娱乐四大产业的协同发展。

IPTV 产业链主要包括版权所有者、内容提供商、内容集成商、服务提供商、软件供应商、系统集成商、网络设备供应商、终端设备商、网络运营商和用户等环节。[81]

版权所有者。版权所有者主要包含影视剧摄制公司、新闻媒体发布机构、电视节目制作公司，以及互联网上各种形式的内容制作公司等。

内容提供商。内容提供商可分为电视节目提供商、互联网内容提供商、应用业务提供商等。内容提供商从版权所有者处获取内容版权，针对不同用户对 IPTV 业务的不同需求，开发制作出各种节目，将适合 IPTV 业务的视音频节目、动画、图片、文字等内容提供给内容集成商。

内容集成商。内容集成商负责通过内容集成平台，将内容提供商所提供的内容进行整合、包装、编码、处理、集成后生成适合于互联网上传输的各种文件，并按用户开发出不同的应用和业务，引导用户消费。

应用软件提供商。应用软件提供商负责开发应用于 IPTV 产业链各个环节的各种应用环节，包括电信/广电网络运营商所使用的网络管理，业务运营和计费等应用软件，内容集成商所使用的 IPTV 内容集成应用软件，内容提供商所使用的视音频解码、节目制作应用软件等。

设备提供商。设备提供商可以分为基础网络设备提供商、宽带接入设备提供商、终端设备提供商等。基础网络设备提供商主要提供交换机、路由器、传输设备等基础网络设备。宽带接入设备主要提供宽带接入设备。终端设备提供商则为用户提供 IPTV 解码芯片、IPTV 解码卡、IPTV 机顶盒等终端设备。

网络系统集成商。网络系统集成商负责为电信/广电网络运营商提供并实施网络建设技术方案，将基础骨干网、宽带接入网和内容分配网等各种网络、各种所需设备和软件集成在一起，形成一个完整的网络系统业务平台，提供给网络运营商。

中间件提供商。中间件提供商负责为 IPTV 业务平台开发和应用各种业务提供各种类型的中间件。

电信网络运营商。网络运营商负责网络基础设施的建设和维护，利用各自基础骨干网、宽带接入网、内容分配网等承载网络，将 IPTV 业务传送给用户。电信网络运营商包括基础网络运营商、宽带接入网提供商、内容分发网提供商。

数字版权管理提供商。数字版权管理提供商通过采用数字版权管理技术来提供视频内容加密服务，以保证内容在通过 IPTV 业务平台发布时不会遭到盗版或盗用。用户在接受到 IPTV 节目后，必须由数字版权管理系统进行授权后，才能进行解密、解码和收看。

用户。用户是 IPTV 产业链的最终环节，用户可以通过终端设备享用 IPTV 服务。[82] 在使用 IPTV 业务时，向产业链上游支付一定费用，这是 IPTV 产业链的价值来源，是电信、互联网、传媒、娱乐合作发展的驱动力。

2）数字电视产业链

从产业链的角度，可以把数字电视的运营形象地比喻为“四轮马车”，这四个轮子是：内容、网络、技术和用户。而这四个轮子必须协调运作才能使数字电视产业链正常运转，任何一环失灵都会使这辆马车停滞不前。

内容。数字电视的内容，即指影视节目内容和各种信源内容。数字电视产业运营的任务就是把内容产品销售出去。

网络。网络的责任就是把内容传输给用户，也就是把产品推销到用户家庭，由用户选择购买。网络在数字电视产业链中居于基础地位。

技术。数字电视采用的是现代高科技信息技术，在数字电视产业链中起到支撑保障和润滑链接作用。

用户。数字电视产业链的终端即最后一个环节是用户，表面上看是游离的角色，但是它决定着数字电视产业链上游各个环节的运作。内容、网络、技术的运营方向，最终都落在用户这一环节上。推动用户环节，产业链才会成功。[83]

随着技术的进步，数字电视应运而生，并逐步形成一条全新的产业链。为了促进数字电视产业链的建设不断发展和完善，构建“多赢”的利益联结机制，产业链上的各个环节需要紧密配合，高度协同；产业链上的各个共生体也应当以开放的心态积极沟通交流，展开多角度、多层面、多范围的联合与协作。[84]

2. 三网融合产业的特征

(1) 分工多元化

三网融合带来传输渠道的增多，三网融合产业链上多媒体内容的传输分工如图4－12所示。三网融合之后，由于一网传播相当于全网传播，内容资源面向的受众更加广泛，跨平台合作成为整个产业发展的趋势。各环节提供商以自身优势资源为中心不断向上下游扩张，推动用户体验的升级，并探索从单兵作战的运作方式向合作共赢的方式转化，致使产业链的分工呈现复杂化和多元化的趋势。

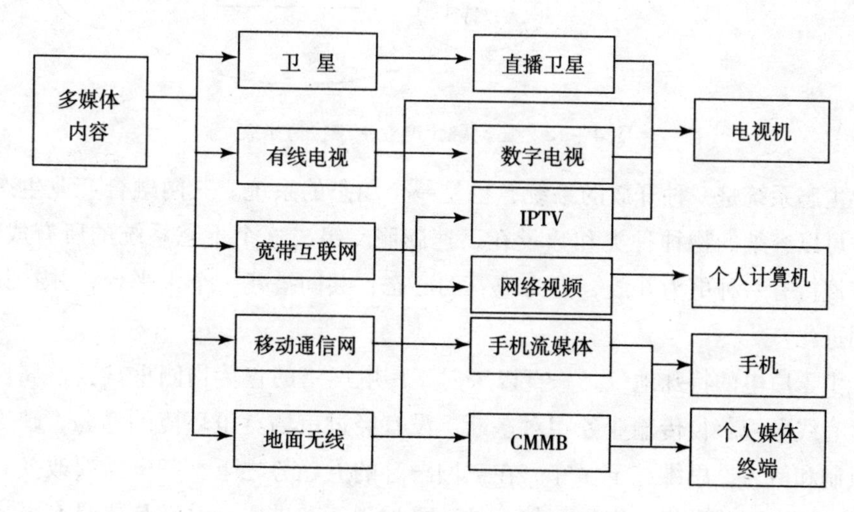

图4－12 三网融合产业链分工

(2) 生态系统化

三网融合后，产业发展以客户需求为中心，产业链型结构逐渐解体，向价值生态系统结构转化。任何生态系统都是在特定的商业环境中形成的，生态系统与环境密不可分。产业生态系统中，“物种”之间有着互生、共生、竞争、合作等极其复杂的关系，三网融合产业有许多“物种”成员，它们共同组成一个产业生态系统。三网融合产业生态价值系统如图4－13所示。

随着三网融合不断推进，网络的融合度不断提升，产业间的利益层次变得更为复杂，各方利益更加羁绊不清，探索多方得益的合作模式，找到各方利益均衡的协调机制成为三网融合顺利推进的关键。[85]

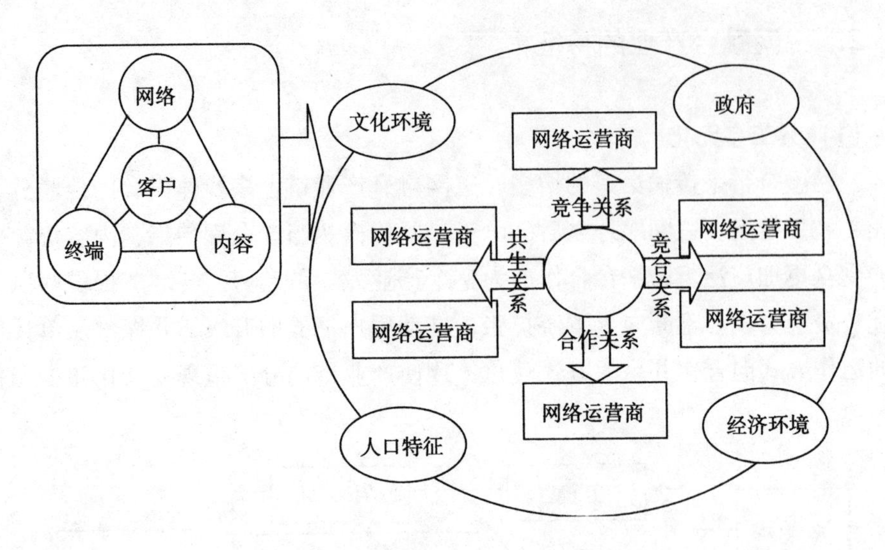

图4－13　三网融合产业生态价值系统

生态系统是一种开放的系统，也是一个动态的系统。三网融合产业生态系统中可以容纳的物种种类和数量在迅速膨胀。组成这个生态系统的所有成员，都应该持有一种更为开放、更为包容的心态，共同搭建一个大平台，并在其上共同进化。

由于广电的特殊地位，一直以来对于广电网络的宣传均侧重其公益属性定位，有线电视节目传输业务相对垄断，没有经过市场竞争环境的考验，缺乏创新机制和活力，思维趋于保守。在三网融合的大趋势之下，广电需要改变封闭的观念和守旧的思想，变得更加开放，更加创新和进取，关键是要具有开放的心态。广电需从网络、技术、产品、人员和管理等全方位做好规划和准备，推动更大范围和更广层面的合作。

3. 三网融合对产业内各方的影响

三网融合后内容提供商、平台提供商、终端设备提供商在产业链上都有了新的分工，角色定位也发生了相应变化。产业链主要环节地位变化，如图4－14所示。

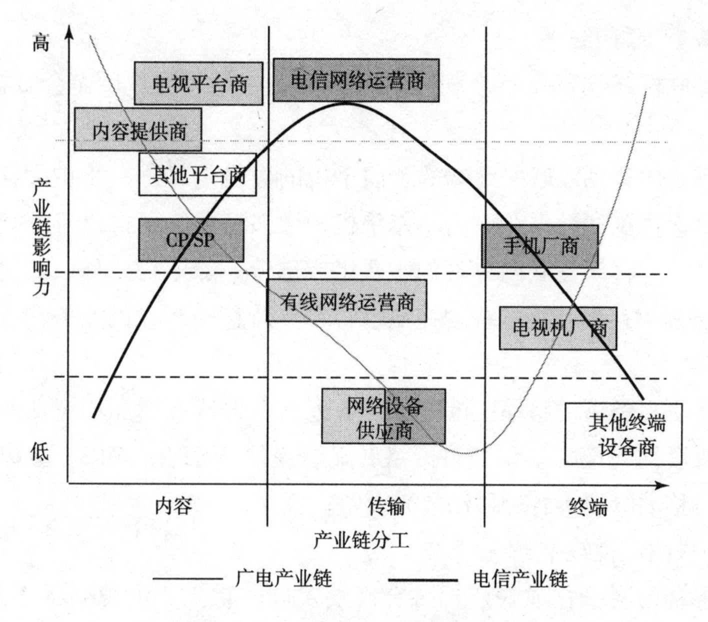

图4-14 产业链主要环节地位变化

(1) 三网融合对基础设备制造商的影响

此次三网融合政策的实施，将为广电和电信产业带来更多的市场机遇，而最先受益的将是基础设备制造商。

国务院常务会议明确了推进三网融合工作的重点之一是“加强网络建设改造，全面推进有线电视网络数字化和双向化升级改造，提高业务承载和支撑能力；同时，加快电信宽带网络建设，推进城镇光纤到户，扩大农村地区宽带网络覆盖范围”。

网络升级和改造必将产生大量的投资及设备采购，因此，设备企业将从政策中率先受益。随着三网融合工作的推进，受益的企业范围将从网络设备企业扩展至手机、电视、计算机等多个市场。

(2) 三网融合对终端设备制造商的影响

终端设备的进步推动用户体验的升级，对三网融合而言终端的融合是最为本质的层面。三网融合最重要的是业务上的融合，融合的业务需要在融合性的终端上体现，只有终端的融合才是真正的三网融合。性能优良的终端能够最直接的让消费者获得三网融合带来的便捷性，三网融合影响下，终端产品将步入智能化、网络化时代，终端设备提高在整个产业链中作用日益凸显，话语权逐步提升。

1）移动互联网终端

移动互联网终端不仅不会朝向某一方向集中化发展，反而会日益多元化、丰富化。

作为理想的移动互联网终端的智能手机的数量仍将进一步扩大，而同时大量的支持页面浏览和数据存取的功能手机、增强型功能手机仍将继续存在并进一步发展，成为移动互联网终端的主要组成部分。除手机之外，上网本、PSP、PDA 等具备强大计算功能的移动终端也将在支持移动互联网业务功能的基础上继续发展。

此外，更多类型的移动便携电子设备也都有可能在增加相应功能的基础上成为移动互联网终端，如添加了网络和显示模块的手表、MP3、数码相机或者车载 GPS、移动电视等各种移动数码设备。

2）互联网电视终端

电视屏幕的网络化成为三网融合终端发展的重点，电视剧将逐渐智能化，具备连接互联网的能力，成为用户进入互联网世界的入口。

随着三网融合的深入推进，互联网电视的功能和形态将进一步融合，用户体验大幅度提升，互联网电视的技术架构、产业链和商业模式都将向更开放的方向演变。首先，在功能上，互联网电视除了能够接入互联网，还将融合电子商务、语音和视频通信、安全监控等多种功能于一体，在家庭娱乐通信中不可或缺。其次，在形态上，随着互联网和信息处理功能趋于稳定，互联网电视的显示设备和信息处理设备走向融合，在未来具备互联网功能的电视一体机成为主流。再次，在用户体验方面，未来三维显示技术将日趋成熟，多媒体信息展现效果将比二维时代空前增强，用户体验质量将得到一个质的提高。最后，互联网电视终端在技术架构上将更加开放，互联网电视产业与内容、业务实现深度整合，出现终端设备与特定业务或内容紧密耦合的市场运作模式。[86]

（3）三网融合对基础电信运营商的影响

电信运营商可以通过依靠自有宽带网络开展 IPTV 业务，真正实现一根网线完成电视、电话、宽带的融合。实际上，在三网融合方案出台之前，多个省市自治区广电与电信的融合业务都已在地方政府协调下开展。例如上海、江苏、浙江、陕西、广西、北京、深圳、广州、重庆、杭州等地区的有线网络经过双向改造，已经开展接入互联网的业务，上海更是成为全球首个 IPTV 用户破百万的城市。三网融合将不仅仅推动 IPTV 业务的发展，同时为手机电视、网络视频等业务的规模化发展带来无限的机遇。

在三网融合的大趋势之下，电信运营企业要求生存和发展，需要不断开发新业务以增加自身竞争力，运营商对产业链上下游资源的整合能力将成为其核心竞争力。通过改革，电信网和互联网在一定程度上相互渗透和融合，随着3G网络建设，移动互联网业务进入快速发展的时期。与此同时，用户需求趋于多元化和高品质化，以及三网融合的实施，都对宽带网络尤其是光纤的接入提出了更多的要求。

2010年1月，中国宽带接入用户净增190.6万户，达到10 513.2万户，而互联网拨号用户减少了159.5万户。2009年至今，宽带接入用户数一直保持着20%上以上的增长，从年度数据看，2010年和2011年也将继续保持一个高位快速增长的态势。2009年，中国联通用于宽带提速的资本开支188亿元人民币，2010年预计将投入153亿元，继续推动光纤接入和宽带建设，2010年宽带收入预计将超越整个固网收入50%。2009年，中国电信有线宽带业务增长强劲，全年净增用户919万户。2010年，中国电信将力争新增900万宽带用户。宽带业务收入已经逐渐成为电信运营商固网收入的主要来源①。

在未来几年内，随着3G的普及和三网融合进一步开展，中国通信行业仍然会保持着一定程度的发展，网络覆盖更加广阔、产业规模更大、产业结构更优化、创新能力进一步提高。三网融合之后移动通信领域及互联网领域会有高速发展，移动信息化和物联网会取代已经进入衰退期的固网业务。未来几年通信业的盈利结构将会有大的变化，具体表现为移动通信与互联网占主要比例增加，其他收入比例越来越少。

从三网融合试点方案看，广电相较于电信被认为稍占上风，但是随着三网融合磨合期的过渡以及相关标准和职责的明确，三网融合所形成的蛋糕要远比目前广电、互联网以及电信运营商所在的领域的蛋糕分量大很多。所以广电、互联网以及电信在业务融合和内容准入方面进行理性的合作，无论是稍占上风的广电还是充当"管道"的电信行业，都会提高各自增长速度，迎来新一轮的快速增长。

（4）三网融合对广电的影响

三网融合打破了现有的媒体竞争格局，为广电带来深远的影响。三网融合意味着电信运营商将向广电行业延伸，广电将向电信、互联网渗透，以三网融合为契机，电信、广电的行业壁垒将被彻底打破。随着下一代广播电视网的建

① 中国电信运营行业分析报告．中经网数据有限公司，2010年10月。

设，中国广播电视行业将进入一个新的发展阶段，这也是中国广播电视行业在21世纪面临的一个重大机会，它代表着广播电视行业开始进入电信领域。

三网融合给广电带来的机遇主要体现在：首先，三网融合将促进广电企业的省内整合、并购融合和省际合作将加快，实现规模化经营，行业实力有所增强，实现跨地域、跨媒体和跨产业发展，从而组建规模大，覆盖面广的有线电视网络集团公司；其次，三网融合将使得行业垄断被打破，从而带动相关行业、产业及企业，并可以延伸至各自的产业链，实现优势互补、资源共享，同时可以对业务进行捆绑销售，扩大用户群；最后，三网融合使得有线电视网络更加适应数字化、信息化、规模化和产业化发展的要求，更加能够满足人民群众多样化、多层次、多方面的精神文化需求，推动广电企业与地方政府及人民群众关系更加密切。[87]

三网融合给广电带来的挑战主要体现在：首先，三网融合打破了广电的垄断局面，广电业务及其发展模式将面临较大的冲击；其次，互联网等新媒体地位迅速崛起，原有广电传统运输渠道（无线和有线）将受到严重挑战；再次，有线电视网络宽带业务受到电信“多业务捆绑”营销模式的巨大冲击，业务增长放缓；最后，业务融合使媒体内容需求量激增，媒体内容价值得到提升且竞争加剧，广电内容自给自足，内部循环的局面将彻底改变。[88]

（5）三网融合对内容服务提供商、平台提供商的影响

无论是IPTV、手机电视、互联网电视还是其他电信或广电业务，丰富的内容将是吸引用户为其买单的筹码，因此，长期来看，内容是决定整个产业持续繁荣发展的关键。

三网融合政策实施后，内容分发渠道将更加多样化，内容受众范围也将扩大，相对而言，内容资源更加稀缺。内容提供商将从中受益，议价能力提升，其在产业链中的话语权将大大增强，盈利也将相应增加。同样，平台提供商也将迎来新的发展机遇。

三网融合背景下，跨平台合作成为整个产业发展的趋势。网游业从互联网到手机平台的拓展；电视平台功能多元化发展，各种业务都尝试通过跨平台合作操作。平台提供商从单兵作战的运作方式向合作共赢的方式转化，一方面为消费者提供更为便捷的服务，赢得市场，另一方面，通过不同平台的融合实现产业链上话语权的加强。

由于三网融合所带来的业务兼具娱乐、商务的综合服务，满足不同类型的用户；且以高清为特色的视频业务抓住了用户的对于视频类内容的需求关键点；

以及具有很强时效性和互动性的三网融合业务可以使用户在任何时间、任何地点了解最新的实时消息，满足了人们快节奏生活这一特点。可以说，由于先进的技术恰恰满足了当前用户的需求，所以三网融合带来的商机和利益增值点非常之多。但是由于三网融合运营商构成的复杂，所导致的相互之间的恶性竞争是三网融合顺利开展的现实问题。传统的三大电信运营商和广电出资成立的中国广播电视网络公司构成的三网融合“3＋1”竞争格局使市场变得更加复杂。

第五节　三网融合产业政策的制定策略及建议

三网融合的试点方案政策出台，市场运营阶段即将来临。虽然广电和电信之间的博弈远远没有结束，但是之间的分工已经明确，各自也在对方经营的领域渗透，希望能够经营对方的业务。但是由于电信运营商在IPTV发展方面一直受累于广电部门对于电视内容所有权的监管，而广电由于没有一张完整的电信网络也无法迅速累积用户，无法对电信运营商在宽带和无线通信方面构成实质性的威胁。广电和电信各自构建了产业的壁垒，这种壁垒导致了三网融合多项对消费者有益并且具有市场盈利能力的业务迟迟无法推广。三网融合产业政策需要总结、研究，以下三个建议为三网融合的产业发展提供参考。

1. 客观看待三网融合对产业经济的影响

三网融合不仅是挑战，也不仅是机遇，而是机遇和挑战并存。当前国内很多试点城市过多地夸大三网融合对国民经济的拉动作用，铺排的相关计划过大。业界曾提出三网融合带动的经济增长空间可达6万亿元，对试点城市三网融合战略定位的制定造成一定误导。以某城市为例，其2010年提出的三网融合推动规划中提到将带来近3 000亿元的发展规模。三网融合的确带来巨大的发展机遇，但其发展过程中，除了单纯的增量部分，也会产生相应的机会成本。如用户选择目前推行的新型的智能电视、互联网电视，等等，都会导致放弃一部分传统产品；对某项新产品或业务进行投资的同时也将放弃对其他融合产品投资的机会。从机会成本的角度而言，三网融合的确能够拉动经济，但并不像现在有一些专家和媒体报道的那么大。因此，战略制定者应当看到，三网融合给整个行业带来的不仅仅是经济总量上的增长，更多的是产业结构的转型和升级。

2. 提升三网融合产业内组织竞争力

(1) 电信运营商

首先，选择合适的市场切入点。运营商应当将网络优势转化为业务优势，充分实现无线领域的三网融合；同时以移动业务为基础，进行业务拓展与创新，重点发展移动视频业务。其次，运营中持续升级，形成优势业务。运营商通过整合资源，发挥差异化内容、应用对自身三网融合的驱动作用；同时对市场运行前景良好的业务持续升级，形成自己独具特色的优势业务；通过在业务功能和业务模式等方面再构筑进入门槛，使竞争者可以模仿，但难以超越。最后，运营商应控制价值链资源。运营商通过向产业链上下游强势渗透，实现对价值链的有效控制，包括对内容、终端制造商等的渗透；通过合作优势，实现对价值链优势资源的利用。

(2) 有线电视运营商

首先，有线电视网络需要建立起统一的经营实体，从中央到地方，从省市到县区，彻底改变原来条条块块分割的状态，有线电视网络应当在双向改造的基础上实现一张网的整合，以适应新的经营和竞争形势。

其次，积极拓展新型增值业务。新兴市场与视频的关系紧密，有线电视运营商的广播技术具有先天的优势，在用户接入方面目前也处于领先地位。因此，把握高清、互动电视、3D电视、手机电视等重点领域，转变服务理念，真正从用户出发，开发开展适合不同用户需求的新型业务，是至关重要的。[89]同时新兴业务的拓展和推广要充分考虑市场需求。三网融合过程中，必须发挥市场的主导作用，由市场决定相应的业务发展方向。广电目前加快省级网络整合，力推IPTV、数字电视等新兴业务，也拥有集中播控权，但很少考虑到真正的市场需求。以目前情况来看，国内看电视的更多是老人和儿童，消费能力较高的年轻用户更多采用互联网作为常用的信息接收媒介——这对有线电视运营商而言是很大的危机，有线电视网络推进三网融合必须考虑到这一点。

最后，提高服务水平。相比电信运营商完善的服务体系，有线电视网络的服务能力、服务水平都有很大的差距。因此，有线电视运营商需要树立市场观念，转变服务态度；建立健全各项服务制度，根据消费者的反应不断完善自己的服务水平；熟知细分市场，努力培养忠实用户。

（3）内容提供商

内容很重要，需要一种机制去激励和推进内容的发展。21世纪初提出新三网融合，即电信网、传媒网、互联网，就是新媒体的发展，在这个发展过程中，内容非常重要，没有内容，相当于有了高速公路，路上没有车。而内容的发展需要有一种机制去激励和推进。比如互联网上有门户网站的上传视频，也可以有很多消费者自行上传的视频，这样的机制是一种必然，但监管的缺失导致匿名攻击性信息的传播。因此，内容发展需要一种完善的激励和监管机制推进其发展。

内容方面要考虑用户的需求。三网融合逐步推进，一网传播相当于全网传播，内容资源面向的受众更加广泛，相对而言，内容资源更加稀缺。内容上消费者需求呈现个性化趋势，内容提供方面必须考虑用户需要。为消费者提供差异化内容成为争取市场份额的关键。

（4）终端设备厂商

作为广电产业的终端载体生产商，电视制造业与其他运营商一样，面临着更大的市场和扩张的产业链。电视制造业定位必须站在更为宏观的角度审视，它的未来在价值网上，而非单一的终端生产部门。

移动互联网媒体在三网融合的政策引导下，将迎来全新的高速发展时期，成为三网融合时代海量信息的移动新载体和信息传播源。因此，移动互联网终端必须掌控自己在这条新产业链中的位置，思考如何把握用户的真实需求。

3. 大力发展三网融合产业相关技术

基于广电网实现三网融合的技术政策包括三点。首先，实现网络整合。网络的分散特性与话音业务和数据业务的跨越空间的属性相矛盾，因此，在技术层面需要通过大规模核心路由器的组网技术实现从分散到集中的演进，实现物理上、业务上的互连互通。其次，数字化改造，就是将现有模拟信号广播转化为数字信号播出，要求在接入网终端加装模数转换装置，并在用户端加装机顶盒（STB）进行信号调制输出。最后，加快广电网络的双向化改造。没有“高速”、“双向”的网络，就不可能开展双向交互式业务，没有交互业务就无法在三网融合下的市场竞争中立足。加强网络双向改造、升级是基础工作，NGB（下一代广播电视网络）的建设，是网络技术发展、建网的目标。要坚定不移地全面、高质量推进有线电视网络数字化和双向化升级改造，提高业务承载和支撑能力，只有先实现广电网络的双向化，才能向 NGB 网迈进。[90]

基于电信网和互联网实现三网融合的技术政策同样包括三点。首先，加强宽带网络建设，拓宽接入网带宽，突破制约中国电信网和互联网开展电视视频业务的瓶颈，如电信运营商对非宽带用户加装 ADSL Modem（非对称用户数字环路调制解调器），对接入网部分加大 FTTx 覆盖力度。其次，充分利用高安全性防火墙技术、网络加密技术（IPSec）、身份认证技术、入侵检测技术等网络安全技术，提高互联网的安全性和可控性，减少互联网安全事件的发生。最后，IPTV 等多媒体业务对网络实时性提出了更高的要求，通过采用分区服务和综合业务等手段来保障多媒体业务实时性需求。[91]

本章结语

三网融合政策制定既需要学习、借鉴国际经验，也需要基于中国的实际，在探索实验中明确产业政策、克服推进阻力。三网融合阻力来自于行业或经营者之间互相制造进入对方领域的障碍以及监管部门权责的不明确。

三网融合的未来发展方向要以市场需求为导向，以满足消费者的需求为目标，无论是 IPTV 还是手机电视，如果内容丰富且符合大众需求，市场就会有积极的响应。三网融合是对传统的客厅电视的一种创新和改革，也符合市场与消费者的需求要求。

中国的体制绝不是阻碍三网融合的障碍，三网融合的产业政策制定者应当发挥中国举国体制这一优势，就像舟曲和较早的汶川救灾一样，国家能够迅速高效地执行并完成某一项任务。三网融合是国家意志的反映，如果能够把中国体制的优势发挥出来，很容易化解或者消除电信和广电两个传统产业之间的矛盾和问题。也能够站在更高的角度去思考三网融合这个战略新兴产业的未来发展方向，而部门之间的利益并不是真正的问题。同时，三网融合的政策应当发挥市场机制的作用，三网融合政策应立足国家竞争力、惠及老百姓、调动产业、企业的积极性，实现国家信息化目标。

第五章 三网融合监管模式与管理体制

第一节 监管概述

1. 监管的作用与制度

三网融合需要有效的监管，有效的监管需要从机制上进行创新。

监管（Regulation）是政府机关通过法律、法规和指令对具有社会意义的经济行为和活动进行干预，是政府实现其政治和经济目标的重要手段。一般来说，实现特定的经济发展目标并使社会福利最大化是监管的基本目标，监管效率直接影响社会经济活动效率。在很多场合中，监管也被称为“规制”，但是监管和规制也存在一些细微的区别：监管的出发点侧重实践层面，而规制则更多地侧重理论层面的研究。因此，监管的相关理论都来自规制理论，研究监管的相关问题必须从规制出发。

网络产业是具有高固定投资成本从而导致平均成本高于边际成本的行业，如果按照边际成本定价，一般会导致亏损，进而损害社会整体“福利”。而监管是解决这一矛盾的必要手段。经济学界、法学界及社会学界对于网络产业监管都有很多不同的论述，然而至今也没有出现一种被社会广泛接受的网络产业监管的概念。

关于监管的概念，1997 年 OECD（经济合作与发展组织，简称经合组织）在《OECD 管制改革报告》（The OECD Report on Regulatory Reform）中指出，对于监管，没有一个能够被各个成员国的监管体系普遍接受的概念。在 OECD 的文件中，监管是一个广义的概念，是指一系列设定企业与市民行为准则的政府措施。监管手段包括法律、各级政府颁布的正式或非正式的规章与命令、经政府立法授权的非政府机构和自律组织颁布的规则等。维斯卡西（Viscusi,

1995）等学者认为，监管是政府以制裁手段对个人或组织的自由决策的一种强制性限制。[92]史普博（1999）则认为“监管是行政机构制定并执行的直接或间接改变企业或消费者供需决策的一般规则或特殊行为”。[93]日本产业经济学家植草益（1992）对监管所下的定义是：社会公共机构依照一定的规则对企业的活动进行限制的行为，这里的社会公共机构一般是指政府或其他行政机构。[94]在由鲍德温·巴卡尔特（Boudewijn Bouckaert）和格瑞特·吉斯特（Gerrit De Geest）主编的《法律经济学大百科全书》中，监管被认为是“实现社会经济政策目标的法律措施”。《新帕尔格雷夫法律经济词典》认为：监管是指政府机构对私人商业活动施加的各种经济控制措施，旨在控制企业行业的准入和退出，控制企业对消费者的商品与服务定价。

虽然关于监管的概念存在很多不一致的看法，但是仍然可以看出关于监管的一些共同点：第一，监管是一种政府行为，带有很强的行政色彩；第二，监管的手段主要是经济和法律手段；第三，监管是有成本的，包括政府的支出和企业因监管所失去的利润；第四，监管目的是要建立起一种严格规范的监管体系，实现社会整体效益最大化。

（1）监管的作用

监管的作用主要有以下三点：第一，保护消费者的利益不受侵犯。因为仅仅靠消费者个人的力量很难与整个垄断组织进行抗衡，最终的结果只能是损害消费者的利益，而政府监管很好地预防了这一局面的发生；第二，对社会进行再分配，避免垄断的无效率。根据经济学理论，垄断企业利用垄断地位取得垄断利润损害了社会公平，使得财富从社会大众流向少数垄断集团，利用监管手段一方面可以遏制这一情况的恶化，另一方面可促使财富在全社会范围内的重新分配；第三，使得政府意图可以有效传达。现代政府是公民意志的代表，而政府利用公共权力对行业进行的监管可以更加有效地将全民意志转化为现实权力，提升整个社会的福利水平。

（2）产业监管相关理论

《贝尔经济学和管理科学杂志》是20世纪70年代由贝尔系统（Bell System）投资创办的，该杂志吸引了一批诸如威廉·鲍莫尔、瓦尔特·奥伊、理查德·波斯纳、乔治·斯蒂格勒等在内的一大批知名学者，他们在20世纪80年代的研究成果在规制经济学的演变过程中发挥了重大的作用。

可竞争市场理论（Theory of Contestable Markets）是由美国经济学家鲍莫尔

在1891年12月29日就职美国经济学会主席的演说中首先提出来的，随后他又和帕恩查（Panzar）、韦利格（Willig）合著出版了《可竞争市场与产业结构理论》一书，从而使理论更加系统化。该理论的基本观点是：如果不存在沉没成本，公司能迅速进入该行业，在位公司由于担心局外竞争者的进入，进入的可信性威胁（Credible Threat）迫使在位公司维持反映生产成本的价格以提高效率，即使行业只有少数企业组成，也会得到竞争性的市场力量。在可竞争市场理论看来，即使是传统的自然垄断行业，只要是可竞争的，垄断者也会制定出一种可维持价格以获得平均利润，而不是制定垄断高价。这一理论引起了学术界广泛争论，并对政府管理体制改革具有相当大的影响①。

在20世纪80年代中期，规制经济学的概念发生了新的变化，主要是吸取了委托—代理理论（Commissioning Theory）、机制设计理论（Mechanism Design Theory）和经济性监管理论（Economic Regulation theory）。[95]在过去的30年间，经济理论的另一大发展就是在拍卖和投标理论以及实验室经济学领域的进步，目前拍卖和投标理论已经在规制领域得到了广泛应用。

（3）中国现有的监管制度

1）经济性监管

“经济性监管就是指在自然垄断和存在信息偏差的领域，为了防止发生资源配置低效，实现利用者的公平利用，政府机关利用法律权限，通过许可和认可等手段，对企业的进入和退出、价格和服务的质量及数量、投资以及财务会计等有关行为加以限制”。[96]经济性监管（Economic Regulation）包括结构监管（Structural Regulation）和行为监管（Conduct Regulation）两种类型。其中前者是指对市场结构的监管，如对市场准入和退出的限制措施等；而后者主要是对市场行为的监管，如控制产品市场价格、最低数量要求等。在中国，经济性监管主要应用于自然垄断行业或者竞争不足、竞争过度的行业，具体范围如表5－1所示。

表5－1 经济性监管主要范围

监管行业	具体监管范围
公共事业	电力，城市供水，城市燃气，热力，公共电汽车，地铁，城市出租车
邮电广播	邮政，电信（国际长途、国内长途、地区通信、移动电话、无线寻呼、增值业务），广播电视

① 忻展红等．现代信息经济与产业规制．北京邮电大学出版社，2008年11月。

续表

监管行业	具体监管范围
交通运输	铁路（国家铁路、地方铁路、专用铁路），航空运输，水路运输，公路运输，管道运输
金融行业	商业银行，非银行金融机构（信托投资公司、城市信用社、农村信用社），证券（股票、期货、债券、证券投资基金），保险
建筑业、盐业、烟草业	……

2）社会性监管

“社会性监管规则是以保障劳动者和消费者的安全、健康、卫生以及保护环境、防止灾害为目的，对物品及服务的质量和伴随着提供它们而产生的各种活动制定一定的标准或禁止、限制特定行为的监管”。[97]社会性监管（Social Regulation）的一个重要特征就是它的横向制约功能。就是说社会性监管并不是针对某一特定产业的行为，而是针对所有可能产生外部不经济或内部不经济的企业行为。某一产业内的任何企业的行为如果不利于改进社会或个人的健康、安全，不利于提高环境质量，都要受到相应的政府监管。社会性监管不同于经济性监管的一个非常重要的特征就在于它是政府对某一产业的纵向制约。社会性监管的主要范围如表5－2所示。

表5－2　社会性监管主要范围

监管行业	具体监管范围
内部性	消费者保护（消费者基本权力、广告、销售行为、房地产交易等），健康与卫生（药品、医疗、食品、化妆品、保健食品等），生命安全（消费品质量、职业安全与卫生）
外部性	公害防治（大气污染、水污染、噪声污染、固体废弃物污染等），环境保护（水资源河道、水土保持、海洋、水产资源、草原、森林资源、野生动植物、矿产资源、土地资源、核能利用等）

3）反不正当竞争监管

在反垄断和不正当竞争行为方面，国外普遍混合运用司法制裁和行政监管等手段，但在反不正当竞争行为方面则更侧重于行政监管。中国也不例外，1993年出台的《中华人民共和国反不正当竞争法》就将执法权授予国家行政部门——国家工商行政管理局。在反不正当竞争行为方面，中国不同于西方国家，除了中国政府垄断外，典型的经济垄断和限制竞争的行为并不突出，但是也存在以欺诈为主要特征的不正当行为。与国外相比，中国反不正当竞争监管还存在很多问题，例如在法律责任方面，其力度远不如国外。

2. 三网融合行业的特性

(1) 电信行业的特性

根据国际电信联盟（ITU）1993年对电信的定义：电信是指“利用电缆、无线、光纤或者其他电磁系统，传送或发射、接收任何标识、文字、图像、声音或其他信息。”（“Any transmission and/or emission and reception of signals representing signs, writing, images and sounds or intelligence of any nature by wire, radio, optical or other electromagnetic systems.”）。2000年9月20日经国务院第31次常务会议通过的《中华人民共和国电信条例》（以下简称《电信条例》）也沿用了国际电联关于电信的定义。电信业不同于电信，电信业包括了通信制造业和通信运营业两个部分。通信制造业主要包括了通信设备制造和通信产品制造两部分，其中前者主要是为通信运营业提供设备支持，如光纤、交换机、网关设备和软件、卫星通信设备、微波通信设备等；而后者主要提供产品给通信业的消费者，如电话、手机、寻呼机、数据终端等。通信运营业即我们日常熟悉的电信运营商，主要是为消费者提供包括基础电信服务和增值电信服务在内的通信服务。从三网融合的实际效果来看，三网融合是要实现技术上和业务上的融合，主要涉及到了电信运营企业，因此本书在讨论三网融合的过程中所指的电信业主要指电信运营业。

电信行业作为高新技术性行业，与传统的行业相比有很多其他行业不具备的特性，这些特性主要体现在电信行业的技术特性和经济特性。

从技术角度来看，电信行业主要特征可以概括为“横向全网”和“纵向技术关联”两大特征。所谓“横向全网”是指一个地理区域的电信企业无法仅靠自己的力量来完成电信网上全部信息的传递，需要全程的配合，进而形成了电信网的全程全网特性，也就是说，各种电信业务通过使用不同的基础设施或不同的基础设施组合才能完成，最典型的例子就是移动电话业务中长途和漫游业务对于跨地区合作的要求；所谓“纵向技术相关”是指电信行业从纵向上划分为网络基础设施的建设和运营，但是这两方面却在技术上具有高度的相关性，各部门之间有强烈的协作需求，在客观上就导致了网络内部通常会形成纵向一体化组织结构，即所谓的网络建设者同时也是服务提供者。

从经济角度来看，电信行业的特性主要有：网络的外部性、规模经济和范围经济、沉没成本高、较强的公共性。第一，网络的外部性是指链接到一个网络的价值，取决于已经连接到该网络的其他人的数量，通俗地说就是每个用户从使用某产品中得到的效用，与用户的总数量有关。用户人数越多，每个用户得到的效用就越高，网络中每个人的价值与网络中的人数成正比；第二，规模经济是指产品成本随着企业生产规模的扩大而缩小的经济现象，具有规模经济特性的行业在产品规模达到某个值之后才能产生效益。范围经济是指追加新产品时的联合生产成本低于单独生产该产品的成本，电信行业既具有规模经济又同时具有范围经济；第三，沉没成本高，电信行业由于固定资产的长期使用，折旧需要时间，同时又很难将这些设备转作其他用途等原因导致了沉没成本高于其他行业，这也是电信行业进入壁垒高，新进入者缺乏竞争能力的重要原因，使得电信行业成为了具有自然垄断属性的产业；第四，电信服务具有较强的公共性，电信产品是公众所需要的基本服务，因而普遍服务原则或为国际电联（ITU）对各国电信服务的基本要求和推进方向。

（2）广播电视行业的特性

广播电视是通过无线电波或通过导线向广大地区播送音响、图像节目的传播媒介，统称为广播。只播送声音的，称为声音广播，简称为广播；播送图像和声音的，称为电视广播，简称为电视。狭义上讲，广播是指利用无线电波和导线传播声音内容。广义上讲，广播包括我们平常认为的单有声音的广播及声音与图像并存的电视。所谓的广播电视行业是指专业从事广电设备的生产、研究、探索、销售的单位，主要包括“摄、录、监、采、编、播、管、存”等主要方面。

在中国，广播电视长期以来都被视为“党和政府的喉舌”、“舆论宣传的重要阵地”等，因此，当前广播电视行业具有政治敏感性、垄断性、松散性和脆弱性等特点。[98]

第一，敏感性：长期以来，广播电视作为舆论宣传的重要阵地，其政治属性被高度强化，管理者和工作人员十分注重事业职能和社会效益，相对忽视产业功能和经济效益。

第二，垄断性：目前，广播电视业务只允许由国家开设的各级电台、电视台开展，其他任何企业和个人不但不能直接开办电台、电视台，而且对广播电视的投资都受到种种限制。

第三，松散性：全国广电系统实行的是“条块结合，以块为主”的管理体制，广电主管部门对相应的行政区域进行的是行业管理，各级广电部门的人、财、物均归地方党委和政府管理。

第四，脆弱性：广播电视无论是电台还是电视台，也无论是无线还是有线，其基本的传输方式主要还是以点到面的广播（Broadcasting）方式，目前仍然是单向模拟广播式为主，其可控性、可维性、安全性较差。

（3）互联网行业的特性

互联网（Internet）是广域网、局域网以及单机按照一定的通信协议组成的国际计算机网络。互联网行业是指从事互联网运行服务、应用服务、信息服务、网络产品服务和网络信息资源的开发、生产以及其他与互联网有关的科研、教育服务等活动的行业的总称。由此可见，互联网行业是一个多领域的行业，而三网融合下的互联网行业主要是指从事互联网业务的行业。

现代人的生活已经片刻不能离开网络，互联网渗入到了人们日常生活的方方面面中，这使得互联网行业具有技术和人文两方面特征。

首先是互联网的技术特性。互联网的产生本身就是社会科技进步的产物，大多数从事互联网行业的企业都属于高科技产业，带有很浓厚的技术色彩，如今网络的数字化也已经成为三网融合得以实现的技术前提之一；另外，很多互联网使用者对于技术不敏感，他们并不在意究竟是用 HP① 还是 Java 写的网站，更不会在意后台是 SQL Server② 数据库还是 Oracle③ 数据库。相反，简单甚至傻瓜式的操作界面和优质的服务才是他们需要的，但这却给网络技术企业带来了很多难题。在解决矛盾的过程中，企业往往服从消费者，因此也就使得技术并不能决定一切。

其次是互联网的人文特性，也叫做社会特性，是指互联网由于和人存在某种关系而产生一种类似社会的特征，尤其是在 Web 2.0 时代之下，互联网中心化趋势日益明显，每个人都以不同的身份平等地出现在互联网上，使得互联网行业的社会属性更加明显。在这个过程中，人们是主动进入这样的环境之中的，例如博客和微博，每一个博客的用户背后都有一个现实存在的个体，在个体基础上可以进一步形成社区，这就已经具备人类社会的某些特征。互联网行业不再面对着面容模糊的“大众”，而是面对着一个个活生生的“网众”。互联网企业也不断地脱下“网络企业”的外衣，而成为一个又一个将网络作为一种生意工具的商业组织，比如“携程网”自我定义为一家旅游公司，而不是网络公司。

---

① Hypertext Preprocessor，超级文本预处理语言。
② Structured Query Language，结构化查询语。
③ Oracle 是世界领先的信息管理软件开发商，因其复杂的关系数据库产品而闻名。

3. 三网融合行业监管

(1) 电信行业监管

西方经济学根据不同的结构特征将市场分为完全竞争、垄断竞争、寡头和垄断四种形式，而且认为市场竞争程度越高则经济效率越高，反之，市场垄断程度越高，则经济效率越低。因此得出结论：完全竞争市场效率最高，垄断市场效率最低。电信行业一个很重要的特征就是自然垄断，即企业的平均成本在很高的产量水平上仍随着产量的增加而递减，如图 5 - 1 所示，这种情况的形成原因就在于电信行业需要大规模的固定成本投入而可变成本相对较小。

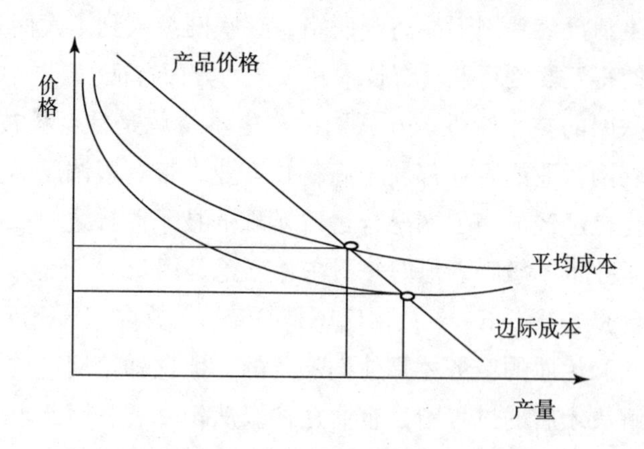

图 5 - 1　自然垄断经济学示意图

自然垄断在一方面表现出很高的规模经济，所以其经济效果是一家经营要比几家厂商同时经营时高。在这种情况下，消费者的整体福利有所提高，但另一方面，往往更引人关注的是，自然垄断作为垄断的一种形式，同样存在由于缺乏竞争所造成的垄断厂商高价格、高利润以及低产出等经济效率的缺失问题。所以，自然垄断并不是坏事情，相反，很多西方国家采用的都是自然垄断的模式，但是由于垄断企业本身难以克服的弱点，类似电信行业这种具有自然垄断特性的行业就必须处在政府的监管之下。

对电信行业进行监管的另一个重要原因是在信息不对称的条件下产生的电信市场的无序竞争。电信行业的无序竞争主要体现在以下三个方面：

第一，电信行业与用户之间的信息不对称，其中前者对电信技术、服务质量、业务成本等拥有信息优势，在这种情况下有可能导致电信运营商的道德风险，诸如资费偏高、收费不合理、服务质量低下、业务开通缓慢等问题。

第二，主导运营商与非主导运营商之间的信息不对称，主导运营商可能利用自己的信息优势阻挠、拖延互联；肆意抬高互联费；拒绝或变相拒绝网络元素出租等，通过这些方式抑制非主导运营商的发展。

第三，电信行业与电信监管机构之间的信息不对称，因为前者拥有技术、成本、质量、公司运营等诸多方面的信息优势，这就意味着电信监管的作用是有限的。[99]

正是由于上述情况的客观存在导致了电信市场的无序竞争，造成社会福利的下降，为了消除无序竞争对市场和产业带来的不利影响，必须建立起良好的监管机制，消除这些负面影响。

（2）广播电视行业监管

对广播电视行业监管的原因可以分为经济原因和社会原因两大方面。

首先，广播电视行业具有很强的网络特征，广播电视行业提供的产品属于公共物品，因此，广播电视行业具有弱垄断性。如同电信行业一样，对于广播电视行业的监管也同样是出于提高社会整体福利的目的。

其次，由于广播电视产品是文化公益事业的一部分，就会产生很多正面或负面的社会效益。长期以来，由于中国特殊的国情，广播电视行业定位为党和政府的“喉舌”，发挥着两方面的作用：一是确保党和政府的宣传及时到位，保证意识形态安全；二是存在着计划经济实行全能政治管理的惯性。从这个意义上讲，中国的广播电视部门及国有的电视台实际上就是政府提供给公共服务的具体决策者和执行者，因此对于广播电视行业进行监管势在必行。

（3）互联网行业监管

互联网作为一种新型的传播媒介，融大众传播、人际传播、组织传播于一体，是传统媒介功能的融合与提升。它在技术上实现了传播内容与传播形式的无中心化、分散化和多元化，对传统媒介管理体制产生极大的冲击，其结果是：在信息传播层面，互联网推动了信息多元化发展，同时也造成社会主流价值的迷失，使传统主流媒体的价值导向难以实现；在人际交往层面，互联网淹没了社会化赋予个体的特殊身份，导致个体社会属性与自然属性的分离，使传统舆论影响、环境约束失去效力；在社会结构层面，互联网摧毁了传统金字塔式的等级结构，以扁平化网状社会冲击现有社会秩序，使传统自上而下的权力管理力不能及。[100]因此，对互联网行业进行监管，具体来说有以下几点理由：

首先，对互联网行业进行监管是网络互连互通的需要。和电信网一样，由于网络外部性的存在，只有实现竞争对手之间的互连互通，才能实现有效竞争。国家需要对网络的互连互通进行监管是由网络的复杂性决定的，每个局域网络的建设都涉及硬件设备的选型、系统软件的确定、应用软件的开发。所以，要实现各个局域网络的互连互通，就存在硬件的兼容性问题、软件信息的共享问题，而每个局域网络的建设者不可能从广域网的全局去考虑，也没有能力从全局去考虑。

其次，对互联网行业进行监管是避免网络冲突的需要。计算机网络是产生广泛外部性的公共物品，也就是说，网络作为一种基础设施，涉及它的决定可能会影响到网络用户范围以外，从而引发广泛的冲突，例如，个人隐私权与社会公开性的冲突，信息安全与信息自由的冲突，商业与社区的冲突，繁荣创作与保护知识产权的冲突等。[101] 产生这些冲突的原因是多种多样的，有一些冲突必须借助政府的权力才能解决。

最后,对互联网行业进行监管是保证国家安全的需要。信息安全是国家的根本利益所在,国家正常而有效的运转是实现其他一切利益的首要前提。由于互联网无中心的分布特点使信息的流动难以控制,快速流动的信息中包含了意识形态和人文特征。信息输出大国更容易将本国的社会价值观和意识形态传递给其他国家,进行文化扩张,弱化政治控制。另外,通过网络,有意或无意的泄露国家机密事件发生的概率大大增加,因此,互联网监管大势所趋。

第二节　三网融合管理体制与监管模式现状

1. 中国三网融合管理体制现状

管理体制指管理系统的结构和组成方式，管理体制规定了中央、地方、部门、企业在各自方面的管理范围、权限职责、利益及其相互关系的准则，管理体制的核心是机构设置，管理体制决定着监管范围与效率。

（1）三网融合相关管理机构

1）电信行业管理机构

由于历史和意识形态的原因，中国电信行业长期处于封闭与半封闭的状态，改革开放后电信行业迎来了发展机遇。但是直到 20 世纪 90 年代，世界大部分国家基本已经形成了独立的监管机构和专门配套的电信管理法律法规，中国的电信行业仍然政企不分、管理机构职能不明确、监管无法可依。没有一个中立的、独立于电信运营企业之外的监管机构，很难实现电信产业公平、有效竞争。因此在中国联通创立之后，中国开始了电信行业政企分开的改革进程。表5－3显示了自1993年之后中国电信行业监管部门的改革进程和职能变化。

表5－3 中国电信行业监管机构职能变化

年份	电信行业监管机构职能变化
1993年	原邮电部将电信的企业职能剥离出来，成立独立的法人公司——中国电信总公司（简称“中国电信”），由中国电信统一经营原邮电部管理下的电信业务
1998年	全国人大第一次会议通过决议，决定在原邮电部和电子工业部的基础上组建信息产业部，将国家的电信主干网建设与管理电信企业的职能由邮电部转交给信产部，并将广播电视、中国航天总公司、中国航空总公司的通信管理部门并入信产部，原邮电部的邮政行业管理职能、邮政网络建设与经营管理的企业职能转交国家邮政总局负责
2003年	国家成立“国有资产监督管理委员会”，原来由信息产业部行使的电信行业国有资产管理职能开始移交国资委
2004年	中国铁通划归国资委进行管理，中国监督机构清晰化改革基本完成
2008年	十一届全国人大一次会议审议并通过了关于国务院机构改革方案的决定，决定成立组建工信部，由工信部负责电信行业建设和管理工作，其中国有资产管理职能仍由国资委履行

2）广播电视行业管理机构

广播电视行业也在经历了一个由政企不分到产业化运营的历史演进过程。改革开放以前，广播电视行业基本上是处在党和政府双重管理的行业管理模式之下。这种制度安排的基本特点是：以国有化和高度集中的管理体制为特色的一元化制度设计，割裂了其他控制因素对电视发展的影响，使党和政府的权力成为决定一切的核心控制因素。[102]1978年以来中国开始了广播电视行业改革。1983年，在第十一次全国广播电视工作会议上，广电部制定了“四级办电视，四级混合覆盖”的新型体制，也就是奠定了“条块结合，以块为主”的分级行政管理模式，同时中央电视传媒受宣传部门与广电主管部门的双重控制，地方广播电视还要接受同级党委与政府领导。

现阶段，广播电视行业的主管部门是中华人民共和国广播电影电视总局，其主要职能主要包括①：

- 拟订广播电影电视宣传、创作的方针政策，把握正确的舆论导向和创作导向；
- 起草广播电影电视和信息网络视听节目服务的法律法规草案，拟订相关技术标准和部门规章，推进广播电影电视领域的体制机制改革；
- 制定广播电影电视事业、产业发展规划，指导、协调广播电影电视事业、产业发展，管理全国性重大广播电影电视活动；
- 负责广播电影电视、信息网络视听节目服务机构和业务的监管并实施准入和退出管理，指导对从事广播电影电视节目制作民办机构的监管工作；
- 监管广播电影电视节目、信息网络视听节目和公共视听载体播放的视听节目，审查其内容和质量；
- 指导广播电影电视和信息网络视听节目服务的科技工作，负责监管广播电影电视节目传输、监测和安全播出。

3）互联网行业管理机构

目前中国并没有一个统一的机构对互联网相关工作进行管理，存在多部门共同监管的情况。

根据国务院的相关规定，国务院信息产业主管部门和省、自治区、直辖市电信管理机构依法对互联网信息服务实施监督管理。工信部主要负责互联网的行业管理，即中国境内的互联网域名管理工作。根据相关法规规定：从事经营性互联网信息服务，应当向省、自治区、直辖市电信管理机构或国务院信息产业主管部门申请办理互联网信息服务增值电信业务经营许可证。

根据1997年5月20日《国务院关于修改〈中华人民共和国计算机信息网络国际联网管理暂行规定〉的决定》相关规定，国家对互联网行业实行分级管理，由国务院信息化工作领导小组负责协调、解决有关国际联网工作中的重大问题，其办事机构——国务院信息办负责依此规定制定具体管理办法，明确国际出入口信道提供单位、互联单位、接入单位和用户的权利、义务与责任，并负责对国际联网工作的检查监督；由国务院信息化工作领导小组授权中国科学院计算机网络信息中心运行及管理的中国互联网信息中心（CNNIC）主要负责为中国境内的互联网用户提供域名注册、IP地址分配、自治系统号分配等注册服务，提供技术资料、使用网络的政策和法规、用户入网的办法、用户培训资料等信息服务，提供网络通信目录、网上各种信息库的目录等服务；中国互联

① 中华人民共和国广播电影电视总局网站。

网信息中心工作委员会由国内知名专家和五大互联网络的代表组成，对中国互联网络的发展、方针、政策及管理提出建议，协助国务院信息办实施对中国互联网的管理。[103]

1991 年成立的国务院新闻办公室下设的网络局主要负责“制定网络新闻发展规划，推动中国重要网站丰富外语内容”；信息产业部主要负责互联网的行业管理；监督管理公共信息网络的安全监察在公安机关的职责中有明确规定，公安部下设公共信息网络安全监察机构，国务院已授权公安部专门成立网络安全监督管理局。除这三大部门外，文化、教育、卫生、药品监督管理、工商行政管理和国家安全部、国家保密局等有关主管部门，在各自职责范围内依法对互联网信息内容实施监督管理。

（2）三网融合相关法律法规

三网融合的相关法律法规如表 5－4 所示。

表 5－4 三网融合相关法律法规

颁布年份	颁布实施单位	政策法规名称	政策法规解读
1990 年	广播电视部	《有线电视管理暂行办法》	规定广电部为有线电视的管理部门
1994 年	国务院	《中华人民共和国计算机信息系统安全保护条例》	规定公安部主管全国计算机信息系统安全保护工作、国家安全部、国家保密局和国务院其他有关部门，在国务院规定的职责范围内做好计算机信息系统安全保护的有关工作
1997 年	国务院	《广播电视管理条例》	规定国务院广播电视行政部门负责全国的广播电视管理工作
2000 年	全国人大常委会	《全国人民代表大会常务委员会关于维护互联网安全的决定》	针对互联网的运行安全和信息安全问题，目的是维护互联网健康发展，是互联网行业必须遵守的基本法律

续表

颁布年份	颁布实施单位	政策法规名称	政策法规解读
2000年	国务院	《互联网信息服务管理办法》	规定了从事经营性和非经营性互联网信息服务企业的市场准入机制
2000年	国务院	《广播电视设施保护条例》	加强对广播电视视频点播业务、广播电视节目制作、传送业务的管理
2000年	国务院	《中华人民共和国电信条例》	确立了电信业务经营许可、互联调解、电信资费管理等八项制度，同时规定了广电传输网络要接受信息产业主管部门的统筹规划与行业管理
2001年	信产部	《公用电信网间互联管理规定》	规定信息产业部和省、自治区、直辖市通信管理局（以下合称“电信主管部门”）是电信网间互联的主管部门，负责电信网络互联相关事务的管理
2001年	信产部	《电信网间互联争议处理办法》	电信争议解决应充分重视专家意见
2005年	国务院新闻办公室、信产部	《互联网新闻信息服务管理规定》	限制网络记者的新闻采编权，明确电信管理部门对于互联网信息的管理职责
2008年	广电总局、信产部	《互联网视听节目服务管理规定》	从事互联网视听节目服务，必须取得广播电影电视主管部门颁发的《信息网络传播视听节目许可证》，从源头上对IPTV的发展进行限制
2009年	工信部	《电信业务经营许可管理办法》	对电信业务经营许可证的申请、审批、使用、经营行为的规范等进行了明确规定，对基础电信业务放宽进入条件
2009年	广电总局	《关于加快广播电视有线网络发展的若干意见》	支持国有资本参与有线网络建设和数字化改造，大力培育实力雄厚、影响力大、核心竞争力强的大型有线网络运营企业。鼓励和支持有实力的省级有线网络公司跨省联合重组
2009年	国务院	《广播电台电视台播放录音制品支付报酬暂行办法》	规定电台、电视台播放录音制品都得支付相应费用
2009年	工信部	《电信业务经营许可管理办法》	规定了经营电信业务，应当依法取得电信管理机构颁发的经营许可证
2010年	工信部	《通信网络安全防护管理办法》	对通信网络进行分级，实行分级管理，保障网络安全

(3) 中国三网融合管理体制存在的问题

1) 三网融合立法滞后

从表5－4中，不难看出在涉及三网融合相关工作落实和权力责任分配时没有一部真正意义上能对各个部门形成有效制约的法律，造成法律环境存在严重缺陷的原因就是立法的缺失。目前，作为电信行业最具法律效力的《电信条例》和作为广播电视行业最具法律效力的《广播电视条例》都只是各行业主管部门颁布的条例，并不是真正意义上的法律。由于它植根于各部门的利益之中，很难做到从国家层面来指导三网融合相关工作。在没有明确的法律保障之下，很难希望企业能够积极投身三网融合之中，这使得三网融合在推进过程中遇到了很多不必要的猜疑和麻烦。

更深层次的原因在于中国特殊的国情，高速的经济发展要求政治体制必须做出相应调整。但是由于中国改革是渐进式的，没有照搬照抄其他国家的模式，所以在改革之前也没有统一完整的制度设计，法律和机构的设置也是边摸索边前进，由此造成了中国三网融合立法与实践脱节的严重问题。

2) 多头管理，政出多门

目前由于行业划分标准的不同，三网融合产业分别处在不同的部门监管之下。工信部是电信行业的管理机构，不仅负责电信运营商的牌照发放和电信企业互连互通等经营性事务的管理，同时还负责频率资源的管理分发，以及电信服务质量的管理，但是却不拥有独立的市场准入、价格监管权，这些权力分散在国资委和国家发改委等部门。广电部门则同时受广电总局、中宣部、信息产业部等部门的管理，这也是由广电部门作为党和政府的喉舌和“条块结合、以块为主，分级管理”的实际情况决定的。互联网的管理部门就更加复杂：工信部负责管理ISP和ICP业务，同时广电总局、国务院新闻办、文化部、公安部、国家保密局等都对网络内容进行管理。多头管理的一个重要弊端就是政出多门，缺少统一的指挥，各部门各自为政。由于各部门本身的局限性，在制定政策法规时都站在本部门的利益上，因此部门之间协调性差，造成了资源的浪费和效率的缺失。

3) 管理体制不到位，监管效率较低

在传统的产业分立的情况下，管理方式是为了适应各个产业的特点设立的，并且由不同的管理机构负责监督实施。但是在三网融合的条件下，不再是单独的某个行业或产业的问题，而是涉及不同部门、不同产业之间的相互合作和相互竞争。这就要求管理者不能拘泥于某一行业的得失，必须站在一个更高的层面上对整个三网融合的进程负责，这更是对国家资源和人民福祉的责任。在中国现行的管理体制之下，缺少这样一个统筹三网融合发展的部门，各管理机构仍然是从本部门利益出发。这反映了中国三网融合的管理体制仍不到位，各部门之间相互制约必然会导致管理的效率较低，很难真正推动三网融合的发展。

（4）三网融合管理体制中不同利益的博弈

1）三网融合的利益分析

从国家发展战略的角度来看，积极推进三网融合可以带来巨大的经济效益，这也是各方密切关注三网融合行业动态的一个最基本的原因。三网融合至少可以带来以下几方面的效益。

第一，带动投资增长：三网融合带动相关产业拉动，带动投资增长具有必然性，相关专家估算，在 2009 年至 2011 年间通过三网融合建设将形成至少6 000亿元的投资，其中包括电信宽带升级、广电双向网络改造、机顶盒产业发展以及基于音频内容的信息服务系统建设的有效投资，估算达2 490亿元，可激发和释放社会的信息服务与终端消费近4 390亿元。数字内容开发制作、机顶盒生产与安装将新增就业岗位达 20 万个以上。

第二，降低用户费用：国务院发展研究中心市场经济研究所专家指出，对居民来说，“三网”若不融合，一方面，装修管线浪费严重；另一方面，“三网”各自收费加重了他们的生活负担，而三网融合后可为中国居民每家每年可以节省数百元。

第三，节约国家支出：三网融合可以充分激活中国目前处于闲置状态的光纤资源，据估计仅此一项就可以减少国家重复建设费用近千亿元，再加上其他费用，总共可减少近2 000亿元的重复建设费用。

第四，保障网络安全，实现国家信息化：中国在《2006—2020 年国家信息化发展战略》中就曾明确指出，信息化是当今世界发展的大趋势，是推动经济社会变革的重要力量。而三网融合是国家信息化深入发展的关键，是推动信息化融合的重要力量。

2）三网融合监管角力

事实上，从国外的经验来看，三网融合并不会带来电信部门和广电部门的强烈对峙，反而可以形成电信部门和广电部门的合作和互补机制——电信部门拥有广覆盖的网络和长期电信管理的经验，广电部门长于内容制作、传输和播出。但是，由于中国特殊的国情，在三网融合进程中多次出现了电信部门和广电部门对立事件，例如自 2005 年“泉州事件”之后，至今已发生过多起广电部门叫停 IPTV 的事件，如表 5-5 所示。

表 5-5 广电部门叫停 IPTV 事件汇总

年份	事件
2005 年	福建泉州广电局 1999 年“82 号文”，指出泉州电信和上海文广联合运营的“百视通”网络电视（IPTV）不具备运营资格，叫停了泉州电信 IPTV
2006 年	浙江省广电发布《关于停止开展 IPTV 宣传安装活动的通知》，要求严查 IPTV 的宣传和安装活动，这是全国首次全省规模的叫停活动
	广电以北京网通不具备 IPTV 牌照，也没和广电颁发的 IPTV 牌照的企业合作为由，叫停北京网通宽带视频空间业务
2007 年	吉林联通 IPTV 业务遭到吉林广电部门的阻力，央视国际被迫撤出
2008 年	合肥市文广局对安徽电信合肥分公司违规擅自开办 IPTV 业务进行检查，要求合肥电信立即停止“宽带视界”、“视频点播”等业务
	山西古交广电查处古交移动的 IPTV 业务
	广电总局办公厅根据地方广电部门的申述，下发《关于处理重庆电信擅自开展 IP 电视业务有关问题的复函》，叫停重庆的 IPTV
	湖北宜昌广电局对当地酒店的 IPTV 业务进行查处，责令立即改正，并处罚款
	广东省广电局发出《关于制止违规经营 IPTV 业务的通知》，要求电信立即停止开办 IPTV 业务
	陕西广电局在全省范围内对电信 IPTV 进行清查治理
2009 年	湖北省黄石广电部门取缔当地电信 IPTV，并处 3 万元的罚款
2010 年	陕西宝鸡市凤县政府组织联合执法组对县内某宾馆客房内的 IPTV 机顶盒进行拆除没收
	广电总局发出《关于责成上海电视台立即停止向广西、新疆电信公司提供 IPTV 节目信号源的通知》和《关于依法查处广西电信擅自开展 IP 电视业务的紧急通知》
	宝鸡市政府 610 办以及公安、工商和广电等四部门联合发出《关于开展对违规 IPTV 进行专项治理工作的通知》，明确要求立即停止违规发展 IPTV 业务，主动拆除有关设施，接受行政管理处理

资料来源：丁文蕾. 透视三网融合博弈之路. 中国报道，2010 年 7 月。

以上事件发生的重要原因就在于中国三网融合监管机构设置中权利和义务不明确。根据《中华人民共和国国务院组织法》相关规定，在 2008 年对国务院组成部门的调整之后，广电的主管部门是中国广播电影电视总局，属于国务院直属机构，专门负责行使国务院管理广播电影电视的职能，具有独立的行政管理职能；电信的主管部门是中华人民共和国工信部，属于国务院组成部门，是在国务院统一领导下，负责领导和管理某一方面的行政事务，行使特定的国家行政权力的行政机构。同时由于电信相关企业属于国有大中型企业，在国有资产管理方面要受到国资委的管理，而广播电影电视由于涉及国际意识形态和宣传主流价值观的需要，广电总局又受到中宣部的领导。

由于电信和广电主管部门的不同，带来了不同部门监管内容和监管范围的冲突，如表5－6所示，不同的监管内容由不同的监管机构进行监管，但是不同的监管机构又有不同的监管范围，各部门在各自的管理职权范围内都想实现本部门利益的最大化，导致了三网融合在监管方面存在很多难题。

表5－6　三网融合监管难题

监管内容	监管机构	监管机构的监管范围
制作监管	广电总局	节目许可管理、节目交易管理等
内容监管	广电总局、文化部、新闻出版总署	版权管理、内容引进、内容审核、内容加工
硬件标准和视听技术监管	工信部、广电总局	TV终端、接入设备、系统集成标准
接入网络监管	工信部	网络宽带标准、点播插件、收费软件等标准
运营监管	广电总局、工信部	业务运营、客服质量、电视台治理

资料来源：杜妍. 三网融合背后的利益纠葛. IT时代周刊，2009年第10期。

3）三网融合监管冲突

表5－4反映出监管法规方面的冲突，比如限定广电部门经营电信业务的《电信条例》第七条明确规定，“经营电信业务，必须依照本条例的规定取得国务院信息产业主管部门或者省、自治区、直辖市电信管理机构颁发的电信业务经营许可证”；严禁电信部门涉足广电业务的《中华人民共和国广播电视管理条例》则规定“广电部门负责管理有线广播电视台、网，以及节目的播放等业务”。这两个部门制定的法规都为彼此进入对方的业务领域设置了屏障，进而引发了一系列的政策冲突和矛盾。2010年7月通过的《三网融合试点工作方案》五易其稿，最终还是靠决策层“快刀斩乱麻”来拍板决定，其中难度可见一斑。即使是这样一份权威的试点方案，也透露出双方的利益冲突。从技术方面看，有线宽带从30Mbit/s到100Mbit/s，电信宽带从8Mbit/s到100Mbit/s，貌似在带宽发展趋势方面达成了共识，实则大相径庭，差异的关键在于执行时间。如表5－7所示，工信部联合其他6部委于2010年4月8日下发《关于推进光纤宽带网络建设的意见》（105号文），明确提出光纤端口数、接入速率、投资时限、投资额等指标，与正在建设中的广电NGB矛盾。

由此可见，三网融合监管冲突已经不能在现有监管框架内解决。

表5－7 工信部推进光纤宽带与广电总局推进 NGB 指标

<table>
<tr><td rowspan="6">工信部【2010】105号文《关于推进光纤宽带网络建设的意见》</td><td>时限：2011年</td><td rowspan="6">广电总局 NGB 建设方案</td><td>时限：10年内</td></tr>
<tr><td>城市平均接入能力 >8Mbit/s</td><td>城市平均接入能力 ≥30Mbit/s</td></tr>
<tr><td>农村平均接入能力 >2Mbit/s</td><td>10年投资：3000亿元</td></tr>
<tr><td>商业楼宇平均接入 >100Mbit/s</td><td rowspan="3">新增用户：2亿户</td></tr>
<tr><td>3年投资：1 500亿</td></tr>
<tr><td>新增用户：5 000万</td></tr>
</table>

数据来源：三网融合文件大战. 中国数字电视，2010年4期。

4）三网融合监管问题形成原因分析[104]

①资源的独占性，广电总局与工信部作为各自行业的政府管理部门，分别掌握着各自行业内资源——广电总局掌握着广播电视电影的发展，承担着国家最高影视内容监管，工信部承担着电信业和互联网运营监管及规划发展，在三网融合环境下要求打破行业对资源的独占性，实现优势互补，目前各部门对三网融合的权力和职责划分悬而未决导致了矛盾的存在。

②利益的专属性，各部门对自己的资源独占和垄断并对外表现为牌照、进入许可证、入网许可等。而这些垄断性资源之间互相影响，一方拥有后另一方只能跟从或高成本租赁，甚至依据部门条例禁止对方进入以维护本部门的利益。

③利益分配是政策监管、组织权力、资源控制的最终结果。广电总局、工信部作为行业管理者，与其下属集团企业的经营管理之间有着不可分割的利益，许多机构既是行业政策的制定者，又是企业的经营者。因此，在此基础上三个行业已经形成了各自完整的产业价值链。

要实现真正的三网融合，就必须打破原有的部门利益链条，切实解决资源控制、利益归属和分配、政府监管之间的关系，建立一个良好有序、充分竞争的三网融合产业格局，最终建立起国家受益、人民受惠的三网融合产业①。

① 李琳，吴晓宁. 三网融合两部委博弈内幕. IT时代周刊，2010年7月。

2. 国外三网融合管理体制及分析①

积极有效的三网融合管理体制是实现有效竞争、推动网络融合、挖掘市场潜力、促进产业升级的重要保障，世界各国都非常重视三网融合管理体制的建设和完善。随着三网融合在中国迅速发展，中国迫切需要改革对电信、广播电视及互联网产业的监管。因此，学习和借鉴国外先进的管理体制显得尤为重要。纵观世界各国三网融合管理模式，根据是否成立统一的监管机构为标准，可以将三网融合的管理体制分为两大类：一是“完全融合监管体制”，即设立融合的监管机构对广电和电信进行统一监管，又可以根据是否对电信和广电进行统一监管进行细分；二是“相对融合监管体制”，即虽然没有成立统一的监管机构，但是能够在法律和体制框架内对广电和电信有效协调，统筹发展，又可以根据网络和内容是否分设监管机构进行细分。上述细分结果具体如表 5 - 8 所示。

表 5 - 8　各国和地区管理体制分类

监管模式		主要特点	代表国家和地区
完全融合监管	不区分电信和广电，统一监管	成立统一监管机构，各部门职责消除了电信和广电分块管理的痕迹	英国
	区分电信和广电，统一监管	在统一机构和框架内，设立不同的部门对电信和广电分别监管	美国
相对融合监管	网络与内容分设监管机构，依法统筹	成立不同机构，一个负责内容监管，另一个负责网络和管道监管	法国、德国、印度
	网络与内容分设监管机构，同时纳入统一协调框架	网络与内容监管分立，但是考虑到信息通信和媒体行业的进一步融合，将媒体和信息通信管理机构置于同一政府部门管辖之下	中国香港、新加坡

资料来源：朱金周．三网融合的创新理论、国际实践及对中国的启示．《2007 年信息通信网络技术委员会年会征文》，2008 年。

(1) 英国三网融合管理体制分析②

英国三网融合管理体制不区分电信和广电，实行统一监管。英国政府在很

① ［英］伊恩·劳埃德（Lan Lloyd），［英］载维·米勒（David Mellor），曾剑秋（译）．通信法．北京邮电大学出版社，2006 年。

② 朱金周．英国三网融合的体剖与政策及对中国的启示．通信世界，2007 年。

早就意识到技术发展必将促进电信、广电和互联网在技术、网络以及业务层面的融合，为了减少分头监管所引起的部门事务难以协调、时间和管理成本较大等突出问题，因此对电信行业、广播电视行业和互联网行业进行统一监管。英国政府2001年就开始着手进行监管机构的重组。2003年7月17日，英国议会正式批准了《通信法草案》，取代了1984年颁布的《电信法》，并且根据该法案的要求成立了新的独立统一监管机构——OFCOM，同时也规定OFCOM既不是政府组成部门，也不是民间组织，直接对议会专门委员会负责，无须对内阁大臣或政府部长负责。这样的机构设置使得OFCOM独立于政治，具有高度的透明性和延续性。

OFCOM是由电信管理局、无线电通信管理局、独立电视委员会ITC、无线电管理局、播放标准委员会五个机构融合而成，在融合之前各个部门分别管理着不同的行业，这类似于中国目前的工信部和广电总局。但是融合之后的OFCOM变成了统一的监管机构，其主要职能分为七个部分，按这七个部分OFCOM又组建七个下属分部，分别是：内容标准分部、外务和管理分部、战略市场发展分部、法律事务分部、频谱政策分部、竞争市场分部、运营办公室，如图5-2所示。

图5-2 英国OFCOM职能划分情况示意图

英国以OFCOM为代表的三网融合管理体制具有两方面的特点：其一，从OFCOM的机构功能设置上来看，OFCOM没有分别对电信行业和广电行业进行监管，体现了“完全融合监管”的特点；其二，从OFCOM的地位和功能来看，OFCOM在英国是全面负责电信、电视和无线电的监管的机构，不受政府束缚，打破了三网融合领域的种种壁垒。因此，英国也成为了国际上融合监管学习、借鉴的标杆。

(2) 美国三网融合管理体制分析

美国是世界上最早实现三网融合监管机构融合的国家。早在1934年，根据当时颁布的《通信法》，美国就成立了具有综合监管功能的美国联邦通信委员会（FCC），其监管的主要范围包括公共电信、专用电信、广播电视、无线频率等。虽然FCC是统一的监管机构，但在FCC内部设有不同的机构分别对电信行业和广电行业进行监管①。

FCC目前共设有7个局和10个办公室，包括消费者和政府事务局、执法局、国际局、媒体局、公共安全和国土安全局、无线通信局、有线竞争局、行政法官办公室、通信商机办公室、工程技术办公室、总法律顾问办公室、总监办公室、法制办公室、总裁办公室、媒体关系办公室、战略规划和政策分析办公室及工作地多样性办公室，如图5－3所示。

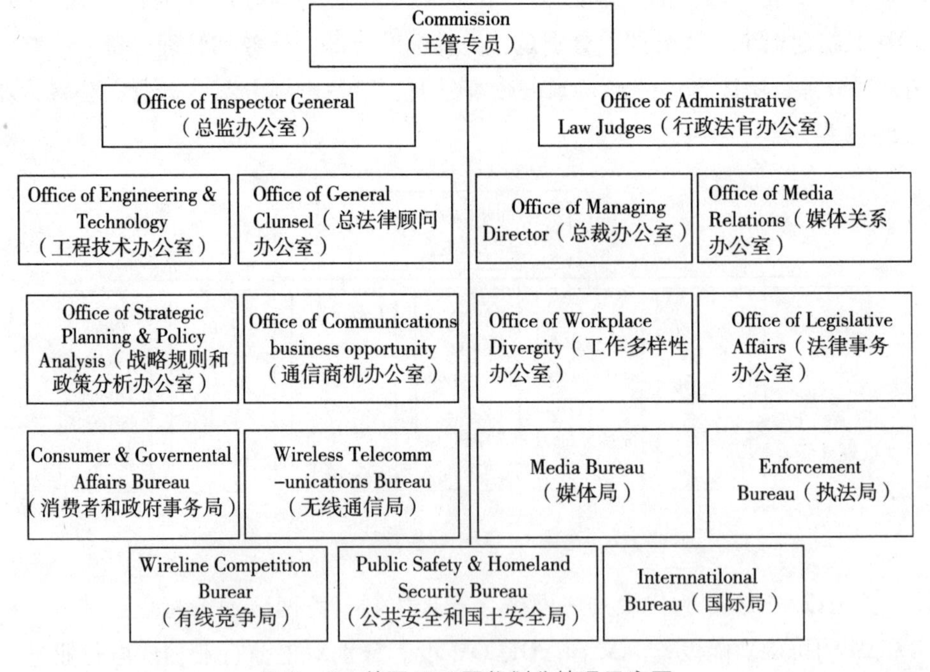

图5－3　美国FCC职能划分情况示意图

《1996年电信法》规定，有线竞争局、无线竞争局和执行局负责对电信行业进行监管，媒体局则负责对广播电视进行监管，两者之间的关系由通信办公室来协调。同时对利用互联网络传输的影视节目根据需要进行业务界定——是

① 石萌萌．中美三网融会管理模式比较研究．现代视听，2010年第4期。

有线电视服务还是信息服务，如属于有线电视服务，仍属于媒体局监管范围，而信息服务则属 FCC 监管的范畴，各部门具体监管职责如表 5－9 所示。

表 5－9 FCC 分行业监管机构及其分工

行业	监管机构	主要职责
电信行业	有线竞争局	负责有线通信运营商的政策和牌照发放
	无线通信局	负责无线通信运营商的政策和牌照发放
	执法局	负责电信法以及 FCC 的相关法律法规的执法
广播电视行业	媒体局	负责地面、有线、卫星广播电视媒体服务的政策和牌照发放

总的来说，美国三网融合的管理体制仍然属于完全融合监管体制，建立在美国宪法权利至上的法律背景下。美国联邦通信委员会（FCC）是在原有的监管部门基础上成立的融合监管机构，同时适应了科技和市场新的变化，使其在社会主流意识影响下自觉对传播内容进行有效控制，提高了监管的效率。

（3）法国三网融合管理体制分析①

不同于英美的监管机构完全融合的三网融合管理体制，法国采取的是相对宽松的管理制度，其基本特点是：没有统一的三网融合监管机构，对于网络与内容分设监管机构，分别对网络和内容进行监管。

根据法国 1986 年出台的《通信自由法》相关规定，法国政府于 1989 年成立了最高视听委员会（CSA，Conseil Superieur Audivisuel），实现了由政府主导向独立的国家广播电视行业行政机构主导的转型。目前，最高视听委员会（CSA）是法国广播电视监管机构，享有政府授予的极大权力，包括人事提名、经费管理、政策提案、市场监督、监督惩处等。它统一管理包括公营、私营、全国和地方电视节目市场。最高视听委员会（CSA）虽然有政府编列预算作为经费的来源，但在管理方面是完全独立的，最高视听委员会（CSA）不同于美国的 FCC，不负责全国的电信方面业务的管理。在法国，负责电信业务相关业务管理工作的是电子和邮政监管局（ARCEP）。两者在监管方面有着明确的分工，CSA 主要负责监管内容，尤其是视听业务的内容，目前法国最大的公用广播电视运营商 TDF 就受 CSA 的监管；ARCEP 主要负责监管容量（网络）和管

① 周光斌．浅说法国三网融合．电信软科学研究，2007 年 1 期。

道（频道），但根据欧盟的相关规定，在电子通信运营商之间出现网络分歧时，不管这个网络是受监管抑或没有受监管，ARCEP 都有权进行调解。

法国没有设立统一的三网融合监管机构，政府对三网融合的监管职能是由 ARCEP 和 CSA 两个不同的部门分别行使的。为了保障政府意图有效传达，法国政府在约束两者行为方面出台了一系列相关的法律，如作为法国三网融合基本法律的《电子通信与邮政法》，1998 年出台的《电信监管法》，2004 年颁布的《视听通信法》等。这些法律推进了法国三网融合的顺利进行，对不同部门之间的工作也起到了很好的协调作用。

（4）新加坡三网融合管理体制分析

新加坡和法国一样由不同的部门来行使对于广播电视和电信行业的监管，但和法国又有所不同：法国主要靠法律的约束和政府部门的统筹管理来协调两部门之间的利益关系，新加坡则成立了一个新的政府机构来对上述部门进行统筹管理。

新加坡负责电信行业监管的机构是信息发展管理局（IDA），该机构是新加坡政府部门的法定委员会，成立于 1999 年 12 月，由新加坡电信管理局和国家计算机委员会合并组成，其主要职责是承担信息科技和电信部门的综合规划、政策建议、行业监管和产业发展。但是根据新加坡《信息通信管理局法》要求，IDA 除完成上述职责外，还要关注广播电视服务和使用信息通信技术的其他服务的融合进程，以适应技术的发展。负责广电监管的机构是媒体发展管理局（MDA），MDA 也是新加坡政府设立的法定委员会，成立于 2003 年 1 月，由原新加坡广播电视管理局（SBA）、影片和出版署以及电影委员会合并组成。新加坡将互联网行业更多地看作媒体产业而不是信息通信业，因此对互联网的业务监管大多属于媒体业务监管。

IDA 与 MDA 的管辖权限划分较为清晰，如新加坡《广播法》规定，任何人（经 MDA 免除除外）在新加坡经营广播电视设施、提供广播电视服务都必须获得 MDA 的许可，同时在新加坡经营电信业务也必须获得电信监管机构的许可。但随着三网融合不断深化，两者之间势必要协同工作，完成所辖管理事项。因此新加坡政府将信息发展管理局（IDA）与媒体发展管理局（MDA）置于同一政府部门——信息通信和艺术部（MITA）辖下，通过 MITA 制定统一的发展政策，确保在互联网、通信和广播媒体的融合阶段国家发展目标的实现。

（5）国际经验借鉴

他山之石，可以攻玉。国际上众多的三网融合管理体制中主要有以下几点值得借鉴：

第一，三网融合管理体制重在创新。信息技术持续快速发展奠定了三网融合的基础，管理体制是三网融合发展的必要保障，不同国家和地区的管理体制不拘一格，但都在不同程度上促进了三网融合的发展。可见，单独地采用某一种模式不是三网融合管理的最佳选择，无论是美国的FCC，还是英国的OFCOM，抑或是法国的CSA和ARCEP，都依据具体的国情创造性地采用了不同的管理模式。

第二，法律体系的有效支撑。这包括两方面的含义，一方面是指法律体系的健全性，就是指法律必须涵盖三网融合的各个方面，对涉及三网融合关键的问题必须要有明确的要求，以保障三网融合的顺利推进；另一方面是指法律的逻辑性，法律之间在逻辑上不能相互矛盾，而在形式上，则可以是同一部基本法律，也可以是多部基本法律。例如，美国《电信法》和英国《电信法》对网络和内容统一规范，对电信与广电进行统一监管；中国香港地区则分别依据《电讯条例》和《广播条例》进行监督。

第三，要注意电信行业和广电行业的差别。虽然三网融合改变了广电与电信相互隔离的外部关系，但它们各自在特性依然存在类别，因此在管理体制的设计中仍要区分开电信和广电。广电具有鲜明的二元价值目标，即经济价值和文化价值，这一点使得即使是在美国这样典型的融合监管国家也对电信和广电规定了不同的准入条件（美国《1996年电信法》第303条规定：如果有线电视系统运营商及其附属机构从事电信服务，将不必为提供电信服务获取特许权；而该法对进入无线广播电台和有线电视业务的企业都规定了详细的许可条件）。结合中国特殊的国情，三网融合在节目内容的监管方面，应采取区别对待的措施：涉及政治形态的内容方面要加强监管，保证党和政府对于社会舆论的正确引导，为和谐的社会环境奠定基础；除此之外还有很多不涉及政治的内容，例如娱乐、体育、旅游、文化等，这些内容在有条件的情况下应该适当放松监管，引入竞争，促进产业环境的良性发展。

综上所述，监管是各国推进三网融合的有效措施，但是各地区由于国情不同，具体的管理体制也存在着很大的差别。有些经验适合中国，但有些措施本身就不适用于中国，借鉴国外监管体制的经验，一定要结合中国三网融合的实践，创造性地走出有中国特色的、适合中国国情的三网融合监管之路①。

① 汪卫国．一些国家和地区三网融合的相关政策和操作模式．现代电信科技，2010年第3期。

3. 三网融合监管目标

（1）提升三网融合产业的国家竞争力

有关三网融合产业的看法，各方都有不同的认识。共识的是三网融合产业是以数字融合为核心，电信网、广电网和互联网之间的产业边界开始趋于模糊，并产生了一种新的融合产业。传统产业没有消失，在整合的基础上出现了三网客户端的融合产业，即所谓的“三屏合一”，三网业务层、网络层和技术上的融合产业，所以三网融合产业实际上是产业链条的概念。按照迈克尔·波特的理论，每个企业都处在产业链中的某一环节，一个企业要赢得和维持竞争优势不仅取决于其内部价值链，而且还取决于在一个大的价值系统（即产业价值链）中一个企业的价值链同其供应商、销售商以及顾客价值链之间的联接。因此，所谓的三网融合产业就是网络融合条件下的价值链体系，如图 5 -4 所示。

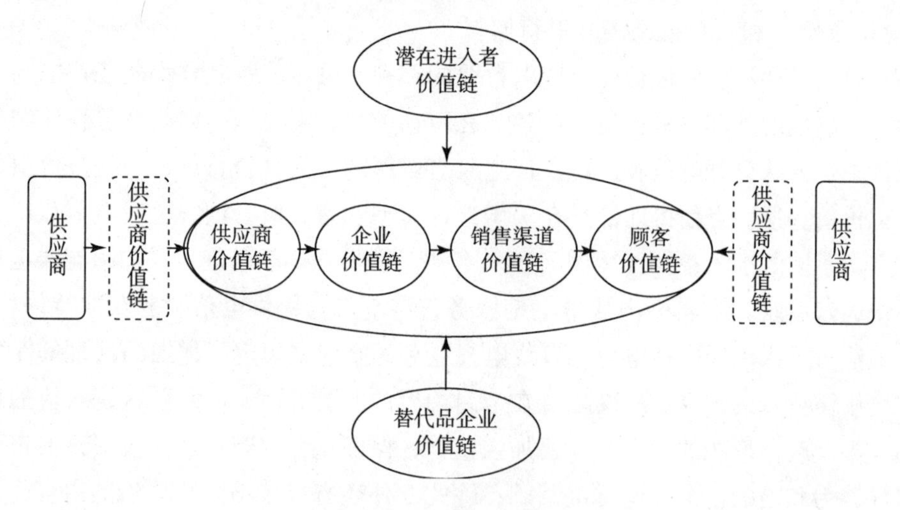

图 5 -4　产业价值链体系

三网融合产业价值链中包含了现有的所有网络企业，但不是简单的数量叠加，而是在网络技术推动下网络发展的一次质的飞跃。实现这样的飞跃对于中国这样一个发展中大国来讲，有着举足轻重的作用。

当今世界，由于经济全球化的飞速发展，各国正紧密地联系在一起，同时在很多领域存在着既竞争又合作的态势，而所有竞争中最根本的就是科技的竞争和人才的竞争。科学技术是人类社会发展的必然产物，同时也极大地促进了当今社会的进步发展。三网融合成为世界关注的焦点的一个重要原因就在于其技术密集型的产业特点，3G、云计算、物联网等一些代表科技发展最前端的技术都与三网融合有着千丝万缕的关系。可以说，三网融合体现了现代科学技术发展的方向，也必将深刻地改变人们的日常生活。从人才方面来说，人才是一个国家进步发展不竭的源泉，三网融合人才密集型的特点对于人才的培养和发展具有重大的推动作用。三网融合产业对于一个国家的科技进步和人才的培养具有不可替代的作用，而科技和人才是构成一个国家竞争力核心的因素。这也是世界上很多发达国家不遗余力地推进三网融合发展的关键原因。

(2) 推动融合市场发展、满足大众信息需求

三网融合发展，目前主要是政策性推动。但要指出的是，正常的市场经济条件下，政策推动固然可以起到很好的作用，但市场本身的作用却更为关键。中国三网融合难以推进一个很重要的原因在于市场培育不够完全，例如电信运营商之间的价格战，广电部门条块分割、四级办台的传统模式，有违市场经济的原则，造成了国有资产流失等一系列问题，最终使得广大消费者的利益受到损害。有效的监管可以杜绝很多非效率的情况发生，保障市场的有序竞争和快速发展。

现代人们生活在一个信息爆炸与信息贫乏并存的时代，日常生活中充斥着大量的信息，但很多却是对自己无效的垃圾信息，人们生活水平的日益提高必然对信息质量产生更多的需求，这与传统信息渠道的乏力形成了一对矛盾。三网融合是整合了电信网、广电网和互联网的“大”网络，它结合了广电网的内容优势和通信网的传输优势，这对于缓解上述矛盾起到了非常重要的作用。

在建立监管机制的过程中，充分考虑市场需要和大众信息需求是中国三网融合进程中的理性选择。

(3) 净化信息环境、保证社会信息化和谐发展

由于中国特殊的国情，在推动三网融合的过程中必须确保国家信息安全和社会整体和谐。电信网、广电网和互联网都存在不同程度的信息不安全隐患。例如电信网络的IP化使得电信网网络对承载内容的识别能力有限，因此三网融合之后可能会出现利用传统电话/传真、IP电话等手段传播反动信息和政治谣言，利用移动短消息传播煽动群体性事件等问题，还有广播电视网中非法信号干扰正常节目信号、在线路中插播非法节目等问题。

在解决这些问题的过程中，一方面要加大技术投入，鼓励创新，利用科学技术来阻止一些不和谐问题的发生，另一方面更重要的是要加强有效的内容监管。由于只凭借技术不能根本上解决信息安全问题，所以建立起有效的监管机制显得尤为重要。有效的监管是宽严有度、规范有序的管理，既要保障信息环境的干净，又要满足普通百姓的需求。保证社会信息化和谐发展才是硬道理。

第三节　三网融合管理体制与监管模式探索

1．法律、法规层面的改革及建议

（1）三网融合法律法规存在的问题

1）现有的法律与三网融合相冲突[105]

目前电信网、广电网、互联网分别由不同的监管部门管理，并由不同的法律规范约束。例如，《电信条例》第七条规定，“国家对电信业务经营按照电信业务分类，实行许可制度；经营电信业务必须依照本条例的规定取得国务院信息产业主管部门或者省、自治区、直辖市电信管理机构颁发的电信业务经营许可证；未取得电信业务经营许可证的，任何组织或者个人不得从事电信业务经营活动。”同时，《广播电视管理条例》第五条规定：“国务院广播电视行政部门负责全国的广播电视管理工作。”这两条规定可以说明，电信运营商要想进入广电领域必须获得广电总局的批准，这便对电信业进入广电业形成了束缚。只有打破这种束缚，才能推动三网融合的发展。

2）现有的法律规范对三网融合的界定比较模糊

《电信条例》第二条第二款规定，“本条例所称电信，是指利用有线、无线的电磁系统或者光电系统，传送、发射或者接收语言、文字、数据、图像以及其他任何形式信息的活动”。此处的“电信”包括图像，因而电视网中传输的图像视频也应该是电信的一种，因此应受到《电信条例》的约束。同时，《电信条例》第四十五条还规定，“公用电信网、专用电信网、广播电视传输网的建设应该接受国务院信息产业主管部门的统筹规划和行业管理；属于全国性的信息网络工程或者国家规定限额以上建设项目的公用电信网、专用电信网、广播电视传输网建设，按照国家基本建设项目审批程序报批前，应当征得国务院信息产业主管部门的同意”。这其中提到了一些关于电信网和电视网的融合，即电视网的传输和建设需要得到工信部的批准，此外关于融合的规定以及与互联网的融合比较少。因此，三网融合的发展缺乏法律规范的指引和制约。

3）三网融合监管体制不完善

目前，由于不同的产业部门是基于不同的技术平台建立起来的，因此不同的产业由不同的法律监管，即电信业归电信法调整，广播电视业归广播电视法调整，互联网被纳入电信监管体系中。其中，广播电视是大众传媒，与意识形态、政治文化密切相关，国家会对其严格监管，这就决定了广播电视市场的封闭性。而电信业的监管重点是避免电信企业进行恶性竞争和掠取超额利润，进而确保所有的国民能够平等的获取电信服务，因此电信法是对电信运营企业进出市场和定价等经济活动加以监管。三网融合由于本身具备了跨行业、跨平台的特征，因此是无法以传统的法律框架加以管理的。比如，电信运营商利用电信网络提供视讯服务（手机电视），究竟应该接受广电总局和有线电视法监管，还是接受工信部和电信法监管，这是一个尚未解决的问题。目前，中国关于三网融合的法律体制还不是很完善，若不及时制定相关的法律法规，会在三网融合的实施过程中出现无法可依的现象。

(2) 三网融合法律法规改革的意义

1）制定法律法规可以确保监管的顺畅

制定和出台相关的法律法规，能够确保监管实行的通畅。良好的法制环境是保证行业健康发展的重要因素。如果没有科学的、明晰的法律法规作为监管依据，三网融合就很难做到职责清晰、协调顺畅、决策科学、管理高效。

2）制定法律法规可以有效支撑三网融合的发展

三网融合的顺利推进，必须要有与之相适应的法律环境来支撑。以日本三网融合的发展情况为例（在第四章已详细介绍），从两网融合阶段到三网融合阶段，日本相关部门不断出台法律以保障融合的推进，尤其是近年来出台的一些法律具有很强的代表意义。如 2002 年 12 月 6 日出台的并于 2004 年 4 月 1 日起实施的《关于促进电信和广电融合技术开发的法律》，该法对电信广电融合技术做了定义，并规定了促进电信广电融合技术开发的基本方针以及开展的业务。该法的目的是通过对电信广电融合技术开发业者的支持，发展电信广电融合技术，建成信息网络社会。此外，2004 年日本政府决定研究制定关于电信和放送的综合法律体系，2006 年设立电信放送综合法律研究会，预定 2010 年得出结论，形成法律，并在国会通过。

中国三网融合的推进需要法律制度的不断完善，从而有效地支撑三网融合的推进。

(3) 三网融合法律法规改革的思路及建议

1) 出台电信法或通信法①

中国的电信立法体系里缺少一部权威的、专门调整电信关系的综合性法律。从1980年起，中国开始起草《电信法》，这对电信行业意义重大，然而目前《电信法》草案仍未公诸于众。《电信条例》是现行电信法律体系中最重要的一部法规，但从其立法形式和效力等级上看，只是国务院的一部行政法规，其调节社会关系的范围、权威性以及监管力度，都难以满足中国电信事业发展的需要，更难以满足三网融合发展的需要。因此，出台权威的电信法或者通信法有利于确保三网融合的推进。

出台电信法对电信业和三网融合的意义如下：

一是用法律的形式对电信企业的经营行为进行规范，推动电信企业间的公平竞争，为电信企业之间的融合提供法律依据；

二是出台《电信法》对电信增值业务准入问题进行相关的规定，为电信、广电、互联网企业相互进入提供法律依据，减少非市场化的行业壁垒；

三是电信法的顺利通过将形成示范效应，促使广电部门加快市场化进程，并出台相关的法律法规规范广电业务，为三网融合的发展提供法律保障。

虽然电信法对三网融合的推进意义重大，但是该法律若未涵盖广电行业，电信业务与广电业务的融合仍无法可依。所以在电信法出台的同时，也应尽快出台一部涵盖电信和广电两大部门的法律法规，使得三网融合有法可依，推动三网融合进程。

2) 整合现有法律体系，制定出适合三网融合的法律法规②

目前关于电信、广电和互联网的法律体系都是以传输网络或者平台的建设为基础设立的，如电信法设立了电信的主管机构及电信运营规范，广播电视法设立了广播电视的主管机构及其运营规范。随着三网融合的推进，电信网、有线电视网和互联网的融合应该不受传输网络或平台的限制，这与现行的相关法律是不一致的，现有的法律已不适应三网融合的发展。因此，三网融合的推进应该从法律的调整开始。

在中国即将出台的《电信法》中，应该制定相关的条款降低电信竞争的门槛，放开基础电信领域，允许电信和广电双向进入，将电信的监管内容和广播

---

① 三网融合带来广电行业发展机遇. 中信建投证券研究发展部，2009年7月。
② 胡丹. 浅析三网融合的法律法规. 北京邮电大学学报（社会科学版），2009年4月。

电视的监管内容整合在一起，对进入电信业和广播电视业的条件进行规定，并且对之前不对称进入的规定进行修改，为融合管理的形成奠定基础，进而为电信和广电的双向进入提供法律依据，使得监管机构对融合业务的监管有法可依。在制定《广播电视法》时应该明确部门的管理职责，在符合正确的道德意识形态的基础上适当放开广电业务，并建立科学合理的审查制度，使得在法律法规层面打破市场进入壁垒，进而促进竞争。

3）变更许可证制度

广电总局和工信部分别拥有广播电视和电信资源，并对这些资源运用颁发颁布许可证、牌照、入网证等。而这些资源正是三网融合需要的资源，部门之间的限制会阻碍三网融合的推进，因此有必要消除行业及部门之间的壁垒。这就需要学习欧盟等国的经验，消除市场准入制度，简化其烦琐冗长的许可证的申请程序，即新的电信运营企业在得到相关部门的审批之后即可自由进入该领域。而对于广播电视领域，历史文化和政治使命决定了广播电视的特殊性，因此必须对其进行严格监管，但对于一些非意识形态的节目和优秀的文化节目的进入，可以适当放开。在电信业和广播电视业适当放开的前提下，实现管理理念的更新，建立充分的竞争机制，促进三网融合健康顺利的发展。

2. 监管模式创新研究

(1) 三网融合监管的发展趋势——融合监管

从国外三网融合监管的经验来看，融合监管是必然的趋势。为了适应信息通信技术业务融合发展的需要以及三网融合发展的需要，各个国家都从监管政策和管理体制上进行调整，成立融合监管机构，使得长期形成的电信网、广电网和互联网分业监管的格局被打破。

从国际融合监管的过程中，大部分发达国家都选择通过融合立法以取消原来三网融合的产业壁垒，成立了融合监管部门，提高了监管的效率。国际上对三网融合的监管体制可以分为两大类：完全融合监管体制和相对融合监管体制。[89]前者适合比较小的国家与地区，后者适合大的国家或者情形复杂地区。

例如2008年韩国政府冲破部门阻力和利益集团的阻挠，成立了新的广播通信委员会。中国台湾地区也对三网融合监管框架形成了一些共识，为打破行业间的垂直障碍，将现有的垂直监管框架平稳地转为水平监管框架，即对三网融合的相关业务进行制播分离、传播和应用内容分离，鼓励新兴、多样的媒体服务发展，鼓励通信与媒体服务整合等。

世界各地的经验表明，融合监管是三网融合监管的发展趋势，融合监管将对促进信息文化产业的发展、引导信息消费进而丰富人们的生活非常有益。

(2) 融合监管的意义

1）融合监管是三网融合的基础

中国的三网融合虽然取得了一定的进展，但在进一步打破监管壁垒、推进三网融合方面，机遇与挑战是并存的，在完善法律法规的同时，要保证双向对等开放的关键在于监管机制的可行和有效，进一步加快体制改革，打破部门主义，推进制度创新，实现融合监管将是推进三网融合的基础。

各部门常常以内容监管上有区别为理由，阻碍网络层、内容层及技术层的融合。如果将三个层纳入到一个统一的监管机构中来监管，不仅能够减少内容层网络层和业务层融合的阻碍，而且在内容监管方面也容易形成协调一致的政策。

目前，世界各国电信、广电和互联网的监管体制中大部分是融合监管，体制的融合已经成为三网融合的重要组成部分。国际上三网融合的监管政策主要有三条：网络与技术中立、业务双向进入、重视内容监管，但对互联网和广播电视节目内容监管力度不同。国际经验表明，推进三网融合需要进一步转变监管模式，坚持政府统一监管和市场机制并存，寻求适合中国国情的三网融合监管模式。

2）融合监管是三网融合的保障

三网融合并不是简单的网络合并，三网融合牵涉到社会信息化的方方面面，尤其是跨行业、跨领域之间的整合。国内经过十年的探索，最终得出的结论是：推进三网融合仅靠高层之间的协调和不同部门之间的谈判是不能够解决根本问题的，重要的是消除体制性障碍，积极调整工信部和广电总局等政府部门的相关职能，避免或减少政府职能交叉、重叠，推进形成融合统一的行业监管机构。

只有统一的监管机构和法律体系才能够有效应对技术、业务、产业不断融合的发展趋势，才能够应对不断出现的监管新问题和新矛盾。融合环境下虽然仍存在广电对节目内容管理的特殊要求，但是可以与电信业一起纳入统一的法律，统一的机构下管理。通过体制改革，机构融合，可以消除原有纵向体制带来的阻力，尤其是消除基于内容层监管而传导至网络层的阻力，有助于形成统一的监管目标和协调的政策。同时，大大减少行政协调成本，有利于集中力量对包括互联网在内的所有网络进行有效管理。在条件成熟时，需要探索广播电视和电信的融合监管体制。

近年来，党和政府从信息化建设的高度，多次提出要加快推进三网融合，但在现有的体制下，电信网、广电网和互联网归属于不同的管理部门，部门利益形成了严重的行业壁垒，致使三网融合迟迟迈不开实质性的步伐。尽管社会需求旺盛，经济社会效益明显，IPTV、手机电视等融合性业务仍难以大规模普及推广。因此，要从根本上改变这种现状，必须进行管理体制变革，消除原来的部门界限，通过建立融合监管机构来统一管理电信网和广电网。在中国，要实现三网融合，首先需要探索管理体制的融合，这是实现三网融合的基本保障。

（3）基于中国国情创新融合监管模式

随着信息技术的快速发展和社会信息化需求的增加，三网融合已成为产业发展主流趋势。中国需要通过创新建立适应中国国情的三网融合监管模式。

1）中国进行融合监管需遵循的原则

中国进行三网融合的市场监管，应当立足于三网融合的健康发展、有效的市场竞争以及对消费者权益的保护和整个产业的可持续发展。在对三网融合进行监管时，应当遵循以下原则：

①保护用户权益原则。

对三网融合进行监管首先要遵循保护用户的原则。新技术的发展最终目的是让用户享受更加优质的服务，提供给用户的高新技术应用应该是性价比较高的。因此在对三网融合进行监管时要保证用户的权益得到保障。

②促进市场有效竞争的原则。

针对中国通信行业的实际情况，三网融合的监管政策应该以促进市场有效竞争，营造三网融合健康发展的环境为目标。

③坚持公平、公正的原则。

建立三网融合监管模式，还要充分考虑对电信、广电、互联网的企业坚持公平、公正的原则，建立统一的市场监管政策，这对促进竞争和增加消费者福利有着很重要的意义。

2）中国在推动三网融合应注意的问题[106]

国际经验表明，推进三网融合不能一蹴而就，需要注意方式和策略。在三网融合的实施过程中，在监管方面要注意以下几点：

①融合监管和双向进入。

信息技术快速地发展为三网融合的发展奠定了基础，但是监管度是推进三网融合发展的基础和保障。从国外三网融合经验可看出国际上推进三网融合政策相同之处都允许电信和广电双向进入，大部分国家对电信业采取较为宽松的准入办法，而对广电业的准入相对严格一些。目前中国在三网融合的推进工作中取得了一定的进展，但是还没有出台适应中国三网融合发展需要的体制和政策。因此，要加快体制改革，打破部门主义，推进三网融合的制度创新。

②忽视市场机制。

市场机制是推进三网融合的另一条件，广电和电信应该坚持市场化，以市场为基础合作开展融合业务。美国、欧盟等各国都已经在电信市场上实现了竞争，并对广电体制进行了改革，将公共管理和市场运作区分开来。一些三网融合发展较快的国家和地区，其广电市场化已经开始，而一些企业的市场化合作也已经展开，即广电企业和电信企业通过合作等形式提供网络融合业务，而无须在不熟悉的环境下开拓新的业务。中国广电与电信企业需要在产业发展、利益共享以及优势合作的前提下加大在资本、业务等各个层面的合作，但是目前中国的广电企业和电信企业仅仅限于市场利益驱动下的局部联合，远远够不上产业融合。

三网融合的顺利进行，只有监管融合是不够的，业务创新和商业模式的创新也非常重要，这就需要三网融合紧紧依靠市场机制，发挥各个市场主体的积极性、主动性。只有在业务创新和商业模式创新的基础上进行监管，才能使三网融合健康的发展。

③广电和电信的属性差异。

在三网融合监管中，要充分考虑网络和技术中立原则，对广电和电信制定基本统一的监管政策，但是广电和电信各自独立的内在特征依然存在，例如，广电具有鲜明的二元价值目标，即经济价值和文化价值。因此，在监管机构的分工中，要充分考虑广电和电信的属性差异，实现有效监管。

3）适合中国国情的监管模式——成立国家三网融合委员会

三网融合从技术上看，是IP技术的发展所致；从渠道上看，是广电和电信产业链之间的整合；从内容上看，是三张网络内容的渗透和组合创新；从使用终端上看是“三屏合一”，这些不同层面和角度的融合都是以监管部门的融合和改组为基础的。因为即使有优质的内容，日趋成熟的技术，旺盛的市场需求，但如果三网融合产业内各方利益矛盾冲突尖锐，恶性竞争不断，三网融合也不会真正发展起来。英国为推进三网融合把原来五个独立的监管部门合并在一起，解决了三网融合中管理体制方面的问题。但由于中国的国情和英国非常不同，完全照搬英国的“成功经验”是行不通的。

在借鉴国外三网融合监管的基础及分析中国国情的前提下，中国应当学习、借鉴美国联邦通信委员会（FCC）的经验，成立由第三方人员组成的国家三网融合委员会，直属于国务院，实行统一监管。成立国家三网融合委员会既不会对工信部和广电总局进行体制上的合并，又可以有针对性地对IPTV、手机电视这样的三网融合业务进行监管。国家三网融合委员会重点负责三网融合实施过程中各项工作的协调，在处理三网融合的一些实际问题上拥有裁判权。三网融合委员会可以由电信、广电和社会其他行业的专家组成，委员会可以独立判决，在三网融合的发展过程中，出现任何有争议的事情，都可以提交到国家三网融合委员会来投票决定，这样的监管融合体现了监管的民主性，是适合中国国情的。

以2010年年初广电总局强行叫停广西电信IPTV事件为例，广西电信和广西几千名IPTV用户在被强行叫停之后却无处申诉。三网融合委员会的成立就可以为广西电信提供一个申诉的平台。此外，配合相应的法律手段，可以有效地解决中国现行体制下一些部门通过行政手段维护自己利益的问题。

国家三网融合委员会应该符合以下几点要求：

第一，国家三网融合委员会应具有很强的独立性和权威性，不仅不能受控于工信部，而且应不受其他行政部门的干预，直接隶属于国务院管理，类似于银监会和证监会的地位。

第二，国家三网融合委员会应是依法成立的。应通过即将颁布的《电信法》明确监管机构的职责权限，赋予其法律地位和法律授权，依法进行监管。

第三，国家三网融合委员会应符合集权原则。将现阶段分散于各个管理机构的重叠监管部分集中到该机构的职权中，建立一个综合的管理机构。

第四，管理范围应是广泛的。国家三网融合委员会的管理范围应该涵盖电信、电视和互联网络等信息产业领域。

广电和电信之间各自相互制约的直接原因源自对各自市场份额的保护，但根本原因是在三网融合这一新产业格局下缺乏一个健全的运营监管政策机构。因此，成立国家级的三网融合委员会，对广电企业、电信企业以及它们成立的合资公司的市场行为进行监管十分必要。

本章结语

三网融合的发展目标不仅仅是节约社会的总投资，更重要的是促进中国信息产业和信息化的转型与发展，这也是中国在信息通信领域增强国际竞争力的重要机遇。制约中国三网融合发展的不是技术问题，而是中国目前电信网、广播电视网和互联网的法律体系以及监管体系的问题。

三网融合要逐步建立相应的监管法律法规。有了科学合理、清晰明确的法律法规作为监管的依据，三网融合才能做到职责清晰、决策科学、公平公正、协调顺畅及高效管理。一些已经实施三网融合的地区，在融合过程中就制定了相应的法律法规。如美国的《1996 年电信法》为三网融合扫清了法律障碍；日本的《电信业务广播法》为电信宽带网络顺利传输电视节目提供了保障，同时推动了 IPTV 的发展；中国香港制定的《广播条例》和《电讯条例》对广电和电信的监管进行了梳理，同时允许广电企业和电信企业进入对方市场。在借鉴国外经验的基础上，中国制定三网融合法律应该遵循以下原则：一是网络与技术中立；二是业务上允许双向进入；三是由于广电和电信的属性不同，监管力度也应该有所不同。总之，在制定三网融合监管法律方面，应该结合中国自己的国情，制定切实可行的法律法规。

在三网融合监管机构的设立方面，需要积极探索统一的三网融合监管体系。电信、广电和互联网监管机构的融合是推进三网融合的必要前提。从国外的经验看，在推进三网融合的进程上，不同的监管机制都会影响到三网融合的发展。例如，英国在 1984 年就对广电、电信的监管机构进行融合统一，这为网络融合和业务融合提供了制度保证，监管机构的融合加快了电信和广电的融合。中国在推进三网融合的进程中，需要在三网融合监管机构设置方面进行机制创新，这种监管机构应该以融合监管为基础。学习、借鉴美国联邦通信委员会（FCC）的经验，组建国家三网融合委员会，符合中国三网融合的实际，有利于消除现有的制度障碍；国家三网融合委员会的中立性、决策的民主性，有利于推进三网融合的健康发展，造福于公民，造福于社会。国家三网融合委员会是立足于中国三网融合推进中的体制改革或者制度创新，不仅对中国三网融合未来的发展具备现实意义，而且成功的经验可以推广到其他领域的改革，具备推广价值。

第六章 三网融合实验与业务创新

第一节 三网融合业务发展规律

1. FMC 业务——一网融合业务

移动、互联网等技术的飞速发展催生了新业务市场，也使传统运营商面临着更加严峻的竞争环境。由于固定电话月租费长期居高不下，而且相比手机而言便捷性较低、业务种类单一，移动通信对固定通信替代的趋势愈加明显，三网融合产生的新型融合业务给固话带来了新的冲击。但移动通信替代固定通信只是一个过程，不会完全取代。作为电信传统业务，固定通信的安全性、稳定性、可靠性是移动通信不能比拟的；固话信号较清晰，不受障碍物、天气的限制，而移动语音服务会受终端电池蓄电时间、基站覆盖等的影响，某种意义上，固话可能成为空巢家中老人的救命线。以 2008 年年初中国南方的雪灾事件为例，大范围的冰冻雪灾，造成中国通信史上第一次超大面积的通信中断，移动通信全面瘫痪；2009 年汶川大地震，移动通信网络严重堵塞。从国家安全角度来看，在战争、灾难等紧急情况下，固定通信仍将发挥巨大的保障作用，这是国家利益之所系，也是固定网络的永续价值。因此，在新的技术竞争环境下，怎样扭转固网业务被移动业务分流的颓势，已引起全球固网运营商和系统设备供应商的关注。

随着电信业务的迅猛发展，消费者对电信业务的要求也越来越苛刻，不仅需要无缝、定制的电信业务，而且还要求运营者扩大业务范围，满足其不断多元化的业务需求。特别是目前话单众多，计费标准又难以计数，消费者更加希望能够简化合约，由一家运营商提供所有业务并统一计费。同时，手机上网按流量计费，虽然科学但不合理，消费者希望实实在在、明明白白消费，包月制将是众望所归。另外，新时期用户期望的随时随地的服务、最佳服务带宽、统一号码、统一账单等都要求固定和移动业务走向融合。

竞争状况和用户需求的转变，催生了固网和移动网的融合，即一网融合FMC，它可为用户提供多样的高质量的通信、信息和娱乐等业务。

（1）FMC业务概况

FMC业务具体是指通过不同的网络和终端提供无差别的移动和固定相互渗透、组合或融合的业务，使用户可以在一个号码、一个账单、一个服务协议的条件下享受固定和移动网络间的无缝漫游。FMC从广义上看是有线与无线融合，包括广电的有线与无线融合。

早在2004年1月，专门从事3G、超3G等移动通信研究的国际电联第19组，就已经开始研究固定网络和移动网络融合的问题。随后，在全球范围内，越来越多的终端厂商推出了双模终端，为用户提供更多的选择。现阶段FMC业务主要定位于个人用户和中小型企业用户，欧洲的丹麦、法国、意大利、芬兰和西班牙等国的运营商也推出了FMC服务，以满足企业市场的需求，使FMC业务更加细分。与此同时，FMC生态系统中的参与者之间有了更多的对话。固定移动联盟（Fixed Mobile Convergonce Alliance，FMCA）设立了终端厂商合作项目，这个项目旨在提高技术厂商、设备提供商、应用开发商和服务提供商之间的协作。

FMC业务在大多数国家和地区仍处于技术引入阶段，由于各国家和地区在产业政策、技术发展、市场状况等因素上的差异性，FMC尚未形成统一的业务模式。但是，在运营方面，全球的电信运营商们都已开始加强对“移动、固网融合”的战略评估，一些运营商已经实现了融合，如法国电信与Orange的合并、英国电信在英国Vodafone的移动网络上以MVNO形式漫游、德国电信旗下已同时拥有T－Com（固网）和T－Mobile（移动）两大业务部门等。

（2）FMC业务发展阶段

根据FMC技术演进过程，结合全球现有FMC的部署情况，通常认为FMC业务的发展可分为以下4个阶段，如表6－1所示。

1）第一阶段——业务融合

业务融合阶段是指通过业务支撑系统的功能交叉融合实现固定和移动业务的捆绑以及部分实现固定移动业务的融合。从具体的融合历程来看，又可细分为简单的业务捆绑阶段和业务融合两个阶段。其中，固定、移动业务捆绑是最基本的FMC业务。在该阶段，捆绑通常是一个合同、一个账单，网络和业务都各自独立，仅在网内对企业客户进行固定语音、数据和移动业务的捆绑和资费捆绑，对个人客户提供宽带和移动业务捆绑，这是最容易实施的业务融合手段，属于浅层次的业务融合。运营商为了满足“一站购齐”的业务需求，把捆绑作为开展业务融合的第一步。在业务融合阶段，开始实现不同网络间的业务融合，移动业务和固定业务互相渗透，运营商将移动网络上的业务（如 SMS、MMS 及其他）移植到固网上，或者将固网的业务移植到移动网络中，实现固话、移动业务和宽带接入真正的业务融合。从目前全球运营商推出的 FMC 业务看，大多数运营商已进入业务融合的初级阶段，业务形式主要为语音服务和数据接入服务。

表 6－1　FMC 业务发展阶段

融合进程	融合阶段	融合方式	功能实现
业务融合	业务捆绑	资费捆绑、网内业务捆绑（语音业务为主）	统一套餐、统一账单、统一支付
	业务融合	不同网络业务融合（语音业务及数据接入业务为主）	统一账单、统一支付、统一服务
终端融合	IT 融合	IT 营账融合	统一套餐、统一账单、统一支付
	技术融合	家庭网关、家庭网络	统一通信录
	业务层面融合	接入层和业务层面融合	统一套餐、统一账单、统一支付
平台融合	平台建设	业务平台互联、数据库互通	统一号码、统一消息、统一视频
	融合数据库	承载网络融合	统一平台
		融合数据库	统一通信录、统一平台
		综合业务平台	统一号码、统一平台
网络融合	接入融合	接入认证技术无缝融合	统一支付、统一接入、统一认证
	控制融合	网络控制架构的融合	统一平台
	网络融合	固定网络和移动网络完全融合	统一支付、统一服务、统一接入、统一平台

2）第二阶段——终端融合阶段

终端融合阶段是指通过多模终端实现不同网络接入层的融合，然后由运营商建立统一的核心承载网来实现固定网络和移动网络的真正融合。通过终端融合，可为用户提供固定和移动网络的无缝接入，实现不同网络间的部分融合，如图 6 - 1 所示。使用户可以方便地在不同的网络间切换，用户可以根据自己的意愿选择接入最合适的网络，固定网络或移动网络，而网络本身也可以智能地根据用户的接入方式作出最佳的动作。

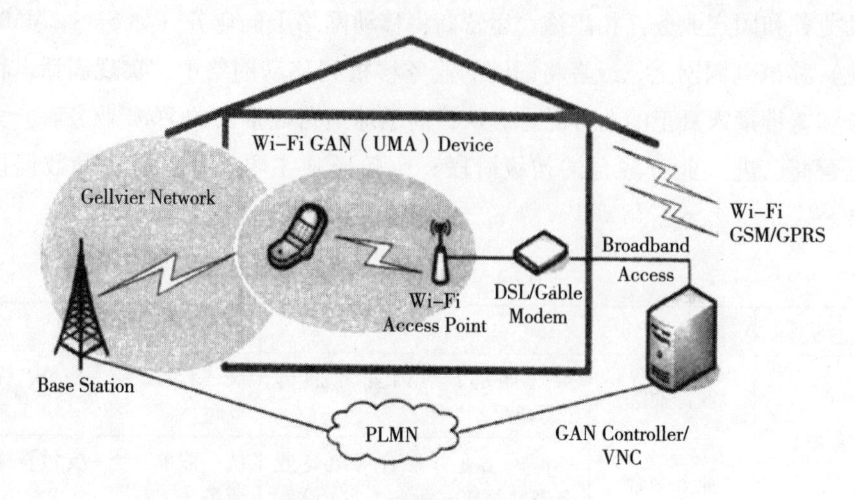

图 6 -1　FMC 终端的接入

图片来源：中国移动个人与家庭市场的全业务运营研究，现代电信技术，2007 年 8 月 15 日

终端的融合可以分层次、分步骤地实现，在融合初期终端融合可以与业务融合相配合发展，例如，蓝牙无绳电话/GSM 双模手机、Wi - Fi SIP/GSM 双模手机、UMA 手机等，逐步发展为 3C（Computer、Communication 和 Consumer E-lectrics）融合，即利用数字信息技术激活其中任一环节，通过某种协议使 3C 的三个方面实现信息资源的共享和互连互通，从而满足人们在任何时间、任何地点对信息和应用的需求。

3）第三阶段——平台融合阶段

平台融合阶段是指通过整合运营商业务层面各类平台、建设具有跨不同网络覆盖能力的综合业务平台，将各类业务平台的公共资源纳入到统一业务管理平台中。从平台融合过程来看，可以简单的概括为三个阶段：平台间单互联、融合承载网、建立综合业务平台。首先，在平台互联阶段，通过各业务平台与运营支撑系统互联，实现统一的用户管理、CP/SP 管理、投诉管理、账务管理等。通过承载网络融合、数据库融合，实现资源共享。最后，建立综合业务平台，实现业务能力集的开放、封装提供、业务能力的共享，组合新业务，达到业务能力的融合。该阶段是实现固定网络和移动网络真正融合的前提和准备。

4）第四阶段——网络融合阶段

网络融合阶段是指在终端融合和平台融合的基础上，运营商通过建立统一的核心承载网来实现固定网络和移动网络的真正融合。在该阶段，运营商的FMC业务将从原来的简单语音服务和数据接入服务转变为基于数据的内容增值业务以及多向的应用业务，语音、数据、内容、应用业务各层面得以丰富发展。

（3）FMC业务表现形式①

从融合业务具体表现形式上看，FMC业务大致分为以下五种情况：

1）利用电话卡支持移动业务

利用电话卡支持移动业务的设想是将固定网和移动网支持的业务综合到同一个电话卡账号上进行处理，处理的内容包括费用的支付、用户的鉴权和认证等。电话卡支持的固定网业务包括普通电话业务、IP电话业务、窄带、宽带上网业务等；支持的移动业务包括普通移动电话业务、手机上网、移动IP业务等。

2）统一账号计费业务

统一账号计费业务是指将固定网和移动网支持的业务综合到一个移动电话或固定电话的账号上进行统一计费，固定业务包括普通PSTN（Public Switched Telephone Network）电话业务、IP电话业务、窄带上网、宽带上网业务等，移动业务包括普通移动电话业务、IP移动电话业务、窄带上网、宽带上网业务等。

3）综合VPN业务

综合VPN（Virtal Private Network）业务是指在移动和固定网络中利用移动网、固定电话网的资源为某个企业、团体建立一个逻辑的专用网，在移动和固定电话用户群内建立一个能进行相互联系的网络业务，一个类似于固网中用户小交换机的专用网络功能。

4）同号业务

同号业务是指向用户提供与网络、用户终端无关的独立号码，或者向用户提供已拥有的固定终端号码、移动终端号码相关的业务号码。业务号码可以采用与固定电话、移动电话完全相同的号码，也可以采用独立的号码等。当呼叫同号业务用户时，系统根据用户动态登记在数据库中的接收号码，完成呼叫建立。

5）移动、固定短消息业务

---

① 参考了赛迪顾问通信产业研究中心相关文献以及徐杏绍，固定网与移动网融合业务的研究，广东通信技术。

移动、固定短消息业务是指移动和固定用户之间相互发送和接收中英文、图像或多媒体等短消息。该业务可分为移动用户与互联网短消息业务、移动用户与固定用户短消息业务两种。

FMC是通信产业未来的发展趋势，但是简单的业务捆绑只是FMC的初级阶段，业务和技术的深层次融合是FMC的趋势所在。运营商在FMC方面仍然大有可为，在FMC不同的发展阶段，运营商面临的挑战和机会有所不同。涵盖业务品牌、业务体系、门户、客户服务、营销和渠道在内的全面的FMC战略是FMC的核心，运营商在全业务竞争中面临的挑战将是全方位的，全面的企业能力提升和深层次的以客户为中心的业务运营是竞争的关键。IMS（IP Multimedia Subsystem，IP多媒体子系统）、接入融合、终端融合、行业和集团客户的综合解决方案、统一的门户和面向客户的综合业务体系都是运营商在FMC中可以做的具体工作，也是应对全业务竞争的有效手段。

典型案例——英国电信“蓝色手机”①

英国电信（BT）是英国最大的固网公司，它的业务包括本地、国内和国际长途电话业务、宽带和互联网业务。英国电信作为传统的强势固网运营商，面临着移动业务对固定业务的替代，尤其是语音业务的替代，这不仅仅是英国电信FMC的驱动因素，在某种意义上，也是所有固定运营商FMC的驱动因素。英国电信推出以下战略举措：

（1）Onephone（终端融合）

1999年，英国电信推出Onephone服务，试图将固话和移动整合。具体是当用户在家时，将所有通话转至BT的固话网络上；当用户外出时，通话就转至移动网络上。尽管家庭固话比移动电话低廉得多，且具有成本优势，但这项服务最后仍以失败告终。BT认为是公司为该服务特别开发的终端不尽如人意导致了失败。

（2）BT Mobile Office和BT Mobile Home Plan（业务捆绑）

随后，为探索固网和移动融合之路，BT又进行了一次大胆的业务转型。2003年，针对企业用户，BT推出了“BTMobileOffice”，通过租用MMO2的GSM/GPRS网络提供GPRS无线接入服务，并与BT原有的WLAN、固定数据接入等服务捆绑，形成了针对企业用户的全方位的数据业务接入服务。针对个人用户，BT推出了“BTMobileHomePlan”，通过租用T-mobile的GSM/GPRS网络向普通公众用户提供手机服务，为用户提供固话/移动电话统一账单以及免费

① 本节案例参考了2009全球下一代网络发展论坛，国外FMC发展现状分析等相关资料。

同固定电话进行短时通话的优惠等。2004年年初，BT与Vodafone签订了为期5年的合作协议，成为Vodafone的移动虚拟运营合作伙伴。

（3）蓝色电话（终端融合）

2004年3月，BT在总结以往经营经验的基础上，正式启动了Bluephone（蓝色电话）项目，让用户仅使用单个设备就可在固定与移动网络间无缝切换，通过有保障的覆盖和更低的总体支出，提供比单独的固定或者移动更优质的通信服务。

BT将“蓝色电话”业务的拓展分为3个阶段：第一阶段是2004年3月至2004年年底，主要工作是验证室内环境下Bluetooth的话音质量；第二阶段是2005年年初，目标是在Bluetooth手机上实现以SMS为主的非话音业务；第三阶段则在2005年第三季度前结束，目标是实现手机在BluetoothAP与GSM网络间的平滑切换。

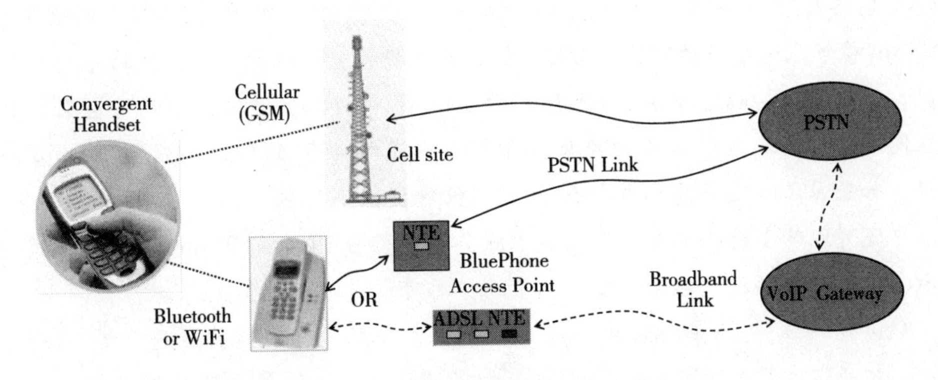

图6-2 英国电信“蓝色电话”网络图

英国电信的“蓝色电话”服务已经把固定和移动功能融合得更为完美。如图6-2所示。英国电信通过定制“蓝色电话”终端，支持在25米的距离内实现固定和移动网络之间的无缝切换，让用户在家庭、办公室等场所通过WLAN、蓝牙技术连接宽带接入点，使用固定网络；在移动过程中则接入GSM/GPRS乃至未来的3G网络。“蓝色电话”业务给BT带来了可观的效益，在2004年，BT在移动市场的收入达到2.05亿英镑，同比增长107%。至2005年3月31日止，BT已拥有超过37.2万的移动企业用户和个人用户。

典型案例——韩国分阶段实施NGN计划以实现FMC

由于FMC已成为行业发展趋势，韩国最大的固网运营商KT和最大的移动运营商SK电讯走向竞合阶段。韩国电信业面临这样一个挑战：无线通信的带宽不足以提供增值多媒体业务，互联网业务对传统电信业务带来了强烈冲击，使得电信运营商的收入和利润下降很快，因此固网和移动网的融合不可避免。

韩国基于网络融合技术发展，开始规划国家下一代网络（NGN）的发展计划，以实现向下一代网络的演进。韩国打算通过 NGN 方案的实施，最终建立一个开放的业务架构，提供具有端到端的、高质量的融合业务。

NGN 计划分为 3 个阶段实施：第一阶段（2004—2005 年），实现话音和数据业务的融合，目标是在开放的体系架构上实现话音网络和数据网络的融合，实现有线通信和无线通信的业务融合；第二阶段（2006—2007 年），实现有线通信网络和无线通信网络的融合；第三阶段（2008—2010 年），实现融合的业务网络由单一传输层承载各种业务。

据 KT 透露，KT 在积极部署 WiBro 计划。WiBro 是一种将有线网络和无线网络融合的基础技术，可以弥补移动通信网络高成本低速度的缺点以及无线 LAN 网络移动性不足的缺点。按照电子和通信研究机构（ETRI）的预测，WiBro 将带来一个产值可达22 000亿韩元的市场，并可带来11 000亿韩元的附加值，促进出口7 600亿韩元。KT 计划于 2006 年年初推出这项业务的试运营，并在同年 4 月实现这项服务的商用，希望占领市场 40% 的份额，发展1 000万用户。如果 WiBro 服务能和手机结合，不仅能提供高速的无线和有线网络服务，用户还可以享受前所未有的个人娱乐服务。如果 DMB 能和 WiBro 结合，交通指示、广播电视播放、电子金融、电子商务都可以通过手机实现。

同时，SK 电讯在与娱乐、广电、汽车、金融、文化等行业进行广泛的合作，把新技术纳入融合后的价值链，希望行业需要的信息化服务都可以通过通信终端和电信网络来实现。

典型案例——法国电信“Orange UNIK”

2006 年 10 月，法国电信公司推出其最新的 FMC 产品——“UNIK”。UNIK 服务需要用户使用一部特殊的手机，在户内时通过 Wi-Fi 连接和宽带网络拨打 VoIP 语音电话，在户外时则拨打 GSM 电话。只有注册了 Orange 宽带服务并购买了 Livebox 调制解调器的用户才能注册 UNIK 服务，并且可以使用自己原先的移动电话号码，实改携号转网。

虽然用户可以通过一部手机、一个号码享受所有的通信服务，但为此服务付出的费用并不低。首先这种特殊的手机终端最低价格为 99 欧元，且手机终端选择范围很窄，只有诺基亚、摩托罗拉和三星提供。其次除了手机费和宽带包月费（约 30 欧元）外，还需要购买 10 欧元或 22 欧元的 UNIK 包月服务费，其中包月费10欧元，可在法国境内使用手机通过Livebox拨打固定电话，分钟数不限；包月费22欧元，可在法国境内使用手机通过Livebox拨打固定电话及其他手机，分钟数不限。

2. 移动互联网业务——二网融合业务

伴随着3G时代的来临，无论是在全球范围内还是在中国国内，移动通信和互联网成为了通信与信息领域发展最快的两大产业。信息技术的飞速发展和顾客需求的不断攀升，使得这两大产业的融合也成为不可逆转的必然趋势，即新型的移动互联网产业的产生。移动互联网下的各项业务将既具有互联网的特征，又具备智能化终端和移动化特征，将具有极强的生命力和广阔的发展前景，但同时也面临着网络安全、政策监管等方面的挑战。

（1）移动互联网市场现状

21世纪初，移动通信与互联网在通信与信息领域发展迅速。

全球互联网和手机用户快速增加，国际电信联盟（ITU）2010年7月公布，全球互联网用户量在过去5年中已经上升到20亿，占到全球人口总数的三分之一。ITU统计报告显示，2010年新增2.26亿互联网用户，其中有超过2/3用户（1.62亿）来自发展中国家，但发达国家互联网普及率仍然高于发展中国家。统计数据显示，尽管宽带网络增长速度很快，但手机通信网络发展速度已经超过宽带网，超过90%的世界人口已经接入手机通信网络。预计到2010年年底，全球手机网络用户将达53亿，其中38亿用户将来自发展中国家。

在中国，移动互联网的发展也成为不可逆转的必然趋势。2010年7月15日，中国互联网络信息中心（CNNIC）发布第26次中国互联网络发展状况统计报告。报告显示，中国网民一直保持增长态势，截至2010年6月，总体网民规模达到4.2亿，突破了4亿关口，较2009年年底增加3 600万人。互联网普及率攀升至31.8%，较2009年年底提高2.9个百分点，其中，宽带网民规模继续增加。同时，截至2010年6月，在使用有线（固网）接入互联网的群体中，宽带普及率达到98.1%，宽带网民规模为36 381万。另外，手机网民规模继续扩大，截至2010年6月，手机网民用户达2.77亿，较2009年年底增加了4 334万人。手机网民在手机用户和总体网民中的比例都进一步提高[①]。2010年上半年，手机网民较传统互联网网民增幅更大，成为拉动中国总体网民规模攀升的主要动

① 第26次中国互联网络发展状况统计报告.中国互联网络信息中心(CNNIC),2010年7月15日。

力，移动互联网展现出巨大的发展潜力，如图 6－3 所示。

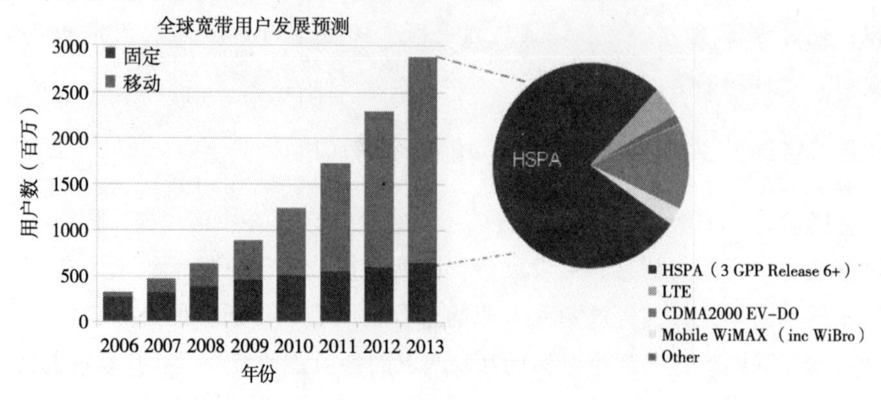

图 6－3　全球宽带用户发展

数据来源：中国互联网络信息中心

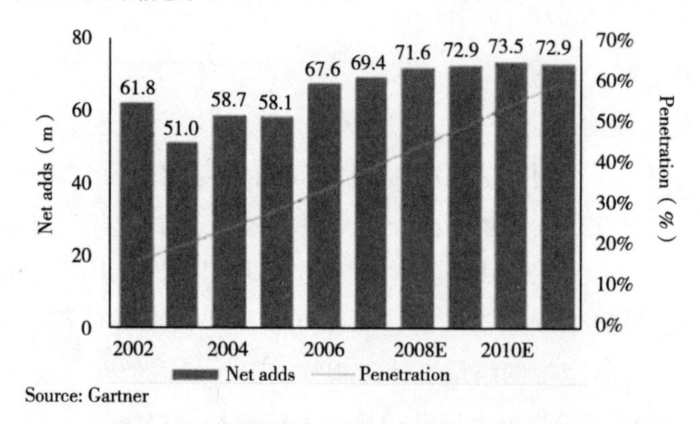

图 6－4　中国移动市场用户净增长和普及率

数据来源：中国互联网络信息中心

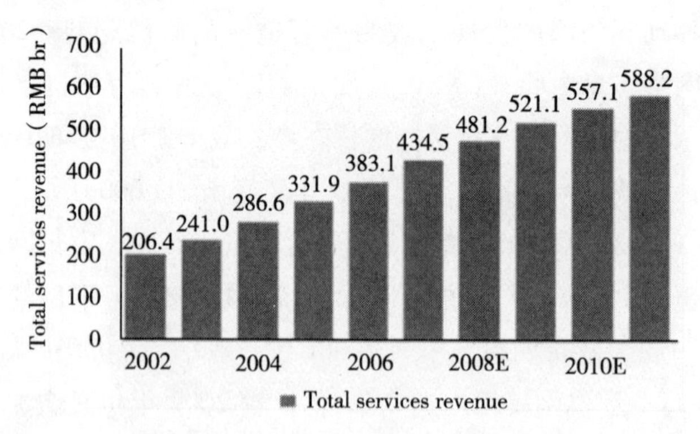

图 6－5　2002 年—2011 年中国移动市场总业务增长趋势图

数据来源：Gartner

以上图表和数据显示，全球互联网应用快速增长，中国移动互联网市场更是前景广阔。全球手机正经历着从非智能机到智能手机的极大跨越，全球互联网也经历着从桌面互联网到互联网的转变，移动网络和互联网渗透融合产生的移动互联网迅速成为通信与信息领域的战略性产业。

与此同时，和美国、英国等发达国家相比，中国移动互联网产业在业务种类和商业模式上仍存在较大差距，中国移动互联网业务开展成熟度仍有待改进，这也从另外一个方面说明，中国的移动互联网产业还有很大的上升空间和市场发展潜力。

（2）移动互联网的业务体系与业务创新

移动互联网是一个全网性的、以宽带IP为技术核心的，可同时提供话音、传真、数据、图像、多媒体等高品质电信服务的新一代开放的电信基础网络，是国家信息化建设的重要组成部分。

如图6－6所示，移动互联网的业务体系可以分别从横向和纵向展开描述。横向来说，因为移动互联网是移动通信网络和互联网的融合，所以其业务体系是移动通信业务体系和互联网业务体系的融合、渗透与创新。互联网业务体系中的搜索、游戏、Web2.0、电子商务、网络游戏、IM等业务与移动通信业务体系中的移动定位、移动通话、移动支付、彩信等业务相结合后，形成包含这两组业务不同组合的新移动互联网业务体系。从纵向方面看，移动互联网业务体系具备三个基本特征，即固定互联网业务复制、移动通信业务互联网化和移动互联网业务创新，这三个基本特征也从另一个角度阐明了移动互联网业务体系的内涵。

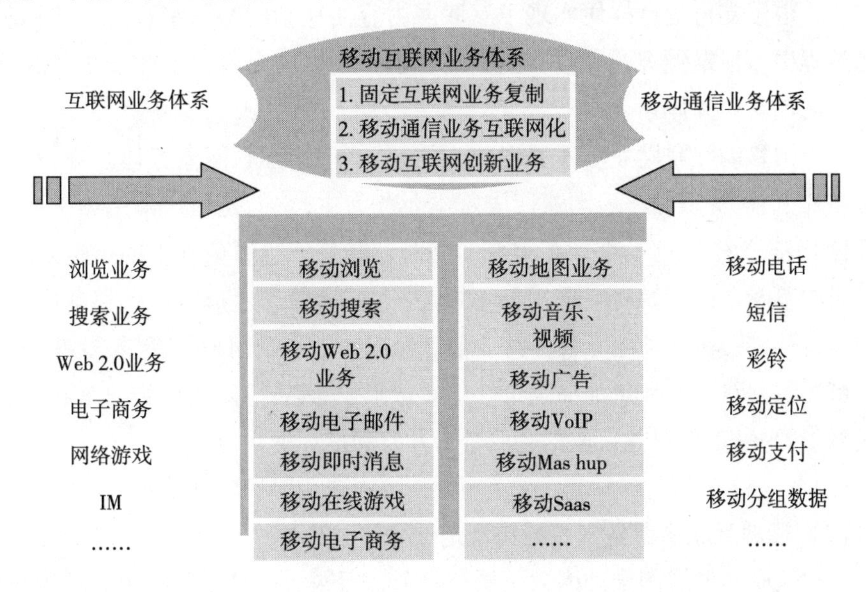

图6－6 移动互联网业务体系

移动互联网的业务创新，其本质是三方面的聚合，即数据聚合、应用聚合和网络能力聚合。在这三方面的聚合下，移动互联网业务着重发展和提升移动通信网络能力和互联网网络能力，如图6－7所示。

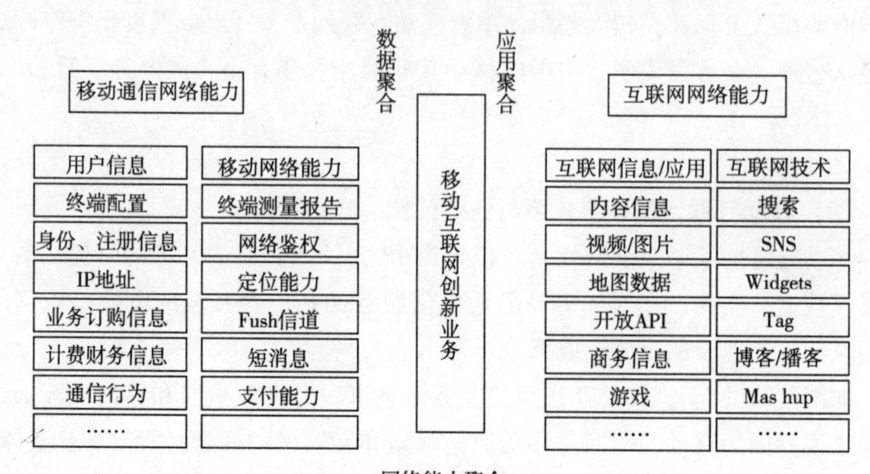

图6－7 移动互联网业务创新

移动互联网的创新方向，就是将在互联网技术支持下的互联网各项应用与业务扩展到移动网络平台。以用户信息为注册内容的移动客户端通过移动网络平台，便可获得所需要的各项服务，包括内容信息、视频图片、地图数据、商务信息、电子支付等这样便实现了互联网内容向移动网络的平移。在转移和渗透的过程中，根据顾客的需求，业务内容也不断发展完善，由此逐步形成移动互联网的创新业务体系。

以中国移动互联网业务发展现状为例，在其移动互联网业务体系中，初期以铃音图片下载、资讯、娱乐、沟通四大基本业务为主，它们是用户使用频率最高的前几位业务，为中国移动带来了丰厚的利润。随着信息通信技术的迅速发展、智能手机的不断上市以及客户需求的不断增加，移动社交、移动游戏、移动广告、手机阅读、移动搜索、移动电子商务等业务已经成为了当今用户的新宠，这些基于顾客和市场的创新型业务更加注重个性化信息服务，具备广阔的市场前景和较强的市场竞争力，也是现在各大通信企业着力开发和推广的重点。

（3）移动互联网业务发展趋势及定位

移动互联网发展的推动因素主要有三个，即网络、终端和应用。具体来说，随着移动通信技术的革新及互联网产业的迅猛发展，产业融合趋势愈加明显。

三网融合推动移动互联网快速发展，主要体现在网络的融合、终端的融合、应用与内容的融合三个方面。

首先，网络融合着力于移动网络带宽的提高，是移动互联网发展的基础。目前，HSPA 网络的商用部署在全球展开，使占用带宽较多、实时交互性强的互联网业务得以在3G 网络上开展和应用。其次，终端融合强调终端能力的大幅提升。3G 终端的发展突飞猛进，手机集 MP3、数码相机、数码摄像机、个人掌上计算机等多种电子产品功能于一体，可以制作、编辑和上传各种多媒体内容。多样化的业务和内容需要一个广阔和强大的网络终端平台来支撑。最后，应用与内容融合要求完成互联网业务向移动互联网的迁移。随着互联网产业逐渐走出泡沫，互联网业务提供商的影响力会不断加强，并迫切希望介入移动通信市场，无论是从政治环境、市场环境还是投资环境来说，这都为移动互联网的发展提供了一个好的契机。

总的来看，移动互联网业务未来发展的趋势将呈现丰富化、普遍化、易访问、易使用的特点，应用更多、实现形式多元、用户使用更方便，成为“随时随地接入移动网络、享受移动互联网服务”远景的核心。

未来的移动互联网将在统一的 Web 环境下开发和部署应用，以快速方便地跨越不同的终端系统平台，同时利用移动云计算克服移动终端的计算能力瓶颈。由于 Web 应用环境的构建，业务的部署无需再在不同的系统平台间进行适配，业务上线成本将大大降低；与此同时，移动终端的计算能力也不再成为限制业务开发和使用的瓶颈，如图 6－8 所示，移动互联网业务种类将大大丰富，除了传统互联网应用向移动互联网迁移之外，还将包括大量适合在移动场景下使用的创新应用。

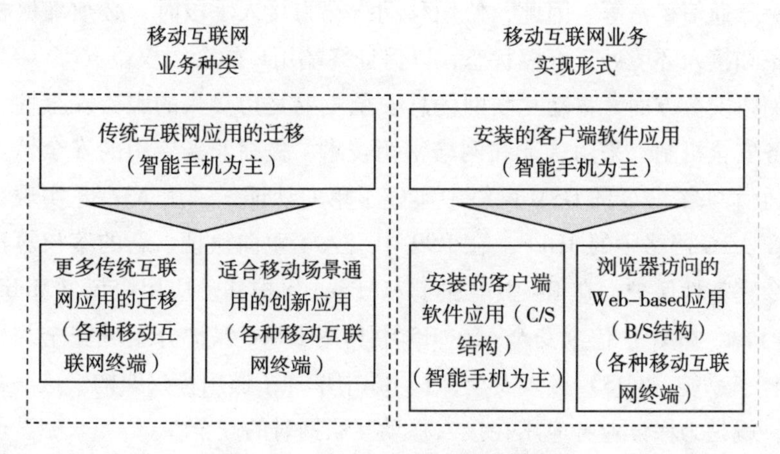

图 6－8　移动互联网业务发展趋势

智能手机上流行的客户端形式的应用仍将在局部终端范围内继续流行，基于B/S结构的Web-based应用将大量涌现，用户利用终端的浏览器访问相应的地址，即可使用丰富的应用，而应用的部署和功能的实现基本都在服务器后端实现，但信息安全与软件下载陷阱也可能伴随产生。

（4）移动互联网的信息安全问题

移动互联网是互联网和移动通信网融合的产物，作为开放、免费的信息平台，互联网不需要对用户进行确认即可实现信息、资源共享，而移动互联网需要用户注册信息后才能进入网络平台共享资源，因此移动互联网对网络安全性有着更高的要求，强调保护用户的行为及隐私。

但是，目前，移动互联网在终端和业务应用方面发展尚不完善，存在较大的安全漏洞，网络不安全事件时有发生，影响恶劣。比如沸沸扬扬的手机WAP网站涉黄事件对青少年造成严重的身心伤害，突发的五大手机病毒造成众多商业失密和经济损失，微博产生的高流量收费事件等。为此，移动互联网业务的信息安全问题不可忽视，必须尽可能防患于未然，保护移动互联网的用户不受到各种垃圾信息和不合理收费的干扰，拥有一个安全、良好的移动互联网使用环境。

移动互联网业务的安全性也与移动互联网的推动因素紧密相关。只有保证移动互联网的终端安全、网络安全和应用安全，才能保证业务的安全性。在终端安全方面，移动互联网信息安全通常指终端配合网络设备，确保合法用户可以正常使用，防止业务被盗用、冒名使用等，防止包括用户密码在内的用户隐私信息泄露，在承诺范围内随时使用，防范DDoS等攻击，必要的加密、隔离等手段保障通信秘密等。因此，使用移动终端为接入手段时，必须确保相关的终端设备和接入环境处于可控状态，以保证终端用户的合法权益。

在网络安全方面，移动互联网信息安全主要是指接入的服务安全性，通过引入业务安全机制，采用认证和网络密钥技术，提高业务应用的安全性。目前的移动通信网络，2G的GSM网络中实施了单向认证，采用A3/A8实现认证和密钥协商。3G网络中的3GPP，在R99中引入了双向认证、新的鉴权算法，增加了信令完整性保护；在R4中增加了MAPSec保护移动应用协议（Mobile Application Part，MAP）信令安全；在R5中利用IPSec保护分组域安全，并引入IP多媒体子系统（IMS）接入安全；在R6中增加了通用鉴权架构。这一系列技术措施，就是为保证业务应用在接入移动互联网时的安全性。

在业务应用方面，移动互联网信息安全主要是指业务应用的安全性，通过采用认证等技术手段确保用户的合法性，防范违法信息、不良信息以及侵犯公民隐私的敏感信息的侵入，防止内容版权的滥用和不合理使用等，保证用户业务和应用安全。

移动互联网是移动通信技术与互联网技术相结合的产物。随着3G网络的部署和实施，各种智能化终端的推陈出新，移动互联网必然成为信息时代的朝阳产业。而在这个过程中，只有确保信息安全性，降低各种不安全因素，才能充分发挥移动互联网的优势，使之真正有利于大众，有利于社会。

典型案例——KDDI的移动互联网融合门户①

随着3G商用进程的不断加快，大力发展移动互联网业务已成为运营商的战略选择。而KDDI作为日本第二大移动运营商，其移动互联网业务应用日趋丰富，产业合作日益完善，用户规模持续增长，近年来强劲的发展势头让全球瞩目。在日本移动市场接近饱和、NTT DoCoMo长期占据垄断地位的背景下，KDDI在3G市场演绎了迅速崛起的传奇。

截至2009年10月，KDDI移动用户数达到3 123万，占据日本移动市场28.5%的份额。

KDDI这一业绩的前提是早在2004年，日本移动通信普及率已经超过70%，在同行们日子都很艰难的时候，KDDI公司的收入和赢利却节节上升，旗下的移动子公司“au”在当时更是异军突起，发展势头极为红火，堪称“奇迹”。由此，KDDI也完成了从配角到有力竞争者这样一个大的转变，而对KDDI的移动互联网融合业务的发展模式研究，也能为国内电信运营商开发与创新移动互联网业务提供一个全新的视野与借鉴。

KDDI是如何完成这样一个巨变的，它的成长之路是怎样的，其中又经历了怎样的挑战，又是何种因素成为它持续发展的源泉，CDMA技术、业务转型、号码携带政策在KDDI的成长轨迹中发挥了怎样的作用，新的市场竞争格局中又将怎样创造新的竞争力？本案例将从成长故事、品牌战略、业务体系、技术体系、资费模式、终端定制、发展策略、产业政策等方面全方位透视KDDI的发展之路。

KDDI品牌——au

KDDI利用CDMA2000的技术特点，力求体现自己的特色和差异性服务，

① 胡珊，肖云. 聚焦KDDI：从角到有力竞争者，KDDI品牌战略：借助au品牌迅速崛起. 世界电信，2008年3月

与传统运营商展开竞争。在KDDI的移动业务体系中，基于CDMA网络的“au”业务无疑最具价值与竞争力。在“au”品牌下，KDDI提供基于CDMAOne、CDMA20001x以及EV-DO等标准的移动业务，KDDI还成立了专门的移动业务部门，全力以赴发展“au”品牌，目前“au”已成为KDDI的重要组成部分，旗下收入占KDDI总收入的80%以上。自KDDI于2002年4月引入3G业务以来，绝大部分“au”业务用户纷纷升级到3G服务。KDDI在推广移动业务时，还先后在移动通信品牌“au”品牌的基础上建立了移动互联网品牌“EZ”以及EV-DO品牌“WIN”。

从业务内容来看，“au”品牌主要有以下几大领域的内容，各个领域都具有各自的子品牌和特色业务，具体如图6-9所示。

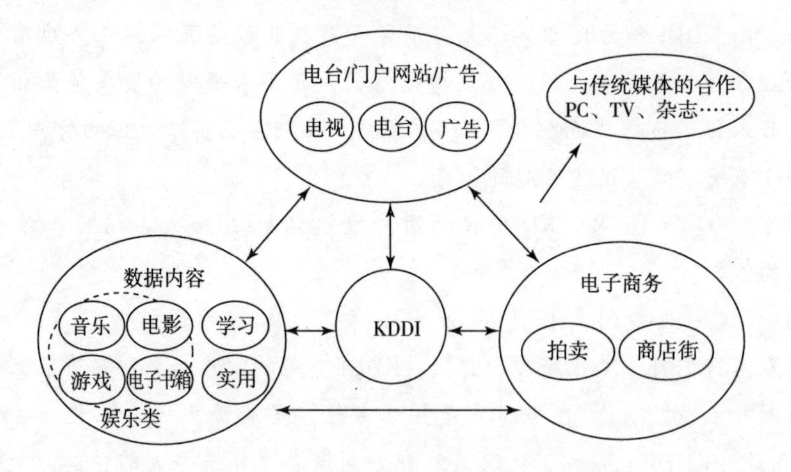

图6-9 KDDI“au”品牌业务内容

数据内容和电子商务是KDDI“au”品牌的主要业务领域，在这两大领域中，KDDI按照各项业务的特点分别建立了多个业务子品牌。如在数据内容领域上建立音乐下载、电影、游戏、电子书籍和移动搜索等一些实用性业务品牌，而在电子商务领域则建立了在线拍卖和商店街等业务品牌。

此外，在竞争激烈的市场中，KDDI公司营销策略中最重要的一个思想就是以创新作为核心竞争力，为用户带来丰富多彩的终端和数据业务，吸引用户使用自己的网络和业务。通过不断开发有特色的新业务，KDDI的“au”品牌保持了业务领先优势，并在日本率先推出了音乐下载、定位导航、电子商务、移动游戏、移动搜索等“重量级”业务，吸引了大量年轻用户和高端用户加入，包括原属于DoCoMo的许多高端用户。

KDDI品牌——EZweb

2000年5月，KDDI正式建立“EZweb”作为移动数据业务的门户品牌，并一直沿用至今。在移动互联网品牌“EZweb”下，KDDI推出了定位业务、电影下载、音乐下载等服务。KDDI移动互联网业务最成功的经验主要是体现在两个方面：

一是完美的话音、终端与移动互联网业务的结合策略。通过话音与移动互联网业务流量的捆绑，降低了移动互联网业务用户的入门门槛。同时也最大化利用了KDDI的网络资源，实现“流量向收入”的转变。

二是具有强大吸引力的移动互联网流量计费模式如表6－2所示。KDDI的数据业务计费方式不但简单，而且具有引导消费的作用，不仅使消费者非常透明地了解到自己的消费状况，而且能够有效地帮助消费者控制消费支出如图6－10所示。

表6－2 KDDI移动互联网套餐设计

套餐名称	语音月租（税后）（日元）	数据最低月租（税后）（日元）	数据最高月租（税后）（日元）	Packet在12 500与52 500之间资费
Plan LL	15 000	10 525	13 725	0.08日元/packet（税后）
Plan L	9 500	7 032	10 232	
Plan M	6 600	5 191	8 391	
Plan S	4 700	3 984	7 184	
Plan SS	3 600	3 286	6 486	

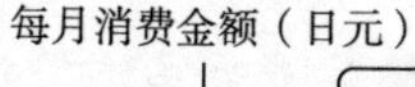

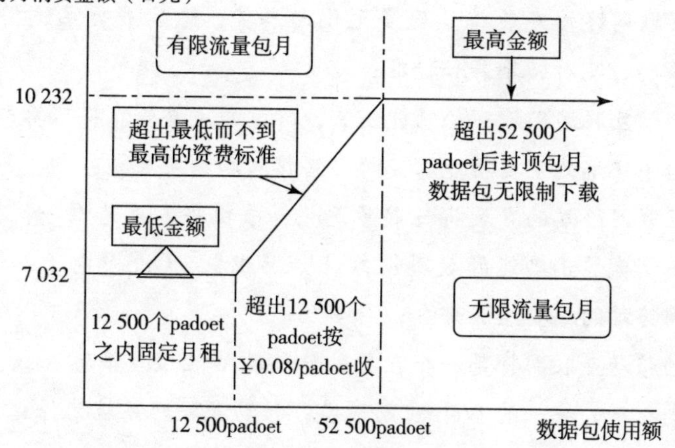

图6－10 KDDI移动互联网流量计费模式

KDDI品牌—— WIN

2003年11月，KDDI推出了技术更为先进的EV－DO服务，并建立了品牌“WIN”。“WIN”的意思是“我们塑造未来”，主要提供高达2.4Mbit/s的连接速度来接入宽带服务内容。“WIN”的推出扭转了KDDI的ARPU值下滑的走势。

KDDI能够在竞争异常激烈的日本市场脱颖而出，与其成功的运营策略是密切相关的。总体来说，KDDI根据不同的细分市场，提供灵活的计费方式，特别是在数据业务上采用了包月计费的模式从而成功地吸引了大量用户。KDDI真正把握了3G服务成功的关键，即无线数据业务深入人心，所提供的3G服务内容对用户产生巨大的吸引力，以简单合理的计费模式将业务提供给消费者。KDDI正是做到了这些，才取得了成功，如图6-11所示。

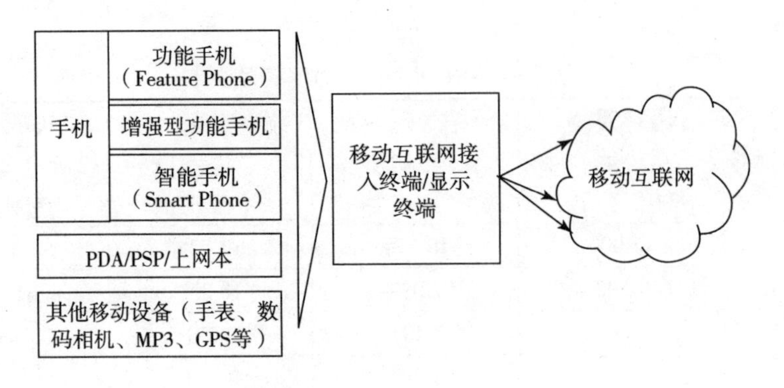

图6-11　KDDI案例对终端产业发展的启示

对终端产业发展的启示

移动互联网终端发展将呈现多元化的态势，终端平台系统仍将四分五裂，难以出现事实的绝对领导者和标准；

仅就移动互联网环境下的功能而言，终端的主要职能将不再包含本地计算，在业务体验中终端的主要功能转变为网络接入和结果呈现；

移动互联网终端的发展将日趋多元化，手机将不再是唯一，更多具备网络接入和相关浏览显示功能的数码设备（如游戏机、GPS、电子书等）有望成为移动互联网终端的重要组成部分；

未来的移动互联网将是一个在各种如移动Widget、移动Ajax、移动Mashup等新技术支撑下的统一的Web应用环境，移动互联网终端为保证业务实现的体验，在相关新技术的支持上应该充分。

3. FMBC业务——三网融合业务

FMBC（Fixed-Mobile and Broadcast Convergence，固定移动广电融合）业

务是由日本KDDI公司最先提出的。在FMC成为行业发展一大趋势后，KDDI创新性地将FMC予以扩充，明确引入了作为实现融合的重要业务之一的广播电视业务。这也就是中国正在发展的“三网融合”业务。未来只有将固定通信、移动通信与广播电视服务结合起来，才能在行业发展中占有主动权。

（1）FMBC业务发展现状

20世纪90年代开始，发达国家相继解除了电信企业与广电企业相互进入的限制，消除双向进入的壁垒，允许混业经营，广电部门和电信部门同时参与融合业务市场的竞争，正式开始了FMBC业务发展的全球化进程。发达国家的三网融合发展迅速，目前已经完成了通过一种物理网络提供多种服务的业务捆绑的第一阶段，正在向第二阶段发展：融合技术基本成熟，融合网络建设基本完成，市场竞争模式已经由从用户获取利润的商业模式转向追求稳定的在网用户数而从广告商和赞助商处获取利润的新阶段，竞争方式由最初的价格竞争转向内容差异化竞争，网络的媒体属性和基础设施属性日益突出。

对于电信产业而言，随着话音业务、宽带接入业务和数据业务逐步进入平稳发展期，电信行业市场空间拓展遭遇瓶颈，亟需新的业务成为行业收入的增长点。

2009年全球电信收入大幅下降（如图6－12所示）。其中，发达国家同比下降4.2%，大于GDP下降幅度；发展中国家低速增长1.8%，略好于GDP增长。

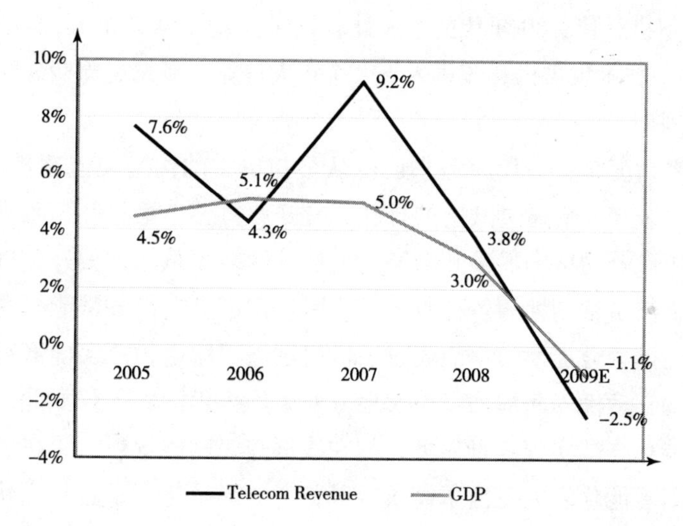

图6－12 全球电信收入

数据来源：基于ITU、Gartner数据估算。

对于广电产业而言，从全球范围来看，三网融合前有线电视用户基数大，但业务收入很低，且运营商网络接入和维护费用低，业务增长乏力。

相比之下，三网融合业务呈现出良好的发展态势，前景广阔（如图6－13所示）。2009年上半年，全球IPTV用户达到2 630万户，同比增长53%；IPTV业务增长主要来自北美及西欧等地区，亚太地区的IPTV业务也呈现出加速发展态势。

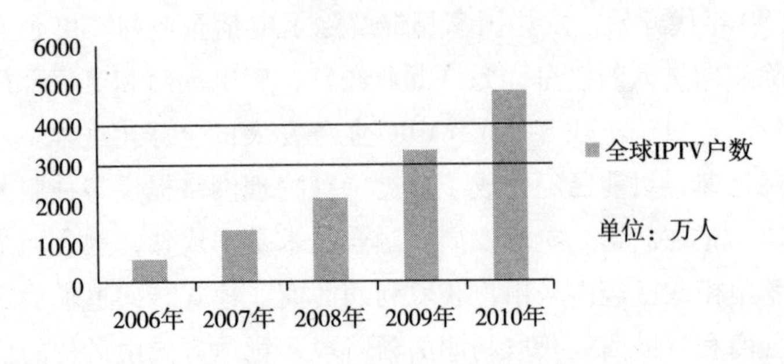

图6－13　全球IPTV用户数对比

数据来源：基于ITU、Gartner数据估算

从技术发展角度来看，三网融合是一个网络推进的过程，从一网、二网、三网、四网一直到N网融合。广播电视产业的发展历经模拟黑白电视时代、模拟彩色电视时代、数字高清晰度电视时代，互动电视时代将成为广电产业发展的第四个阶段。广电产业自身目前正处于第三代向第四代过渡的阶段，整个产业处于不断升级换代过程中。互联网产业经历了20世纪60年代的大型机时代、70年代的小型机时代、80年代的个人计算机时代、90年代的桌面互联网时代，到21世纪初，技术发展已逐步进入下一个重大计算产品发展周期，即“移动互联网”发展周期。

从消费者角度来说，用户需求已经从最初单一的沟通交流逐步向多样化、个性化发展。未来人们通过共同的兴趣、爱好和情感来聚集并相互影响，消费者更愿意处于融合网络中的某几个圈子，通过网络关系间的偏好、口碑进行消费选择。未来满足移动性的各种服务，使用户无论身在何方都能享受各种网络服务产品。三网融合更使用户能通过手机终端遥控家电，并实施家庭安全监控等，将服务的移动性不断加强，极大地方便了用户生活。不仅如此，消费者也希望通过智能化终端实现各种服务，如在线医疗、网络银行、手机钱包、家庭远程等，并对智能化家电提出了需求。消费者的娱乐化需求也将更快发展，基于网络的产品和服务，如在线阅读、视频、聊天、新闻、游戏等，这些都只能在三网融合的情况下才能实现。

此外，三网融合各种网络实现对接，无线网络带宽增加将进一步提升用户对网络的依赖，再加上电视制作产业的开放，这些都使得三网融合成为新的产业发展趋势。

长期来看，广电和电信都将向下一代网络（NGB/NGN）发展，通过网络架构和技术标准的趋同，实现互连互通和全业务经营。短期内，广电拥有视频内容、固网带宽和无线广播等优势，电信拥有双向网络、移动通信和互联网业务等优势，且广电地域差异很大，电信运营商固网和移动网络资源分布不均，均为两者实现业务合作提供了机会。目前来看，全球出现的三网融合业务多种多样，以IPTV、手机电视最为典型，也包括宽带接入、互动电视、网络视频、移动视频等。

（2）FMBC 业务类型

三网融合业务类型整体上可以从面向个人客户和面向公司客户两个维度入手进行划分，如图6－14所示①。

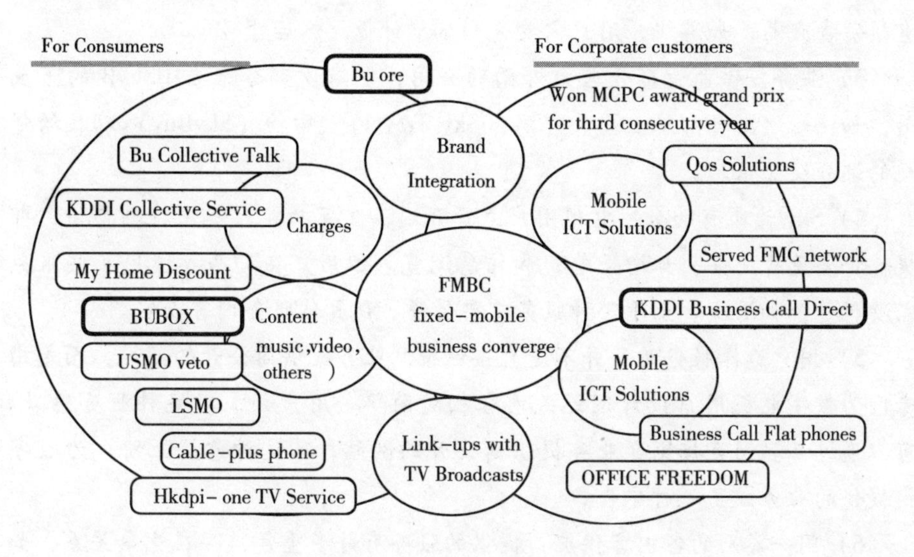

图6－14 FMBC 业务构成

其中，面向个人客户的三网融合业务大体上有四类，分别是：品牌整合业务（Brand Integration）、付费业务（Charges）、基于内容的业务（Content）以及广播电视网接入业务（Link－ups with TV Broadcasts）。

面向公司客户的三网融合业务大体上分为两类,分别是:移动终端/信息化解

① KDDI 公司 FMBC 业务类型

决方案(Mobile/ICT Solutions)和移动替代固定业务/固移融合业务(FMS/FMC)。

典型案例——英国互动电视 BSkyB[1]

BSkyB 是英国 DTV 发展早期主要的推动力量，前期用户数增长非常迅速，但近两年增长趋势明显放缓，呈现出成熟期饱和趋势特征。有线 DTV 发展比较缓慢。2002 年，曾宣称要建立“数字电视王国”的 ITV Digital 破产，导致 DTV 普及率一度出现负增长，业内一度出现对 DTV 进一步普及的怀疑态度。出人意料的是，2002 年 10 月底接管了 ITV Digital 平台开始运营的 FreeView 发展迅猛，一跃成为英国第二大 DTV 平台。

1）目前提供的交互业务包括博彩游戏、购物、信息、即时通信、增强电视、理财、星象算命等业务。其中博彩是其主要的业务；增强电视中的交互体育是广受欢迎的业务；比较有特色的业务有增强电视和即时通信。

2）运作方式有两种：一是只提供交互服务平台，由用户直接和业务提供商交易。这样 Sky 可将主要的精力放在推广业务和提供平台支持上面；二是由 Sky 直接负责交易，如游戏，用户需要先向 Sky 付费，然后才可以玩。

3）业务提供商大部分来自外面的公司，也有少部分来自 BSkyB 的下属公司，如博彩（SkyBet Vegas）、旅游（Sky Travel）、购物（SkyBuy）以及增强电视的部分交互信息。

4）Sky 为所有的数字电视用户免费开通了交互功能，无须特别申请，即可提供许多免费业务，如增强电视和信息浏览。但用户在交易或使用某些服务时需要付费，如游戏。至于哪种服务需要付费，视具体服务内容而定。

5）用户选择服务时，并不是直接连接到业务提供商公开的网站，而是由其专门为数字电视用户设计网站，内容相对简单。用户如果对某种业务感兴趣，可以通过互联网直接浏览业务提供商公开的网站，从这种意义上讲，为数字电视提供的业务成了一种广告。

6）同一类别的各内容供应商提供的服务有许多重复，存在竞争关系，如单是博彩业务，就有 8 家公司提供。

7）赢利方式有：交易费、交互广告、平台接入费和电话通信费。这些收入并不全是电视的收入，也包括 BSkyB 开办的购物和博彩网站的收入，其中博彩占交互业务总收入的 62.2%。

8）2004 年上半年交互业务的收入为 3.07 亿英镑，占总收入的 8.4%，仅

---

① 参考了 BSkyB 官方网站和杨波. 英国 BSkyB 交互电视业务介绍与经营分析，2005 年 6 月。

次于广告收入的8.5%，收视费占总收入的72.8%，显示现阶段收视费仍是公司主要的收入来源。但从每天有92%的数字电视用户会使用交互服务功能来看，交互业务收入将很快超过广告，成为BSkyB的一项重要收入。

9）BSkyB的交互式应用是通过电话线接入Internet的方式。电话通信费也成为收费的一个来源。

10）每个菜单画面均有促销广告，既有新业务推介，也有汽车、等离子彩电的广告①。

典型案例——Comcast

美国有线运营商龙头Comcast在三网融合时代捆绑推出了视频、宽带、电话三合一服务，并成为第二大宽带接入商，而且是拥有VoIP用户最多的服务商。

2009年Comcast 358亿美元的总收入中，来自网络的收入是339亿美元，较2008年上涨3.8%；网络产生利润137亿美元，上涨4.0%。而内容板块带来的收益为14.96亿美元，较2008年上涨4.9%；内容部分产生的利润为3.89亿美元，上涨7.5%。虽然内容在总收入中所占的比重仍比较小，但是它的收益是在增加的，而且利润率也在增高。

内容来源

Comcast的内容来源可以分为三类：第一类是Comcast自己拥有的五个电视节目网；第二类是Comcast拥有一定股份但是不控股，拥有内容共享的权利，比如FEARnet（33%）、TV One（34%）等；第三类是完全与Comcast无关的其他的节目网和频道，如果要使用的话，Comcast必须支付费用购买节目版权。

五个完全控股的电视节目网主要依赖多频道视频内容提供商向节目网每月交纳的执照费、广告费过活。对于其他有股份但不控股的电视网，Comcast也无须额外花费美元来购买节目。而从其他网络和频道购买节目版权是Comcast的一笔巨大开销。以购买迪斯尼集团ESPN频道为例，每年Comcast必须支付10亿美元，才能播放ESPN的节目。

因此从Comcast的经验来看，网络运营商的内容组建一方面必须通过购买，另一方面也要通过购买、入股的方式多为自己聚集一些内容资源，并且不断强化这部分的资源优势。这样既有自有的内容，减少成本，拥有更多可经营性的资源，同时也能更灵活地引进其他内容，降低经营风险。

---

① DVBCN数字电视中文网，2006年1月。

内容的开发

电视频道、VOD、互联网视频是Comcast主要开发的内容业务。

目前Comcast向模拟有线电视用户传输20~80个节目频道，向有线数字电视用户传输40~250个节目频道。数字电视频道的销售中，既有50、80、100、200数量不等的全国性的电视频道，还有音乐频道、本地频道可供选择。

获得版权的频道和内容资源，还可以制作成分段视频，分别用于数字电视VOD点播和互联网视频点播两种途径。据悉，Comcast公司目前拥有世界上规模最大的视听内容库，不计UGC，现存的完整或者片段的视听节目达几十万个①。

典型案例——KDDI

2007年3月，KDDI提出“挑战2010”计划，FMBC也被纳入其中，具体为“继续扩大FMBC的开展和非通信服务领域”，在KDDI的高度重视和全面推动下，目前FMBC计划正在有条不紊地推进之中。

为了顺利推动FMBC战略，KDDI重点从组织架构和基础设施两方面进行了调整和准备。

首先，KDDI对基础设施进行整合。在基础设施方面，FMBC通过构筑无线通信网络和固定通信网络于一体的“Ultra3”计划来实现固定与移动的融合，还推动核心网络的IP化，以降低成本，强化业务竞争力，为FMBC做准备。

其次，KDDI以内容媒体为中心，实施组织架构改革，以实现更高层次的一体化。2007年4月1日，KDDI进行改组，把原来根据移动、固定来划分的组织结构，改为以服务对象来划分的组织架构。2007年还收购了JAPANCABLENET集团（日本住友集团，一家有线电视集团），目的在于同拥有接入网的有线电视运营商建立互利互惠关系，在广播方面引入更多的内容。

推出的FMBC业务很受用户欢迎，主要包括：

第一，无缝整合业务。用户可以在车上拨打视频电话，在打电话的同时可以用文字回复；下车后，用户的手机成为普通手机，用户可拨打普通电话；回到家里，用户可把电话切换到电视机上，用电视打视频电话，用手机打语音电话。在整个过程中，用户可以在保持原来通信服务不间断的条件下，将服务切换到不同的介质。

第二，LISMO音乐下载业务。2006年5月，KDDI推出了该业务，与过去

① 媒介杂志，2010年第9期。

的音乐下载业务不同，该业务以“无论何时何地，轻松享受音乐”为理念，允许用户将手机下载的业务复制到PC上听，也可以利用PC把网络上下载的音乐以及CD上的歌曲转换到手机上听。KDDI计划继续延伸下去，实现手机与电视的内容互动。

第三，手机搜索业务。2006年7月，KDDI与Google合作提供手机搜索业务“EZSearch”，使KDDI的用户能在手机上使用Google的网络搜索引擎。通过该服务，用户不仅能看到那些专为手机定制的信息内容，而且能看到互联网上的内容，这在日本尚属首次。

第四，手机广告业务。除了手机上和PC门户上的广告外，KDDI还推出了PC与手机门户融合的广告服务，该广告表现形式多样，易被用户接受。

第五，是其在2008年推出的“auone”。随着手机上网的普及速度进一步加快，使用手机和计算机上网的人数大量增加。为了满足这些用户的需求，KDDI推出了手机与计算机的一体化门户网站“auone”。该门户网站的最大特点是手机和PC上门户网站的设计界面统一，该网站还引入了“遥控布局”工具，方便用户对网站进行操作。通过该网站，用户无论通过手机还是PC，无论何时何地，都可以统一获取信息。

典型案例——AT&T

AT&T在美国电信市场一直处于主导地位，全球采用AT&T品牌运营，为客户提供宽带、长途和本地语音业务，也提供广泛的移动语音和数据业务。由于美国的三网融合开展较早，很多运营商开展相关融合业务进展很快，给AT&T造成了竞争压力，包括Comcast、Cox、Time Warner等，通过提供捆绑的宽带，voice & video业务成功地赢得了12MVoIP用户，并获得了移动业务经营牌照。例如，T mobile作为无线运营商，进入固网市场，提供新的业务捆绑，只需10美元，即可通过宽带网络与移动用户进行不限时长的VoIP通话。VoIP业务和有吸引力的其他业务吸引了一部分AT&T现有的客户。在这种背景下，AT&T推广三网融合成为必然选择。

AT&T根据用户基础和用户结构，制定了相应的措施和发展目标：对于无线用户，主要目标是保持增长，降低转网率，关注无线数据发展；对于当前的个人固网用户，以业务捆绑方式留住客户；对于宽带用户，主要目标是持续增长并以混合业务方式销售；对于U－verseSM TV用户，主要目标是到2011年年底发展到3 000万户。

同时，AT&T采取了一系列应对措施推进三网融合进程。寻求新的方式对业务创建和分发环境进行改革创新；AT&T积极推广三屏（three - screen）或多屏（multi - screen）业务；通过光速项目（Project Lightspeed）将所有业务集成到IP网络；将MSTV - VoIP业务进行关联；对OSS/BSS进行改造转型；提供新的多媒体和语言业务。

业务规划方面，AT&T也基于IMS的CARTS架构提出了相应方案：IP推动任何时间、任何地方的通信；IMS推动通信的下一个演进；一致的用户体验；网络和设备之间无缝转换；公共的业务平台，各种接入技术的统一处理；适合用户生活方式的通信和娱乐等方面。

表6-3 Verizon和AT&T的IPTV业务发展情况

公司	IPTV业务名称	接入	IPTV服务内容
Verizon	FiosTV（接入技术为FTTH）	FTTH	与内容提供商合作： 与迪斯尼公司签约，使迪斯尼旗下的ABC News新闻网、迪斯尼在线、ESPN体育网和电影网都为Fios TV提供节目。 独立提供个性化服务： 2010年又推出了天气预报和交通信息服务。未来还将陆续推出多项个性化的服务，如多房间数字录像机、个性化新闻、体育比赛得分、社区消息等。通过软件升级就可享受不断推出的个性化服务
	ADSL套餐服务（接入技术为ADSL，在FiosTV达不到的地区主推）	ADSL	提供捆绑业务： a. 无限制通话服务（包括本地与国内长途电话） b. 高速上网 c. 70多个互动电视频道
AT&T	U - verse	DSL	捆绑服务： 包括AT&T U - verse TV、AT&T U - verse High Speed Internet和AT&T U - verse Voice等服务，它们可以通过AT&T的先进IP网络提供给客户，为客户提供一项有线电视以外的新选择。它将电视、宽带、家庭电话和无线服务融合为一体（统一计费）
AT&T	Homezone	未知	高速互联网服务与卫星电视服务整合到一个机顶盒中： 用户通过指令即可将AT&T的合作伙伴——Echostar卫星公司的电视节目与Akimbo公司的互联网视频节目，由机顶盒进行存储、选择、下载到电视机上。机顶盒可存储150小时的影视作品，供点播的影视作品有上万部，机顶盒具有不同的功能和等级

在美国，电信公司已成为推动IPTV发展的强大的力量，是有线电视公司最强有力的竞争者。Verizon的FiOS电视是全美成功的IPTV业务案例。AT&T的U-verse业务部署比FiOS稍晚，但用户增长十分迅速，截止到2009年第三季末，发展用户180万户。

第二节 三网融合业务现状与创新

1. 电信产业业务发展

目前，中国三大电信运营商均已进入平稳发展期（如图6-15、图6-16所示），需要培养新的业务增长点。中国电信主营的话音业务、宽带接入业务和数据业务，增长趋缓，渴望开拓新的业务领域。中国移动业务较为单一，收入比例不均衡，需要开发新的业务以规避风险。中国联通亟需以三网融合为契机拓展市场份额，建立口碑良好的业务品牌，增加用户黏性。

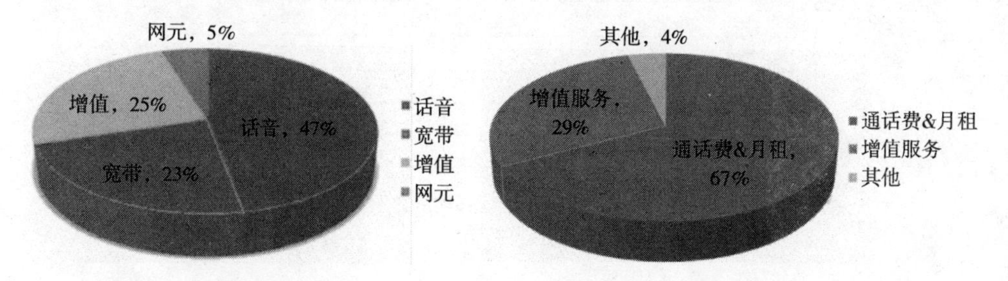

图6-15 中国电信业务收入比例　　图6-16 中国移动业务收入比例

数据来源：2009年公司年报

此外，固话用户不断流失，移动语音的替代加剧。移动用户虽然保持高位增长，但增长率呈逐年下降趋势。整个电信产业正在经历从语音业务到数据、视频业务的周期性转型，如图6-17所示。

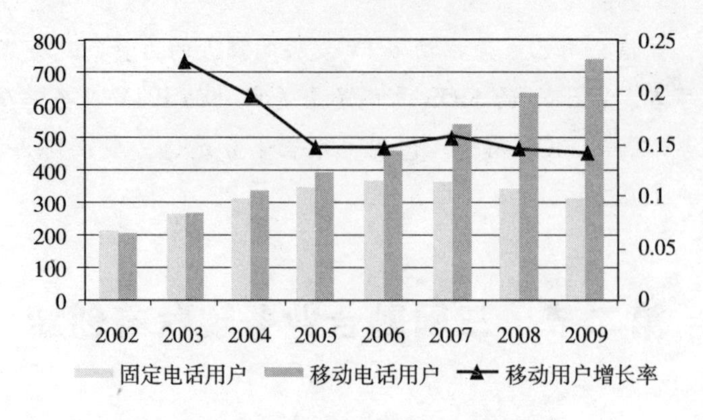

图6－17　固话与移动用户数变化

数据来源：工信部，北京邮电大学三网融合研究所

而相对于有线、固话和移动用户市场，高 ARPU 值的宽带接入用户普及率不高，宽带业务市场增长空间巨大，如图6－18所示。

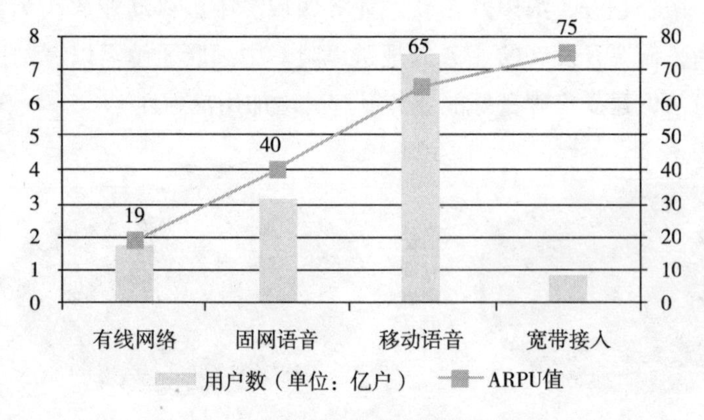

图6－18　宽带业务增长空间示意图

数据来源：工信部，北京邮电大学三网融合研究所

近年来宽带发展非常迅速，中国已有宽带用户 1.1 亿户①，普及率较高，且仍有较大的增长空间。但虽然带宽一再升级，相比国外仍处于较低水平，带宽升级是必由之路。三网融合中，因为承载广电业务对带宽有较高的要求，将进一步加快带宽的提升速度，导致光纤入户的迅速普及。

另外，作为三网融合电信业务的主要发展方向之一，目前中国的 FMC 业务尚处于预融合阶段，FMC 技术的相关标准不够明确、融合终端技术不够成熟、业务不够丰富、政策法规尚不明朗、产业链也未形成，FMC 业务本身暂时还不能为运营商创造出可观的收益。但是，国内运营商特别是固网运营商都在积极

① 工信部，2010。

开发 FMC 业务解决方案，中国电信、中国联通均根据自身情况推出了相应的 FMC 业务，例如灵通无绳业务、一号通、Qbox 等。但是，这些业务仍属于简单的业务捆绑，没有实现真正意义上的固定网络和移动网络的业务融合，且存在相关终端数量少、功能不完备、业务资费混乱、用户少等问题。

相比之下，移动运营商在 FMC 方面就很缺乏有力的举措，他们多专注于移动通信，在固定和 VoIP 长话、视频业务方面的进展有限，在固移融合方面总体动作不大。不过，在网络基础设施建设方面，中国联通已打造了一张具备 QoS 保证的 IP 骨干网，并且开始对 WiMAX 进行测试，为今后 FMC 的发展实施做技术准备。中国移动由于固网资源短缺，并没有对 FMC 投入太多精力。现阶段，中国移动应对其他运营商 FMC 业务的策略是进一步降低语音业务资费，发展无线固话和其他增值业务。同时积极为 3G 升级做准备，以便在下一步更加激烈的市场竞争中，根据业务特点和移动优势，结合 3G 业务开展 FMC 业务。

随着中国电信重组格局的形成和相关政策的进一步完善，市场上主流运营商都将把 FMC 业务作为重点业务发展，届时 FMC 业务将快速发展①。

首先，固网优势运营商将利用固网资源优势尽早推出 FMC 业务来阻止用户数量的下滑，同时增强整体竞争力，并且应尽早制订相应的技术规范，为提供进一步的融合业务做准备。另外，将会加强与整个生态环境中其他参与者的配合，吸引价值链上不同环节的厂商加入，对业务进行渗透和拓展，并制订统一的标准规范。同时将建立自己的融合业务终端定制策略，并提供足够的终端来保证业务的开展及实施。

其次，移动优势运营商将在巩固现有移动阵地的同时，有选择地进入某些固定业务领域，为重点客户提供全面解决方案，稳固企业客户和行业信息化客户市场。此外，还将做好资源的整合，发挥移动运营商固有的优势，包括品牌、客户资源、业务开发等方面，增添新的业务服务手段，扩大在无线互联网领域的收益。

最后，全业务运营将提升企业自身业务运营能力，并要对业务资源、网络资源、技术平台实施优化和调整，为提供 FMC 业务做好准备。充分挖掘信息资源，满足客户个性化信息消费需求，实现从以网络为中心的战略向以服务为中心的战略转型也是它的一个重要优势。此外，全业务运营要求企业将在产业链各个环节寻求更多的合作伙伴，建立新的商业模式。

---

① 李博. 固定和移动网络融合（FMC）业务的现状和前景. 办公自动化，2008 年 7 月。

2. 广电产业业务发展

广电作为媒体内容传播的主要承载者，在三网融合领域，其优势主要体现在对内容的制作和整合能力上。广电行业本就对广播电视节目制作和传输等具有得天独厚的条件和主导权，作为宣传媒介的管理部门，广电行业也主宰着广播电视节目的准入和发行。多年的积累使广电行业拥有丰富的节目内容制作经验，能够为用户提供丰富多彩的媒体内容。相对而言，广电在网络架构和运营体制方面则存在比较明显的劣势。

广电系统有线电视网的建设一直是“多级建网”，最初希望能形成全国网、省网、地区网和县级网四层网络结构，但在实际建网过程中，由于广电业务本地网只需从卫星获取节目信号源，并将信号源接入到本地广电网络，即可对本地用户传输信号，根本无需地区之间联网，从而形成了今天主要以地市网为单位的网络结构，没有统一的全国网和省网。

体制方面，广电长期以来属于事业单位体制，缺少市场化运作的经验，全国只有少数广电运营商完成了政企分开，绝大多数运营商仍处于转型的过程当中，小部分运营商甚至还没开始转型。各省体制和股权结构的差异客观上也造成了将成功模式推广的困难。相比之下，电信运营商经过多次重组、改革，市场化运作经验丰富，拥有比较完善的公司体制，使其试点后可以较快地根据各省情况将成功模式复制到全国。因此，目前广电三网融合主要任务是完成内部体制改革，实现省网整合。

随着有线电视网向双向、交互、多功能发展，有线电视盈利模式单一的现状将得以改善。广电运营商只有不断推动市场化经营，不断为用户提供个性化、多样化的服务，才能拓展收费渠道，在激烈的融合产业竞争中占领一席之地。

广电发展三网融合主要是以对网络进行数字化改造和省网整合为契机，大力发展数字电视、互动电视业务。业务种类按照融合方式可以分为四类：第一类，全媒体互动电视，即直播、点播数字电视；第二类，广电网和互联网联合，通过有线电视网络平台提供个性化的服务，包括购物等交互服务以及信息的发布；第三类，广电网、电信网互连互通使广播电视的内容实现多方面的融合；第四类，物联网与数字电视的融合。

如图 6－19 所示，截至 2010 年第一季度，中国有线数字电视规模达到6 824 万户，保持稳定持续增长。随着三网融合的具体政策和扶持资金逐步到位，全国有线网络的整合工作将规模化开展。跨区域网络整合将进一步降低数字化的阻力，成为有线电视网络数字化的重要推动力量。此外，目前国内大部分有线电视用户仍为单向网络覆盖用户，三网融合后，广电将进入单向网络数字化升级和双向改造的关键阶段。如图6－20所示，截止到2010年6月，中国双向网络覆盖用户达到3 800万，目前正逐年稳步上升。

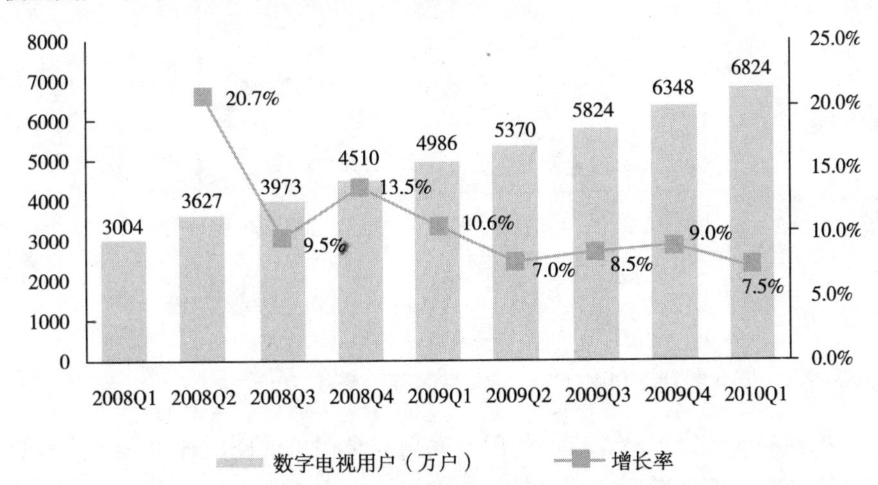

图6－19 中国数字电视用户数统计

数据来源：2010年第1季度中国DTV市场季度监测. 易观国际，2010年4月。

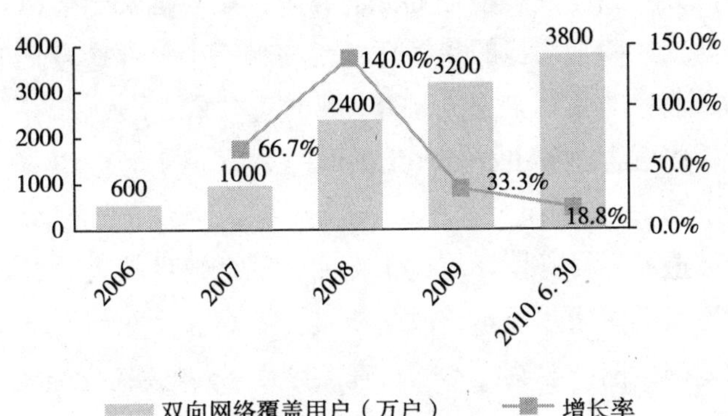

图6－20 中国双向网络覆盖用户数统计

数据来源：中国有线双向网络改造进程及发展趋势. 诺达咨询，2010年9月。

目前，广电的三网融合业务主要是互动电视。业务内容除了传统的基于有线电视网络传播视频信息内容外，也包括其他类型的增值类业务服务。主要分视频类和非视频类，视频类包括收费频道、VOD视频点播、NVO频道等，覆盖增值业务收入的主要来源，是互动电视价值链的主干；非视频类业务包括游戏、财经、彩票、教育等，是视频类业务的加强和补充，是互动电视价值链的分支。截止到2010年6月30日，基于双向网络改造开通互动业务的用户达到180万，占总双向网改用户比率4.74%，如图6－21所示。

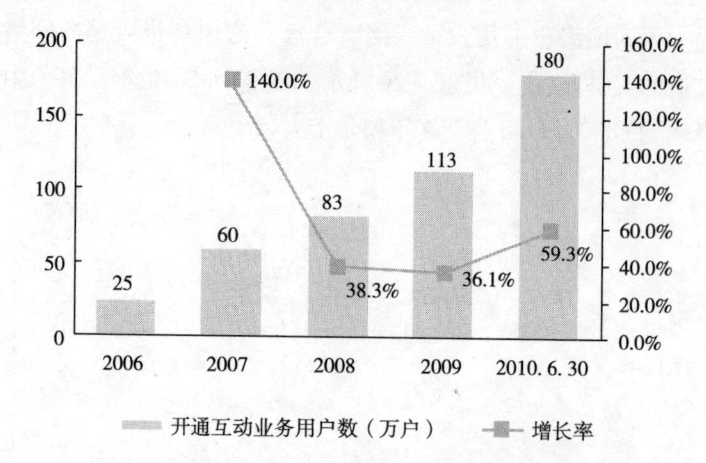

图6－21　中国开通互动业务用户数统计

数据来源：中国有线双向网络改造进程及发展趋势．诺达咨询，2010年9月。

广电网络改造完成后，广电部门在确保安全播出的同时还承担着产业化的重任。产业化具有鲜明的市场属性，必然要求广电企业开发增值业务，在互连互通中发挥广电网络的最大功能效应，不断满足各种信息服务需求。这就要求广电企业严格区分基础业务和增值业务的界限，始终把安全播出和安全传输放在优先位置，防止从四平八稳的传输任务走向另一个全部产业化的极端，处理好安全播出和产业化的关系，定位好用电视的基本原则。

广电产业推广融合业务也存在一定的问题。

1）资金困难，推广遇阻

进行双向改造需要投资预计超过千亿元，资金缺口较大；机顶盒的免费发放导致有线运营商无法回收成本，改造积极性不高。而双向网络是互动电视业务推广的技术基础，网络改造的不顺利直接导致互动电视业务推广受阻。

2）经营模式单一

目前有线网络运营商主要的收入来源是基本收视费和付费频道收入，也包括部分机顶盒收入，而相对盈利能力较高的增值业务收入较少。而整改前期的单向机顶盒无法支持品种丰富的互动增值业务发展，这种成熟互动电视盈利模式的缺乏也是互动电视业务推广的一大障碍。

3）用户付费观念的缺乏

长期以来，中国的电视用户习惯了观看免费电视节目，对于互动电视收费看电视的方式还没有心理准备，缺乏付费电视的观念，对互动电视业务进行资费设计、推广需要预研。

3. 互联网产业业务发展

中国网络基础设施日益完善，技术水平不断提高，信息资源和业务应用不断丰富，产业链基本形成。2010年第3季度市场规模达202.4亿元，环比增长16.9%，同比增长37.7%①。随着互联网日益普及，中国网络用户规模进一步扩大。截至2010年6月，中国互联网网民总数达到4.2亿人，互联网宽带化趋势更加明显，宽带用户达到1.1亿户②。随着互联网技术和业务的不断更新，互联网也开始向各个领域、各个行业不断渗透，特别是在经济领域，互联网加速向传统产业渗透，产业边界日益模糊，新兴商业模式和服务经济加速兴起，形成了新的经济增长点，在促进经济结构调整、转变发展方式中发挥着越来越重要的作用。

3G牌照的发放推动了移动互联网的快速发展，截至2010年9月，中国的移动互联网用户达到1.92亿，较2008年增长了62.7%③。随着手机用户和手机网民规模的不断增长，3G所带来的网络带宽优势和终端供应的丰富，给移动互联网带来了巨大的发展机遇，同时促进三网融合的发展，并产生行业新的经济增长点。

2008年，金融危机席卷全球，但这也导致了互联网服务价值的进一步提升，大部分企业特别是中小企业，互联网程度进一步提高，互联网服务成为互联网发展的主要力量。

但不容忽视的是，互联网发展也存在着一定的制约因素，直接或间接影响互联网价值的进一步提升。

第一，作为世界互联网大国，中国技术创新方面亟待提高。2008年，中国并未进入全球宽带发展的前30名④，这说明中国的互联网行业在技术创新方面落后于世界其他国家和地区，通过三网融合则能够显著地促进互联网行业与其他行业的融合，这将在客观上促进技术的革新。

第二，目前互联网视频内容同质化明显。从现有互联网电视的功能上看，功能和内容的求同性使互联网电视在竞争中缺乏质感。几大品牌的互联网电视吸引用户的亮点主要以影片点播为主、新闻浏览为辅，以此开发游戏等附加功

---

① 2009年第三季度网络经济报告. 艾瑞咨询。
② 工信部。
③ 工信部。
④ 世界技术创新基金会2008年最新统计。

能。互联网上的内容主要依靠与网站合作进行推送，各个品牌竞争优势并不突出。

第三，互联网传播内容缺乏有效监管也是影响互联网进一步发展的重要因素。互联网的普及使任何人能够在互联网上传播任何内容，而这些内容除了涵盖有效信息或实现娱乐沟通功能之外，也有一些会涉及个人隐私或恶意攻击等，这样的情况严重制约了互联网行业的发展。

第四，互联网版权问题面临更加严峻的挑战和考验。未经许可而转载的情况在互联网和传统版权保护方面有不同。比如在传统环境下，可以请求人民法院采取紧急措施，停止侵权行为，而网络环境下就很难做到①。文章、歌曲等网络作品被使用时，作者与使用者往往不能直接进行交易，且交易成本也比较高，这间接导致网络作品版权纠纷的不断增长。这也阻碍了互联网行业的进一步发展。

4. 三网融合业务创新

（1）IPTV 业务

2006 年，国际电联 IPTV 焦点组（ITU - TFGIPTV）第二次会议在韩国釜山举行，会议从业务角度对 IPTV 进行了明确定义：IPTV 是在 IP 网络上传送包含电视、视频、文本、图形和数据等，提供 QoS/QoE、安全、交互性和可靠性的可管理的多媒体业务。因此，IPTV 是一种可管理的、需要服务质量和安全保证的多媒体业务，它明显有别于互联网上不可控不可管、质量和安全没有保证状态的流媒体应用。

IPTV 的主要业务特点表现在：①用户可以得到高质量（接近 DVD 水平）的数字媒体服务；②用户可有极为广泛的自由度选择宽带 IP 网上各网站提供的视频节目；③实现媒体提供者和媒体消费者的实质性互动②。IPTV 的互动性在于，它不仅能提供电视节目，也可以提供电视类业务、通信类业务以及各种增值业务。电视类业务有广播电视、点播电视、个人视频录制等；通信类业务主要有基于 IP 的语音业务、即时通信服务、电视短信等；增值业务指电视购物、互动广告、在线游戏等。传统的广电网是单向的，不能实现双向的信号传播，无法实现与用户“互动”，而 IPTV 的传输网络则是以宽带以太网为传输链路，

① 观点来自中国新闻网。
② 参考了中国投资咨询网。

不但可以满足用户对节目的差异化需求，用户也可以参与到节目中。IPTV 的互动性，可以概括为三种类型：第一类为视频节目的内容本身没有因为互动而受到影响，用户只能控制播放的时间及播放的进度；第二类为节目剧情在播放中受到互动影响，用户可以决定剧情的发展；第三类互动的形式是，受众不仅与节目互动，而且能够与网站及其他受众进行互动①。

IPTV 提供方式主要有两种：①计算机，②网络机顶盒 + 普通电视机。IPTV 能够充分利用网络资源，极大地适应了当今网络融合的发展趋势。它既不同于传统的模拟式有线电视，也不同于经典的数字电视。因为传统的和经典的数字电视都具有频分制、定时、单向广播等特点；尽管经典的数字电视相对于模拟电视有许多技术革新，但只是信号形式的改变，而没有触及媒体内容的传播方式。通过互联网提供的电视通常在国内被称为互联网电视，互联网电视的应用发展，在国外已经逐步成为电视产业发展的趋势。从最早的企业推动，如 APPLE 推出基于互联网影视的 APPTV 业务发展到运营商参与，如韩国 Hanaro 电信推出融互联网 TV、IPTV 和下载等互动服务；美国 Comcast 和 TWC 提出“电视无所不在”计划；新电视业务，以电视机为终端，已经不仅仅是借助 IP 网络存储，更多是借助互联网平台的内容聚合效应。另一种电信公司通过宽带接入和机顶盒向用户提供服务方式在全球来看应用则更为普遍。

IPTV 在美国、英国、日本等发达国家起步较早，业务发展相对成熟，用户数逐渐增多，成为与传统有线电视竞争的中坚力量。英国的 IPTV 业务推广较早，2006 年 12 月 4 日下一代 IP 电视业务 BTVision 开始正式商用，这是全世界第一个整合数字陆基电视、电影点播、音乐点播、音乐节目、交互式服务的电信业务②；美国的 IPTV 则发展较为完善，有两种主要方式，网站方式通过流媒体技术向观众提供影视作品；电信方式，通过宽带接入和机顶盒向用户提供服务，以后者为主。此外美国的 Verizon 推出的 FiOS 电视，AT&T 推出的 U - verseTV 都是目前较为成功的 IPTV 业务典型，不仅拥有更多的高清节目，而且具有存储和互动功能。中国以三网融合试点方案为契机，基于近年来的实验、试点经验，IPTV 的发展也进入到推广运营的新阶段。

（2）手机电视业务

手机电视业务是指以手机等便携式手持终端为设备，传播视听内容的一项

---

① 曾凡斌. 试论 IPTV 的节目生产及对传统媒体的影响和启示. 岭南新闻探索，2006 年第 2 期。
② 陈铖. 英国 IPTV 期待突破瓶颈，融合监管必须先行. 通信信息报，2007 年 3 月。

业务。手机电视使电视移动起来，无处不在的电视改变了人们生活、工作形态。

电视和计算机等终端巨大，携带不便，而手机携带方便，在信号清晰的情况下，室内室外均可观看。其业务不仅包括传统电信经营的语音业务、数据业务，也包括视频和音频业务。此外，与传统平面媒体、立体媒体相比，手机电视更具有前两者无法比拟的交互优势。传统电视只能被动接收信息，用户的选择权仅限于观看哪一个频道，互联网能够通过MSN、电邮等方式进行交互，但信息在传递过程中，往往受到终端、网络等因素制约，无法实现信息的随时随地传递。而手机电视所体现的人际传播本能更加突出，手机终端的持有者不仅是信息的被动消费者和接受者，更是信息的主动生产者和创造者。手机电视的推广在未来可以产生比互联网更加广泛的"互联网络"。

但手机电视也具有一些局限因素限制其进一步推广，包括：终端屏幕较小，画面质感交叉；终端蓄电功能较低，观看时间有限；信号资源质量有待提高，室内室外往往接收效果有较大差异；内容资源缺乏——这也是目前手机电视发展最主要的制约因素。电信部门没有节目，自己制作节目没有能力，同时受到国家政策的限制；广电部门制作的传统的广播电视节目由于时间较长，连续性较强，不能提供电视使用。因为手机电视所需内容（考虑到手机终端蓄电能力有限）往往时间不能过长，手机电视播放的偶然性也不适宜播放连续类电视节目，对于社会力量来说，当前手机电视产业的发展还处于萌芽时期，因此，他们对这样一种前途未卜的新兴媒介尚不敢大胆尝试。"内容为王"的说法并不是空穴来风，它反映了手机电视产业发展的实际情况，是否能够提供丰富多样和妙趣横生的节目吸引相当数量的受众决定了手机电视未来的发展。

总体看来，亚洲的数字电视服务起步要晚于西欧和美国，但手机电视方面，亚太地区却超越了后者：2004年日本MBCo公司率先推出了全球首个基于DMB制式的手机电视服务；2005年5月韩国的TUMedia公司正式大规模推出了基于韩国DMB制式的手机电视服务；而在西欧，芬兰2005年11月才正式颁布了欧洲第一个移动数字电视许可证①。手机电视在各国发展总体来看效果不一。2006年，欧洲手机电视以德国世界杯为发展契机，转播赛况成为促进其市场推广的催化剂，但随着赛事结束，由于没有合适的内容，推广速度迅速下降。韩国的手机电视服务初期推行的免费移动电视政策很快产生了一大批订制消费者，但这仅为S－DMB/T－DMB接收终端制造商带来了巨大的利益，电信运营商则完全无利可图，限制了其进一步推广。

① 黄灿灿．韩国手机电视运营分析及启示．C114中国通信网，2006年2月。

在中国，手机电视的主要品牌是中国移动和中广传播共同利用CMMB技术推出的电视产品——“CMMB”手机电视，2007年推出以来，经过了免费使用和试商用两个阶段，2010年以来，手机电视进入全面推广阶段。

CMMB手机电视，是中国移动通信公司和中广传播公司共同利用CMMB技术推出的电视产品，CMMB产品“手持电视”利用中国移动多媒体广播（China Mobile Multimedia Broadcasting，CMMB）技术推出的便携式的移动的多媒体广播电视产品，因为用的是无线广播电视网的广播式传输方式，所以不会产生任何流量费，与传统的流媒体电视有本质的不同。

自2007年10月1日，手机电视业务第一次在北京、上海、天津、沈阳、青岛、秦皇岛六个奥运城市和广州、深圳开通了信号覆盖。2008年7月10日，北京奥运会前期，奥运城市、直辖市、省会城市、计划单列市在内的37个城市实现了手机电视的全面试播。2008年12月31日，手机电视在100个城市全面试播。经过了免费使用和试商用两个阶段，2010年5月，手机电视进入正式商用期，资费为每月6元。以2010年南非世界杯为契机，手机电视的推广全面展开①。如图6－22所示。

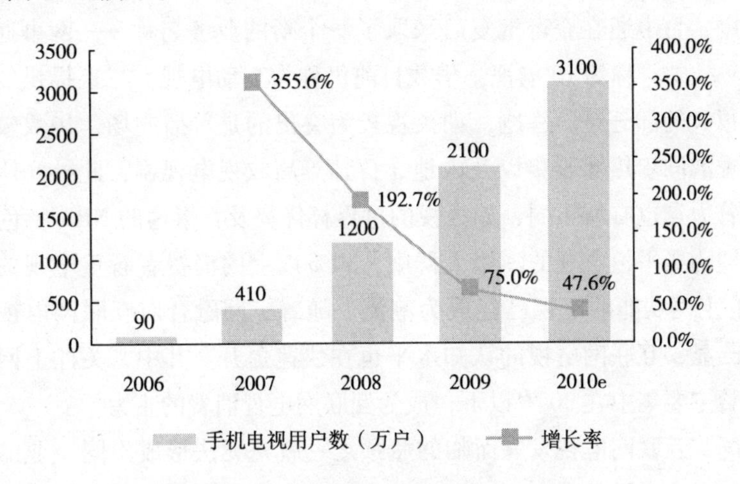

图6－22 中国手机电视用户数及预测

数据来源：北方网，2010年5月。

2010年3月，中国移动手机电视业务正式商用。目前支持该业务的手机销量为84.5万部，预计年内支持该业务的手机终端将达到67款。中国移动将手机电视用户数目标设定为500万②。

① 北方网，2010年5月。
② 赛迪网，2010年3月。

手机电视推行过程中，除了技术标准不统一之外，更重要的问题是内容的缺失。手机电视不同于传统电视和网络视频，屏幕较小、待机时间受手机终端限制，但也具有携带方便，可户外观看的便携特点。拥有合适的播出内容是手机电视发展的重点。纵观国外发展经验，欧洲、韩国无不止步于重大赛事过后无合适转播内容的瓶颈，中国目前手机电视刚刚处于起步阶段，推出能满足用户需求的适合手机电视的特色内容是未来发展的关键。

盈利模式一直困扰着手机电视的发展，初期采取低资费，未来将呈现多样化趋势。随着三网融合发展，节目内容的完善，手机电视的细分市场会逐渐增多，如高端市场、低端市场等，所以未来手机电视的市场培育发展将源于手机业务的多样化。相应地未来发展到有了高端市场，手机电视服务收费也会呈现多样化趋势。

（3）互联网电视业务

目前，获得批复准许运营互联网电视集成业务的三家运营商或电视台分别是中国网络电视台（CNTV）、上海广播电视台以及杭州华数传媒网络有限公司。三者中，百事通在获得批复后采取了一个新的业务名称——网事通；央视还是CCTV挂帅，称为IP电视，华数目前仍称为互动电视。三家提供的互联网电视内容很大的部分是影视剧，如央视较为突出的是首播剧场，华数较为突出的是中国香港同步热播剧集以及内地、日韩等高收视电视剧；此外，体育赛事上各自的着力点也有所不同，如央视的世界杯优势及百事通的NBA特色。

在预期购买平板电视的消费人群中，30%以上的消费者看重电视的上网功能[①]，具有上网功能的电视已经成为潮流。随着三网融合对互联网电视的推动作用日益凸显，互联网电视的认知水平也在快速提升。其中，关注上网功能的消费者年龄主要集中在30岁以下，成为互联网电视消费的主力。

在中国，互联网电视发展面临的瓶颈之一就是无法形成不同企业的差异化竞争。内容上，不同的互联网电视均以娱乐型内容为主，除了影片播放也包括游戏等附加功能，普遍没有突出的竞争优势。

① 中国电子商会消费者电子调查。

第三节　三网融合业务发展模式探索

国内发展三网融合有四种主要模式类别：运营商主导模式（山西模式、哈尔滨模式）；广电主导模式（青岛模式、深圳模式）；广电、电信合作模式（上海模式、深圳模式、杭州模式）；政府主导模式（武汉模式、宁夏模式）。

1．电信企业主导模式

电信企业主导的三网融合模式是以电信的有线网络和无线网络为基础进行的融合，在有线电视网络不发达的三线城市和农村地区，利用网络优势来实现融合类业务。其业务融合的路径为：固网/移动语音——语音 + 宽带——IPTV、手机电视。由于网络覆盖的原因，移动运营商和固网运营商在某些地区合作提供全业务。实行这种模式的地区包括山西和哈尔滨。

（1）山西模式

山西以山西移动为主导，联合忻州市广电共同推进三网融合。山西移动在农村尝试推行了两种融合模式：第一，利用自己遍及全省农村的光缆网络，同时为宽带上网、IP 电话和有线电视业务提供传输通道，实现基于光缆传输网的三网融合；第二，以宽带作为多业务承载平台，利用数据传输网传输高清晰电视节目，利用机顶盒等设备，在一条入户网线上为用户实现上网、打电话、看有线电视等多种业务。

忻州市静乐县是山西三网融合的第一个试点，移动公司和忻州是广电局联手，山西移动负责网络传输，广电部门负责传送电视节目，有线电视费由山西移动代收，两家分成，60% 的收益归移动公司，40% 的收益归广电部门，三网融合体制上的障碍就这样被打破了。随后，这一模式在朔州应县获得创造性应用。长治、晋中等市的部分县（市）也开始实施三网融合工程。

2007 年 9 月 27 日，中国教育电视台、山西广电、山西网通、山西移动和山西电数广文化传媒有限公司等五方联合宣布打造“山西数字电视教育信息网”，电视机用户可通过家中的机顶盒对“数字教育节目”进行点播收视。

合作的运营模式为：依托中国教育电视台以及山西本土优质教育资源，电视机用户可通过家中的机顶盒对“数字教育节目”进行点播收视。同时，在山西广电的数字电视网络覆盖不到的范围内，可通过计算机利用山西网通的 IPTV 网络，还可以利用山西移动的手机电视网络实施“数字教育节目”的点播收视。

2007 年，山西的农民已经可以在一条入户网线上实现上网、打电话、看有线电视等多种业务。国务院发展研究中心企业所副所长马骏认为，山西在推动三网融合的过程中，政府推动，企业积极跟进，取得了较好的社会效益，从长远看也有经济效益，最重要的是让农民得到了实惠。

(2) 哈尔滨模式

哈尔滨市的三网融合以哈尔滨联通(原哈尔滨网通)为主导,通过与上海文广及当地广电进行合作,共同创造出了“哈尔滨模式”。哈尔滨是 IPTV 打破广电体系区域垄断、走出上海的第一个尝试,是原中国网通最早开展的 IPTV 试点城市。上海文广与哈尔滨联通(原哈尔滨网通)及哈尔滨广电的磨合已渐成熟,三方和谐共处,IPTV 用户数也逐年稳步上升。上海文广在哈尔滨跨区域、跨部门合作发展 IPTV 的模式受到各方肯定。

2. 广电企业主导模式

广电企业主导的三网融合模式是以广电有线网络为基础进行融合，有线电视网络独立进行数字化和双向化改造，基本完成与互联网的融合。其在业务方面的融合路径为：广播电视业务——互动电视 + 增值业务——互动电视 + 宽带数据 + 话音。实行这种模式的代表性地区为青岛和深圳。

(1) 青岛模式——广电数字化平移典范

青岛模式是广电数字化改造，整体平移的典范，青岛市采取以小区为单位推进整体转换的方式。每户可以免费获赠一台机顶盒（成本由数字电视频道中分类广告客户来承担），在发送数字节目信号的同时全部停止输送模拟信号，将模拟电视用户“整体转化”为数字电视用户，同时以大量的公共服务信息填补内容的空白。事实上，青岛仅是进行了单向数字化，并没有实现交互功能。无法开播视频点播、信息互动、缴费与增值服务，青岛要实现交互式的数字电视，需要进行有线网络双向改造。

(2) 早期深圳模式——基于有线数字电视网络的三网融合

深圳以深圳广电集团为主导，发展出“深圳模式”。深圳广电进行网络双向改造，支持互动电视与增值业务，并逐渐形成包括业务模式、管理模式在内的一整套运营体系，建立在三网融合基础上的双向互动电视的推出彻底“颠覆”数字电视产品与数字节目生产的传统模式。目前，深圳的数字电视用户在有线数字电视平台上，可以收看到95套数字电视节目（其中包含25套付费电视频道）、18路准视频点播数字电视节目流（NVOD）、2套高清电视节目、20套音频广播节目和“深圳视窗”信息服务，推出了电子节目指南、节目预订等多项功能。在准视频点播中（NVOD）开辟了新闻资讯、综艺体育等电视专题栏目；在“深圳视窗”信息服务栏目中，广泛收集和发布气象、购物、美食等十多类生活信息。

深圳率先建立起包含互动电视、宽带数据、话音三大业务平台的有线数字电视运营模式有望成为国内数字电视的“标本”。

3. 合作模式

双方合作模式主要是在一线城市开展。在城市，由于广电占据内容和牌照优势，电信运营商很难主导。双方基于自身的资源状况和当地市场的竞争状况考虑，开展多层次、多种形式的合作。广电做内容集成，电信做内容传输。实行这种模式的主要地区包括：上海、深圳、杭州等。

(1) 上海模式——分工合作，可控可管

IPTV的上海模式是在中国电信集团与上海文广集团签订IPTV战略合作框架协议基础上，由中国电信上海公司与上海文广集团BesTV百视通公司具体实施开展IPTV业务，其具体分工是：上海文广主要负责内容集成、管理、播控、用户终端等环节，上海电信主要负责IPTV内容的传输、用户计费、收费、市场推广等。上海文广的内容集成平台与电信运营商的传输和后台业务管理系统相对接，双方为用户提供包括内容、账务等方面的综合服务。机顶盒投资由双方共同分担。

上海模式特点有四个方面：

合作前提有两点。一是得天独厚的用户环境：上海是全国范围内较为发达的城市，经济实力比较雄厚，消费者ARPU值较高，市民追求时尚、便捷的服务，对融合业务具备较高的接受能力。二是势均力敌的资源优势：上海电信拥有用户1 600多万，承担了全国50%以上的国际电话汇接；互联网国际出口带宽112.5G，占中国电信总出口带宽40.4%，2008年6月中国电信IPTV实验室在上海成立；上海文广则拥有强大的内容输出能力。这使得合作过程中双方可以各取所长。

分工明确。投资方面双方共同承担以降低投资风险；在商业推广方面，上海电信负责平面媒体和户外广告，上海文广负责在其下属的数十个本地电视台推出广告；在运营过程中，广电负责内容集成、电信负责传输接入平台。

获利方式明晰。增值业务：广电占四成，电信占六成。内容和运营：广电占四成，电信占六成。这种分成模式结构简单，划分合理，可行性强（广电的优势在于内容制作和运营，电信运营商的优势则在于增值业务的提供，这种收费模式充分考虑了双方的优势互补情况）。

合作机制灵活。上海电信不仅可以与上海文广合作，还可以选择其他SP（服务内容供应商），丰富其产品的多样性，比如上海电信与提供搜索、新闻、房产、餐饮、股票等信息的SP签订合作协议。上海电信也在尝试其他一些商业模式，比如通过IPTV购物现在也获得了不错的反映。

（2）深圳模式——跨平台合作，优势互补

深圳以深圳移动和广播电影电视集团共同主导，形成跨平台合作，优势互补的“深圳模式”。以深圳广电的视频内容和宽带资源弥补深圳移动的“短板”，双方基于TD-SCDMA网络开展多媒体手机报、视频增值业务等数字媒体业务，发展深圳移动多媒体广播CMMB和建设多媒体新闻报平台，开展无线数据业务等多项合作。开展跨行业的多业务套餐营销，提供“移动通信+宽带接入+无线上网+数字电视”的全业务方案。双方合作打造深圳数字化网络电视整转新模式，广电集团用深圳移动现成网络平台作回传通道，把深圳移动的回传设备加到机顶盒里。

（3）杭州模式——资本合作，集于一身

杭州以杭州联通和杭州数字电视有限公司合作，形成资本集合，集于一身的“杭州模式”。杭州华数传媒诞生之初就同时拥有电信和广电业务牌照，其业务许可范围覆盖固话、宽带、有线电视、移动电视等。华数不仅提供广播电视节目，且在宽带网接入、互联网应用业务均有涉及——特殊“基因”使之成为严格意义上的三网融合运营商。

杭州模式的运营主体股东已经涵盖了 IPTV 产业发展的各大环节：网通——网络运营商，广电——内容提供商，市政府——市场推动者，企业——产品供应商，报社——市场舆论。杭州数字电视采用有线电视加 IPTV 的方式，同时建立广播式的数字节目平台和交互式的增值服务平台，将广播电视的公共服务和市场服务分开。用户终端同时包含了 DVB 接收和 IPTV 收看的功能。

4. 政府主导模式

政府主导模式是以政府斡旋三网融合作为主要动力，推动所在地区的信息化建设、形象建设以及拉动三网融合相关产业的发展。地方政府将从地方经济、当地企业发展等角度出发，平衡广电与电信之间的利益关系和力量对比，在具体工作中向有线网络公司倾斜，同时促使广电企业根据自身优势和业务特点，发展成未来重要的节目内容提供商，并与电信运营商进行合作。实行这种模式的地区主要有宁夏、武汉等。

(1) 武汉模式——光城建设，公平竞争

武汉是由政府主导，由政府协调推进电信与广电合作，城市光纤到户，双方公平竞争。武汉广播电视局与湖北电信武汉分公司就数字电视展开合作，原有 IPTV 用户换为武汉有线业务，并委托武汉电信开展数字电视业务；新建小区数字电视业务由广电运营，电话网络由电信运营，宽带业务各自建设，由用户自由选择，双方在管线资源方面互联支持。

武汉的光纤到户建设和应用在全国处于领先水平，同时也形成了运营业、制造业和相关产业协同发展的良好氛围。武汉电信在实施“光城计划”中先后与国内烽火、华为、中兴等制造商，当地房地产开发商以及高宽带服务内容提供商等通过建设合作发展机制，加强对市场的研究，形成紧跟先进技术、满足客户需求、促进产业发展的良好生态链。

运营商与制造商达成发展共识，合力推动光纤到户。武汉电信紧跟世界通信技术发展方向，加强与国内光纤设备研发重点制造商——以烽火集团为代表的制造商合作，形成在武汉率先发展光纤到户、推动中国光通信应用发展的共识。

建立产业合作联盟，拓展光纤到户服务。武汉电信的光纤到户建设得到快速发展，除加强与制造商合作外，还与房产开发商、业务服务商开展了广泛合作。在新建小区全部实现光纤到户接入建设，对老城区进行光纤到户改造，引

进满足光纤到户的业务应用内容，大力推广 ITV、高清电视、网络视频、网络信息等多种服务。

武汉广电和武汉电信实力均较强，双方均为各自价值链上主导者。武汉是光纤产业的基地，政府出于产业发展考虑，强力推行光纤入户和“光城计划”，力促电信、广电两者合作。

（2）宁夏模式——农村先行，构建宽带业务承载平台

宁夏政府选择了电信光缆覆盖率较高、而广电光缆覆盖率较低的农村地区试行三网融合。实现了在农村以宽带作为多业务承载平台，利用电信数据传输网传输广电提供的电视节目，利用机顶盒等设备，在一条入户网线上为用户实现上网、打电话、看有线电视等多种业务的三网融合发展模式。

中国电信宁夏公司与广电部门合作成立了专门的运营 IPTV 内容的宁夏广电互联网电视有限公司，采用了分成的模式进行合作。电信负责网络传输，广电部门负责传送电视节目，收视费由电信代收，两家分成。按照股权比例，70%的收益归电信公司，30% 归广电部门。

5. 三网融合业务发展建议

（1）合作互补共赢

从 2G 到 3G 时代，电信市场经历了“语音服务阶段”、“简单数据业务和语音服务阶段”、“移动互联网融合阶段”、“产业融合阶段”四个阶段，运营商主要提供基础语音通信服务，只能满足基本的通信需求，用户控制力强，但黏性很弱。而 SP 等参与者提供数据业务等服务，可以满足人们更高的需求，具有很强的用户黏性和较弱的用户控制力。若市场开放程度加深，产业融合更加深化，运营商的地位将转变，未来的融合产业将会出现内容与渠道并重的局面，运营商角色从唯一中心转变为多中心的一极。电信运营商必须认识到，这种角色定位转变的同时，必须伴随着竞合策略的转变，竞争格局从传统的寡头垄断变为多极化竞争，只有发挥各方的优势，进行互补合作才能实现共赢。

三网融合时代，内容和传输网络将同等重要，打破了以网络渠道为核心的利益分配格局，决定了电信运营商不得不与内容生产与提供商、终端厂商在同一层面上共享利益分配。

由于国情与文化的差异，不同运营商在产业链上的角色定位各不相同，大致分为三类：一是利用自身的强势地位覆盖产业链的大部分环节，主宰产业链；

二是控制用户接触界面；三是开展产业链合作。

在新的三网融合产业生态系统中，首要的问题是生存下来并生存得更好。电信产业的运营商不再具有对整个产业链的控制力，只是直接面对用户的众多服务商之一，只在某些价值环节上具有优势，面临着与同类型企业、产业链上下游企业、跨价值链企业的三重竞争。寻求合作才能获得更大的生存和发展空间。

（2）因时因地制宜

政府对具体准入措施作出调整是根据当时当地网络、技术和市场的成熟程度做出的决策，采用完全一致的模式不现实。不同地区采取不同的发展模式而不应局限于某一种特定模式。例如上海，正是由于当地势均力敌的资源优势才能够采用双方分工合作的模式。一方面，上海电信用户资源数量较多，技术优势也十分显著；另一方面，上海文广也拥有较强的内容输出能力，这为双方分工合作奠定了实践基础。如果采用某一方主导，有可能导致三网融合业务的发展失衡，最终业务推广失败。

（3）政府适度干预

目前中国试点地区在推进三网融合的过程中，有一些地方政府部门并不理解三网融合的真正含义，也不清楚三网融合推进过程中自身的定位。三网融合在各地发展进程中必须避免政府过度干预，给三网融合塑造良好环境，而不是"添乱"，更不应该发出不和谐指令。

此外，应当避免地方保护主义。各地政府一般与广电系统关系较为密切，而电信都属于国企，互联网企业则相对规模较小。而三网融合的推进更重要应发挥市场机制的作用。因此，试点地区地方上不应偏袒哪一方，政策措施应透明、公平和科学，"众人拾柴火焰高"，各方应团结协调发展。

（4）提供差异化业务

电信重组后，电信运营商经营业务体系逐渐完善，三网融合更使得运营商业务逐渐呈现同质化趋势，而与此相反的是，用户需求愈加个性化、多元化，提供差异化服务成为电信产业在三网融合中的必然选择。

不同的客户群存在着不同的需求特征。同一用户由于其工作、生活环境的改变，不同情况下也表现出不同的需求属性。运营商需要对用户的不同需求作出分析并据此细分市场，提供有别于其他同类企业的满足用户差异化需求的各种可选择性业务。

只有对客户需求进行系统分析以提供满足其需求的融合业务，才能实现三网融合的顺利推进。

第四节　三网融合试点城市建设与建议

1．试点原则与阶段

温家宝总理在国务院决定加快推进三网融合的会议上，明确“选择有条件的地区开展双向进入试点”是三网融合推进的重点工作之一。文件中指出：“按照先易后难、试点先行的原则，选择有条件的地区开展双向进入试点。符合条件的广播电视企业可以经营增值电信业务和部分基础电信业务、互联网业务；符合条件的电信企业可以从事部分广播电视节目生产制作和传输。鼓励广电企业和电信企业加强合作、优势互补、共同发展。”该次会议提出了推进三网融合的阶段性目标。其中，2010—2012 年为试点阶段，重点推进广电和电信业务双向阶段性进入，制定三网融合试点方案，选择有条件的地区开展试点，不断扩大试点广度和范围；加快电信网、广播电视网、互联网升级和改进。2013—2015 年为推广阶段，总结推广试点经验，全面推进三网融合。

2010 年 4 月 14 日，国务院下发《国务院关于印发推进三网融合总体方案的通知》（国发［2010］5 号），强调了三网融合的重点是“广电、电信业务双向进入、培育合格市场主体、网络升级改造”，试点截止日期为 2012 年。在融合分工方面，广电将主导 IPTV、手机电视等业务的开展。

2010 年 6 月 6 日，三网融合试点方案第六稿通过，明确广电将负责 IPTV（网络电视）集成播控平台建设管理，包括 EPG 计费管理、通过有线网开展完整的互联网接入、数据传送和 IP 电话业务。如图 6 - 23 所示，IP 电视和手机电视内容的传输和分发，则由电信来负责。试点方案规定，IPTV 传输业务原则上由一家电信企业主导；手机电视分发业务由符合条件的电信企业或电信广电合资企业经营；基于有线电视网络的互联网接入业务和国内 IP 电话业务原则上由一家有线电视网络公司或电信广电合资企业经营。

2010 年 6 月 18 日，符合条件的地区由各地方党委政府进行试点申请上报。申报条件主要包括：第一，具备较好的网络基础和技术基础，包括有线电视基本完成数字化、双向化改造，电信网络基本完成宽带改造。第二，具备较好的市场基础，要求有线电视网络整合和转企改制已经完成，且有线电视用户和电信宽带接入用户达到一定规模等。

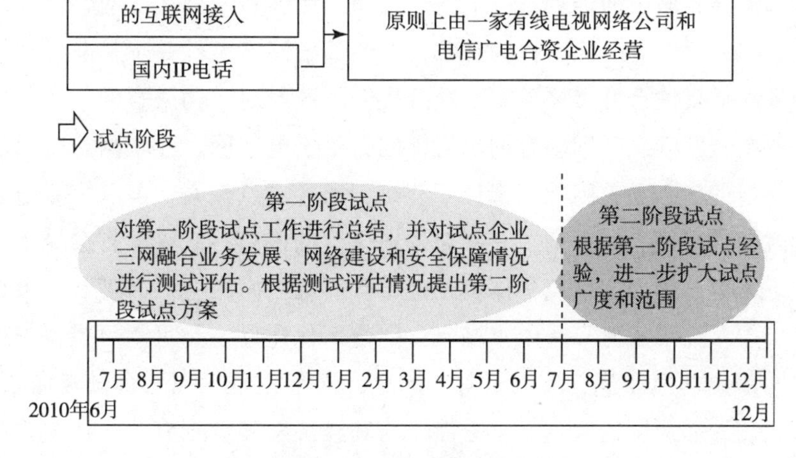

图6－23 试点地区政策

2010年7月1日，国务院办公厅正式印发了第一批三网融合试点地区（城市）名单，北京、上海、大连、哈尔滨、南京、杭州、厦门、青岛、武汉、长株潭城市群、深圳、绵阳共12个城市和地区入围。此次三网融合试点城市共有25个省市上报申请三网融合试点，工信部和广电总局于2010年7月22日分别召开内部会议，对各省市上报给国务院三网融合领导小组的试点方案申请进行讨论和审核，并于7月23日将部委意见回复给国务院三网融合领导小组。三网融合领导小组通过选择两部委意见交集的方式，在各省（区、市）自愿申报的基础上，按照试点地区（城市）应具备的条件和《三网融合试点方案》的要求，选择以上12个三网融合试点城市和地区，再经国务院三网融合工作协调小组审议批准。

2010年8月2日，国务院三网融合工作协调小组办公室印发了《关于三网融合试点工作有关问题的通知》，要求各试点地区尽快建立健全三网融合组织协调机构，并于8月16日前上报试点方案。

2. 试点城市建设

按照三网融合试点的相关规定，上海、南京、杭州、青岛、哈尔滨、大连、武汉和深圳等这些城市的当选在意料之中：一是政府积极性较高，二是网络基础设施基本符合要求，三是经济发展水平较高。

其中，哈尔滨是IPTV试点启动较早的城市，青岛的电视数字化启动工作也走在中国大多数城市的前列，而上海、杭州、深圳等城市在三网融合方面也已具备较为成熟的经验。北京作为首都，虽然基础网络条件并不是非常理想，但仍然出现在首批试点城市名单中，这既表明了政府对三网融合的信心，也表明了国家要在全国推广三网融合的决心，同时由于电信网、互联网和有线电视网这三个网络的核心和首脑部门都位于北京，通过试点探索，可以快捷地总结一些三网融合开展经验，有利于三网融合在全国的推广。武汉等省会城市，也在上报试点城市名单中，这充分体现了地市政府对三网融合的态度和积极性。在西部城市中，绵阳虽然只是中小城市，但数字化建设也是可圈可点，当地电信和广电的用户规模相当，实力对等。因此，绵阳也是三网融合试点城市之一。而湖南省长株潭地区的入选，一方面，与其经济发展规划有关，作为改革试点区，长株潭地区的电话区号已统一；另一方面，从有线电视网络角度看，长株潭地区具有双向机顶盒的优势，为三网融合的开展提供了良好基础①。

2010年试点方案体现了试点城市选择上的差异化策略。既包括北京和上海等直辖市，武汉、杭州等省会城市，也包括绵阳、青岛等非省会城市和湖南长株潭城市群。从产业布局角度看，这次试点以东部沿海城市为主，同时也在中西部选择了一些代表城市，不仅体现出了三网融合产业政策需要兼顾不同的地域、不同经济发展情况的原则，同时也基本符合目前中国鼓励东部地区率先发展加速西部大开发，促进中部崛起，振兴东北老工业基地的区域发展总体战略。

试点城市的公布，反映出国家加快推进三网融合的决心。该批试点城市只是先行一步，第二批、第三批试点会陆续推出。而在这次试点城市名单公布后，没有入选的城市应该会作出相应的改进，争取下一批试点城市名额。按照目前的三网融合政策推进情况，可以预测三网融合会加速推进，原定的5年实施计划，很可能会在3年时间内完成。

---

① 观点参考了试点城市：三网融合的第一步棋. 中国通信网，2010年8月；北京上海等12城市成为三网融合首批试点. 北京日报，2010年7月2日。

对于不同地区的试点，城市之间的具体建设情况有很大差异，经济水平，建设条件和成熟程度都不同，因此试点应该各具特点，实施过程中既要量力而行，又要体现多样性。例如，北京发展100兆光纤，但中小城市不一定要按此标准实行，要根据实际情况开展。就像北京修双向八车道马路，有的中小城市也效仿建设，结果路上见不到什么车，造成了巨大的资源浪费。也就是说，试点城市不能搞形象工程，要注重实效。

3. 试点城市发展建议

虽然试点方案和试点城市已经公布，在三网融合推进过程中，也还有相当长的路要走，三网融合的顺利推进，既有赖于技术的发展和保障，也有赖于政府政策体制的保障，更有赖于各网络、部门及企业的合作。主要建议有以下几点：

(1) 政府搭平台，企业积极参与，惠及老百姓

中国的三网融合是政府从产业发展和国家竞争力战略的发展角度出发，为实现从信息大国到信息强国的转变，而作出的重大决策。三网融合的推进要继续利用政府的力量，避免形象工程，尤其在试点城市，不能只考虑到业绩问题，把三网融合作为一个样板工程，夸大经济效益。三网融合的确带来巨大的发展机遇，但其发展过程中，除了单纯的增量部分，也会产生相应的机会成本，因此，政府的作用更多的是搭建一个适合内容提供商、网络运营商、终端生产商等相关行业发展的平台，提供适度宽松的发展环境。三网融合的真正开展，一方面，需要充分调动百姓的兴趣，让百姓体会到三网融合的实际好处；另一方面，需要企业的参与，充分调动三网即广电、电信、互联网企业的积极性，鼓励他们去挖掘市场，推出符合消费者需求的业务以惠及百姓，这是试点城市首先要完成的任务。只有政府搭平台，发挥市场的作用，充分调动企业积极性，促进网络改造和技术升级，最终为消费者以更低的资费提供更为便捷、丰富的服务，才能真正使消费者享受到三网融合带来的实惠。

(2) 合作为先，不搞地方保护主义

在试点地区，最重要的是合作为先，不是竞争为先，各地尤其不要搞地方保护主义。2008年电信分拆的时候是强调竞争合作，竞争为先，电信运营商拥有相当丰富的竞争经验。但在三网融合时则是要合作为先，在融合的基础上再

谈竞争，只有这样才能真正实质性推进三网融合进程。只有以开放的心态来面对三网融合才能真正做大做强市场，三网融合不是分蛋糕、切蛋糕，而应该放眼市场去做大蛋糕。试点城市不是特权，只有先后顺序的不同。各地不要搞地方保护主义，应团结协调发展，制定透明、公平和科学的政策措施，推进三网融合发展。

（3）因地制宜，多样化发展

结合中国的国情和目前的发展情况，试点地区可以采取多种模式开展三网融合。随着试点地区三网融合的深入，应逐渐打破广电、电信主导模式，探索符合中国国情的三网融合发展模式。根据各试点城市的具体发展状况，采取资源合作、价值链合作、资本合作等多种形式，实现差异化、多样化发展。

（4）合作共赢，广电与电信逐步开放

从国外的三网融合发展历程来看，主要经历了从电信和广电的双向进入到相互合作的历程。以美国为例，其三网融合主要采取了以下三种模式：

一是广电进入电信市场。《1996 年电信法》彻底打破美国信息产业混业经营的限制，整个电信市场获得了前所未有的竞争性准入许可。有线电视运营商开始进行有线电视网络改造和升级，在此基础上，凭借 Cable Modem 宽带业务进入电信市场，目前美国有线电视运营商的宽带接入及语音传输业务收入已经占总收入的一半左右，移动电话、网络游戏等新兴业务也在陆续开展中。

二是电信通过 IPTV 业务切入广电市场。继 2001 年 Qwest 和 RTC（Ringgold Telephone Company）率先推出 IPTV 业务之后，美国的多家电信运营商陆续开展 IPTV 业务。但是由于美国对 IPTV 的管制目前还存在着一些争议，电信运营商的 IPTV 业务发展也受到了一定限制。

三是电信企业与广电企业合作。在电信运营商和有线电视运营商直接进入对方核心业务市场的计划屡屡受挫之后，美国出现了电信与广电企业合作的模式。一方面，电信运营商和有线电视运营商、互联网公司等通过资产重组和并购的方式，实现技术、资产和市场的融合推进。如美国最大的有线网络运营商 Comcast 于 2002 年收购 AT&T Broadband Cable Systems 的所有资产，进入有线电视领域。另一方面，针对经营 VoIP 等业务时面临的限制和不足，以 Sprint 为代表的一些美国有线电视运营商选择与电信运营商合作，获得技术支持，在帮助对方发展三网融合业务的同时，也使自己获益，实现共赢。

通过对国外三网融合发展情况的分析，可看出三网融合的未来发展方向是开放。中国需要逐步打破原先封闭的广电网和电信网，以及广电、电信分而治之的局面，走向广电和电信的互相开放，实现合作共赢，推进三网融合的进一步发展。

本章结语

三网融合的业务发展是遵循网络发展的路径不断扩展和丰富的。根据目前从一网融合发展到二网融合再到三网融合的技术路线，三网融合的业务发展从一网融合即电信固网和移动网阶段的 FMC 业务，演进到二网融合阶段的移动互联网业务，最终发展为三网融合阶段的 FMBC 业务。从目前来看，全球的三网融合业务多种多样，以 IPTV、手机电视最为典型，还包括宽带接入、互动电视、网络视频、移动视频等其他业务。

中国网民规模、手机网民、有线电视用户规模继续扩张，加之3G 的普及加速，仍有持续提升的空间。广电与电信网络以及互联网需要向下一代发展，通过网络架构和技术标准趋同，实现互连互通和全业务，以实现各自的战略转型。对于有线电视运营商而言，基本只提供电视频道接入服务导致其收入模式单一，此外有线电视网络收入在国内电信业总营收中占比较小，用户 ARPU 值低，业务发展乏力，亟待三网融合为其创造新的利润增长点。对于电信运营商而言，三大电信运营商发展均进入平稳期，需要培养和发展新的业务增长点。对于互联网企业，目前中国互联网技术自主创新亟待加强，内容监管缺失产生很多影响社会发展的不安定因素，目前互联网视频内容同质化明显，互联网版权问题面临更加严峻的挑战和考验。这些问题在三网融合的有效推进过程中可以得到解决或一定程度上得到缓和。

中国三网融合业务发展模式主要有四种：①以广电有线网络为基础进行融合的广电主导模式，其在业务方面的融合路径为：广播电视业务——互动电视 + 增值业务——互动电视 + 宽带数据 + 话音，实行这种模式的地区包括青岛和深圳。②以电信的有线网络和无线网络为基础进行融合的运营商主导模式，其业务融合的路径为：固网/移动语音——语音 + 宽带——IPTV、手机电视。实行这种模式的地区包括哈尔滨和山西。③广电做内容集成，电信做内容传输的广电、电信合作共赢模式，其中包括分工合作、可控可管的上海模式，跨平台合作、优势互补的深圳模式和资本合作、集于一身的杭州模式。④政府作为主要推动力量的政府主导模式，包括光城建设、公平竞争的武汉模式，农村先行、构建宽带业务承载平台的宁夏模式。随着试点地区三网融合的深入，应逐渐打破广电、电信主导模式，探索符合中国国情的三网融合模式。

在三网融合的推进进程中，第一，应当避免政府过度干预，政府的作用更多是搭建一个适合内容提供商、网络运营商、终端生产商等相关行业的发展的平台，提供适度宽松的发展环境，充分调动企业积极性，为消费者提供更为便捷、丰富的服务，惠及百姓；第二，各地政府应理性分析三网融合的效益，而不能夸大经济效益，忽略三网融合业务开展过程中的机会成本。此外，对于在三网融合的大背景下的相关企业，应该加快转型，实行差异化服务，不断凭借IPTV、流媒体手机电视等业务进军广电和互联网行业。同时要有开放的心态和长远的眼光，加强与不同产业的企业进行合作，实现优势互补。

第七章 国家信息安全保障体系建设

三网融合进程中的网络信息安全一直是各方关注的关键问题。三网融合将使原本封闭的电信网、广电网不断开放，这种开放性可能导致流行于互联网的黑客、病毒、木马等转移到电信网和广电网，使融合网络面临来自安全方面的威胁与挑战。

三网融合，从现象上是网络、业务的融合，从本质上是构建中国特色的网络社会。无论是作为信息传输基础设施还是公众娱乐性的平台，还是解放社会生产力的工具，网络已经日益成为人民群众的基本需要。但是从技术、管理、法律、公众素质和社会应用来看，还存在很多适应性的问题，尤其是在涉及国家安全、文化安全、内容安全和公民隐私保护等方面的法律、技术准备并不乐观。

2010 年 7 月 15 日，中国互联网络信息中心（CNNIC）发布的《第 26 次中国互联网络发展状况统计报告》显示截至 2010 年 6 月底，中国网民人数达到 4.2 亿，有线广播电视用户将近 2.77 亿，手机用户和其他电信用户超过 11 亿。三网融合之后无论是网络规模、用户规模、网络应用和市场规模都应该是全球绝无仅有的，也可以说，三网融合建立的是中国未来的网络社会基础结构。这样的网络无论从结构、技术、系统、应用、终端和创新服务等方面既不可能完全采用已有的电信、广电、互联网的任何一种架构，又不可能采用传统的管理方式，更不能将技术、应用的升级寄托于国外在网络技术上的创新和突破；网络自身的新媒体特性使得其在国家安全、信息安全和文化安全方面的重要性越来越高，同样需要进行全方位的研究和机制重构。

研究三网融合的信息安全问题，需要从三个维度入手：整体网络层面的安全问题，主要包括网络、系统、程序、终端、内容、文化等；现有各网络自身的安全问题；在网络融合中可能出现的安全问题。本章重点研究三网融合中可能出现的信息安全问题。

第一节　三网融合中的信息安全问题

2010年5月27日，美国奥巴马政府发表的《国家安全战略》强调网络安全威胁是对国家安全、公共安全、经济安全最严峻的威胁之一。在网络空间问题上，国家面临来自国外情报部门、外国军队、犯罪分子及其他势力的长期挑战，如果应对不力，将会对国民经济稳定和国家安全造成重大损害。信息网络系统已经越发成为国家经济和基础设施的支柱，影响着国家安全和公民个人福祉。保护作为国家战略资产的数字基础设施是维护国家安全的第一要务。当然一切决策和行动，都必须尊重公民隐私和自由，只有一套内容全面、覆盖国际和国内网络安全的国家安全战略，才能保障国家安全。网络间谍活动和网络犯罪已呈上升趋势，尽管包括中国在内的一些国家已经迅速认识到这一问题，但在很长一段时间内，网络安全的发展一直是比较缓慢的。因此，奥巴马总统认为，“对于任何网络攻击，我们都应具备相应的识别、隔离和反应能力”。

1. 计算机网络安全

随着信息化的发展、互联网的普及，计算机网络已经覆盖到政府、企业和家家户户，融入到社会各个方面。随之而来的是，计算机网络安全受到前所未有的威胁，病毒四处可见、黑客任意猖獗、木马程序遍布各类网站，致使数据的安全性受到严重的威胁，造成生活和工作的障碍，并会给社会、个人带来巨大的损失和灾难。计算机网络安全是一个包含很多因素的问题，但是大致可以描述为以下几个方面：操作系统安全、数据库安全及非常规安全。[107]

(1) 操作系统安全

任何网络系统都需要操作系统，操作系统不仅是硬件支撑软件，而且是其他软件和系统可以正常运行的环境。操作系统是由程序组成的软件系统，在系统开发设计的时候难免会有破绽和漏洞。操作系统在网络系统上具有传送文件、加载程序、进行数据操作等功能，也会使网络安全受到影响，包括一些来历不明、无法验证安全性的软件，如流氓软件访问个人网页。操作系统存在不安全在于系统可以支持远程创建和激活和继承创建的权利，例如黑客通过远程控制将用户当作肉鸡，一旦碰到特定的情况，这些软件可以大量复制文件，在用户计算机上放置木马病毒。此外，操作系统入口无口令，也给网络留下安全隐患。

(2) 数据库安全

数据库安全包含系统运行安全和系统信息安全。系统运行安全通常受到的威胁在于：网络不法分子通过网络、局域网等途径入侵计算机使系统无法正常启动；或超负荷让计算机运行大量算法，并关闭 CPU 风扇，使 CPU 过热烧坏。系统信息安全是授权用户超出了访问权限进行数据的更改活动，非法用户绕过安全内核，获取各类保密信息，如黑客对数据库入侵，并盗取想要的资料。

数据库是网络的核心内容，保证数据的安全可靠和正确有效，防止数据库被破坏和非法存取，已经成为用户至关重要的关注问题。

(3) 非常规安全

各种自然灾害（地震、泥石流、洪灾、风暴等）及一些偶发性因素，如电源故障、设备的机能失常等会对计算机系统的硬件和网络设施产生严重影响，需要从规章制度、安全管理水平、操作流程、防范措施等方面避免各种可能出现的风险。

2. 信息网络安全

(1) 技术安全

基于 IP 协议的网络，由于 IP 协议本身的缺陷而存在安全隐患。IP 协议无法提供端到端的服务质量控制和安全机制，在将合法用户接入网络端口和门户的同时，网络黑客和病毒等都会乘虚而入。攻击者可以通过使用 IP 地址欺骗、拒绝服务攻击、漏洞入口等工具和技术入侵网络，达到破坏网络服务、盗用服务和窃取机密信息等目的。这些缺陷在通信网络、广电网络和互联网络中一直存在，随着三网的融合，相应缺陷也在融合网络中继承了下来，尤其是 IPv6 协议。IPv6 协议中的部分重要协议如 ND 协议在当前环境应用下存在漏洞，当网络中存在恶意节点时，就可能遭受利用 ND 认证缺陷的欺骗性 DoS① 攻击，且受 IPv6 地址空间扩大的影响，攻击者还有可能利用 ND 从链路外发起资源消耗性 DoS 攻击。这些缺陷必然会使未来网络产生安全问题。[108]

---

① DoS 是 Denial of Service 的简称，即拒绝服务，造成 DoS 的攻击行为被称为 DoS 攻击，其目的是使计算机或网络无法提供正常的服务。最常见的 DoS 攻击有计算机网络带宽攻击和连通性攻击。

(2) 网络安全

三网融合后，原先封闭的电信网、广电网将不断开放，这种开放性使得外部的攻击者有了可乘之机。互联网中大量出现的骇客、木马以及流氓软件等将会转移到电信网、广电网，产生巨大的危害。全网爆发的蠕虫病毒、大流量分布式拒绝服务攻击、充斥网络的各种垃圾流量、针对支撑和业务系统的攻击等都将给网络安全提出严峻的挑战。同时，由于传统网络的封闭性，一些安全漏洞被掩盖起来，在开放的环境下，这些缺陷就很快暴露出来。此外，在孤立的网络环境下，病毒或黑客的攻击范围相对有限，在融合背景下，一个网络中的安全威胁将延伸到其他网络中，从而出现全网的安全威胁，如图 7－1 所示。在这种环境下，病毒作为一种传统的网络安全威胁，在三网融合背景下将成为一个更加复杂而艰巨的挑战。计算机病毒木马具有隐蔽性强、变种速度快、攻击目标明确、趋利目的明显等特征。随着网络的发展，手机病毒将会呈爆炸性增长，并且这些病毒也会随着三网融合的延伸，逐步扩散到整个融合网络中。所以融合网络将会面临更加严峻的挑战，需要全方位、多角度和深挖掘以面对信息安全问题①。

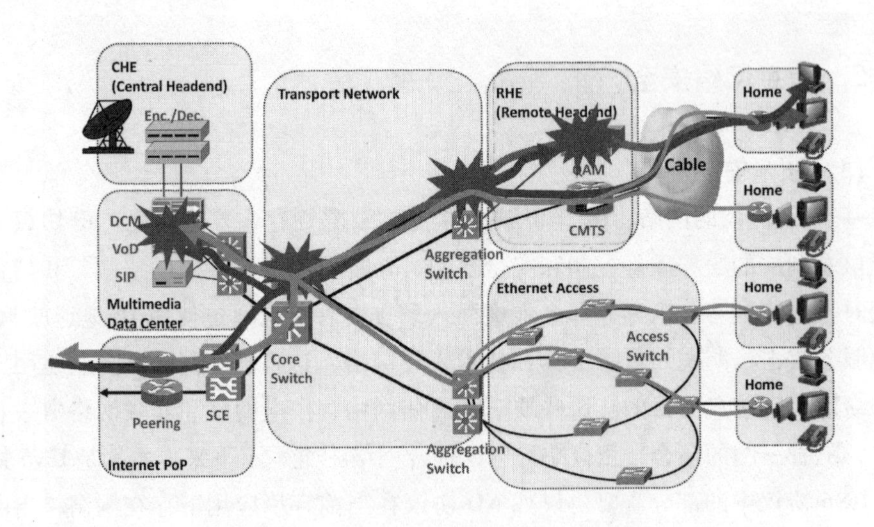

图 7－1 三网融合带来全网安全威胁

2010 年上半年，中国网络安全态势总体平稳，全国范围内或省级行政区域内未发生通信网络基础设施的重大网络安全事件，基础电信运营企业、国内域

① 封莎，魏园园. 三网融合安全问题分析. 信息网络安全，2010 年第 2 期。

名注册管理和服务机构业务系统未发生重大网络安全事件，网络安全威胁主要体现为来自公共互联网环境的安全威胁。

根据国家计算机网络应急技术处理协调中心2010年的统计报告，[①] 在信息系统安全漏洞、互联网流量监测、木马与僵尸网络监测、被篡改网页监测和网页仿冒监测方面的情况如下：

1）信息系统安全漏洞公告及处理情况

2010年上半年国家信息安全漏洞共享平台（CNVD）共收录信息安全漏洞1 241个，其中高危、中危、低危漏洞分别占19.34%、23.93%和56.73%，可用于实施远程网络攻击的漏洞有1 076个，占收录漏洞总数的86.70%，0 day漏洞107个。

2）互联网业务流量监测情况

在TCP协议中，占用带宽最多的网络应用有四类：Web浏览、网络多媒体（音频视频）、P2P下载和网络代理。在UDP协议中，占用带宽最多的是即时聊天工具和P2P软件下载。

3）木马与僵尸网络监测情况

2010年上半年中国大陆地区有近124万个IP地址对应的主机被木马程序控制；参与控制中国大陆计算机的境外木马控制服务器IP有12.8万个，主要来自美国、印度和中国台湾。2010年上半年中国大陆地区有23.3万个IP地址对应主机被僵尸程序控制；参与控制中国大陆计算机的境外僵尸网络控制服务器IP有4 584个，主要来自美国、土耳其和印度。

4）被篡改网站监测情况

2010年上半年中国大陆被篡改网站总数为14 907个，比2009年上半年下降21.8%。2010年上半年中国大陆地区政府网站被篡改数量为2 574个，比2009年上半年增长222.56%。被篡改的政府网站占整个大陆地区被篡改网站的17.27%。

5）网页仿冒事件情况

2010年上半年CNCERT共接到网页仿冒事件报告740次，经归类合并后具体成功处理了308件。被仿冒的网站大多是国外的著名金融交易机构网站。

（3）终端安全[②]

终端设备方面，正如互联网的产生和繁荣给人们的生活带来了巨大的变化

---

① 中国互联网网络安全报告（2010年）. 国家互联网应急中心（CNCERT），2010年。
② 李刚. 三网融合：不给安全营造“盗梦空间”. 中国信息安全，2010年12月。

一样，随着三网融合下更多的终端接入到网络，人们将更加依赖于电子产品和网络。目前互联网上流行的木马、蠕虫等病毒会通过广电网和电信网，传染到用户终端，随着“Cabir”第一代蠕虫病毒出现以来，越来越多的手机终端正像PC一样遭受病毒的困扰。因此，随着电视、电子书、手机、PSP、MP4等终端设备越来越智能，将会有更多的电子产品接入融合的网络，各类病毒对终端的侵害和现在比起来只会有过之而无不及。也许有一天，家中的互联网电视不仅会死机，而且会受到黑客的控制被当做跳板成为攻击别的网络工具的武器。

（4）实体安全①与软件安全

三网融合之后，以前各自相对封闭的电信网和广电网将会从物理层、网络层等多个层面进行充分的融合。随之而来的就是，更多的网络设备、网络链路、终端设备成为融合网络即电信网、广电网、互联网的组成要素，以前一个网络中，尤其是互联网络中的对于实体的安全威胁，将不可避免地扩展到所有的网络中。具体表现如下：

设备或链路方面②。三网融合的直接效益就是减少不同网络的重复建设，越来越多的设备和线路可以被重复使用，进而带动电信网、广电网、互联网在网络层面上的交叉、拓展和延伸，以及业务应用层面的融合和深化。因此，一旦设备或链路由于人为的或自然的原因遭到破坏，以前一个区域、一张网、一个应用或业务受到的影响将会波及多个区域、多张网、多个应用，影响的广度和深度将远远超出任何单一的网络。三网融合下设备或链路的威胁，对于国家安全、行业安全，以及对于人们生活的影响都将是巨大的。

软件安全成为网络安全中的突出问题。在中国，操作系统和应用软件的核心技术长期被外国公司所掌控。但是当中国今后的网络规模涉及全体国民的切身利益，而网络安全的核心又由软件决定的时候，这个问题就成为我们必须认真思考的对象。三网融合中不可避免的是跨网业务中大量中间件的使用，以及视频业务在手机和网络上的应用，需要尽快形成相关标准以确保安全规范。

---

① 实体安全又叫物理安全，是保护计算机设备（含网络）免遭地震、水灾、火灾、有害气体和其他环境事故（如电磁污染等）破坏的措施和过程。

② 唐亮. 三网融合下的安全威胁与挑战（一）. 中国互联网信息中心（CNNIC），2010年5月。

3. 信息内容安全

(1) 内容安全隐患[109]

内容安全是指如何防止有害信息利用计算机网络所提供的自由流动的环境肆意扩散。根据梅特卡夫准则，每个上网的新用户都因为别人的联网而获取更多的交流机会，导致信息交互的范围更加宽泛、交互的次数更加频繁，因而“网络的价值随着用户数量的平方数增加而增加”。从安全的角度来看，网络价值在几何级增长的同时，潜在的威胁也与之相生相随，并且极有可能随着用户数量的急剧增加而呈现几何级的增长。在三网融合带来网络价值增长的同时，内容安全主要在三个方面存在隐患，即网络规模巨大而监管乏力、网络滥用行为频发而无法可依、新媒体技术发展迅速而亟待规范。

一是网络规模巨大而监管不力。广电网的受众是收听广播的听众和观看电视的观众，互联网的受众是广大网民，三网融合之后他们之间的界限将变得更加模糊，互联网的视频、音频等多媒体资源可以在电视上展现，广播、电视等内容可以在计算机、手机等终端上展现。一旦少数不法组织或分子，通过控制信息源来发布一些有害信息，其结果将有可能是几亿的电视观众、几亿的网民和几亿的手机用户都收到这样的信息，再加上 SNS① 中信息的指数级传播速度，其带来的影响和危害将可能是空前的。传统的电信网、广电网从网络结构上拥有集中的管理和控制能力，但是从网络融合的趋势来看，恰恰是没有集中管理的互联网基础协议将成为未来网络发展的基础，对于互联网从网络核心到网络末梢都存在监管乏力的现象，这从中国实行网络备案制度和推进网络实名制所遇到的困难便可见一斑。

二是网络滥用行为频发而无法可依。一方面随着三网融合不断推进，必然会有越来越多的基础运营商、服务提供商和内容提供商加入；另一方面互联网中的 Web2.0 模式将会进一步延伸到其他网络中，三网融合下的网民在消费信息的同时，将通过传统互联网、广电网不断提供信息、创造信息。因此，伴随网络的及时性、迅捷性、互动性、分布式、共享式的优点而出现的大量网络滥用行为，如网络欺诈、垃圾信息、网络侵权等，不仅侵害广大网民的基本权利，甚至对国家安全和文化安全产生威胁。由于信息发布源的分散，对于信息发布

---

① SNS，全称 Social Networking Services，即社会性网络服务，专指旨在帮助人们建立社会性网络的互联网应用服务。也指社会现有已成熟普及的信息载体，如短信 SMS 服务。SNS 的另一种常用解释：全称 Social Network Site，即“社交网站”或“社交网”。

者的管理以及有害信息源的追溯都提出了新的挑战；更为糟糕的是由于法律和相关社会规则的缺失，使得网络滥用行为成为难以治愈的顽疾。

三是新媒体技术发展迅速而亟待规范。在线视频将是互联网的主流媒体形式，高清将会受到更多人的追捧。不论是 IPTV 还是互联网电视，也不论是 NGB 还是光纤入户，或者 3G/4G，都将进一步推动视频业务的发展，尤其是多媒体时代将有更多的网友加入到视频制造大军中。缺乏行业标准和服务规范，使得在传统互联网治理中比较棘手的文本图像监管之外更增加了视频监管难的问题，在三网融合过程中需要负责全国 IPTV 播控平台的广电和负责制定电信行业标准的工信部科技主管司局共同协商解决。

（2）信息融合安全

三网融合后信息量急剧增加，垃圾邮件、商业诈骗以及危害国家安全的信息充斥在各种网络中，并将对网络的信息安全带来极大挑战。因此，提供信息的可信性也将成为融合安全的重要组成部分。

所有与网络传送和业务运营安全不直接相关的、由网络服务引起的国家、社会、文化等其他所有信息安全问题，都可以归纳为信息内容安全范畴。例如，不良信息传播、虚拟财产保护、网络知识产权保护、个人隐私信息保护等内容。三网融合后，由于电信网和广电网的接入，网络终端上传音视频信息量急剧增加。互联网是开放的，电信网络的 IP 化，必将带来其自身固有的安全缺陷。例如，网络对承载内容不具备识别能力、业务匿名等，终端用户可以利用 IP 电话、移动短信息等手段传播发动信息和政治谣言，煽动群体性事件等。在三网融合信息安全方面，网络信息量的急剧增加，网络视频、视听等新业务将获得更快发展，在丰富广大消费者文化娱乐生活的同时，危害国家安全、色情、诈骗、垃圾邮件、暴力等各种信息充斥在互联网中。境外反华势力的反动宣传途径和渠道更加多样，违法和不良信息的跨网流动更容易形成扩散效应。三网融合后，原来相对独立的电信网和广电网不仅极有可能成为新的跨网络攻击的目标，还面临监控失调的问题，不法经营者会在利益的驱动下，通过传播不良信息、危害国家安全来敛财。

按照相关规划，三网融合后，电信企业将可开展相应的广电业务，广电企业也可以从事相应的电信业务。由于三网融合后其涉及互联网的诸多领域，其相应的法律法规制定、监管制度建立、安全技术的实施等都相对复杂。图像信息的实时性，将对信息安全监管工作提出极大挑战，提高信息的可信度将成为三网融合的重要组成部分。

第二节　三网融合背景下的网络安全策略

1. 互联网安全策略建议

(1) 网络安全对策

网络安全是一个综合性和复杂性的问题，面对互联网行业的飞速发展，面对三网融合的进一步渗透，各种新技术将会不断出现和应用。这也给计算机网络带来了巨大的挑战和考验，需要我们从主观与客观两个方面去思考和解决网络系统的安全问题。

网络安全解决方案是综合各种计算机网络信息系统安全技术，形成的一套完整、协调一致的网络安全防护体系。在网络建设和管理过程中需要进一步分析安全问题，并研究方法和制定措施，确保网络正常、高效、安全运行。安全管理始终是网络系统的薄弱环节，加上用户在使用网络时对安全要求较高，使得网络安全管理显得非常重要。网络管理者必须充分意识到潜在的安全性威胁，并采取一定的防范措施，尽可能减少这些威胁带来的恶果，将来自网络外部对数据和设备所引起的危险降到最低程度①。

(2) 系统安全对策

计算机网络安全是一个复杂的网络系统，不仅涉及技术、设备、人员管理和网络流程等范畴，还应该以法律规范作保证，只有各方面结合起来，相互弥补，不断完善，才能有效地保障网络信息安全。网络信息系统保障是一个全方位、立体化的防御系统。

从技术方面的防范措施来说，主要包括对计算机系统实行物理安全防范、防火墙技术、加密技术、密码技术和数字签名技术、完整性检查、反病毒检查技术、安全通行协议等。

从管理方面来说，不仅要看所采用的安全技术防范措施，而且要看所采取的管理措施和执行计算机安全保护法律、法规的力度。只有将两方面紧密结合，才能使计算机网络安全对策行之有效。

---

① 薛海英，何喜彬．计算机网络安全问题剖析．工程技术，2010 年第 4 期。

2. 广电系统安全策略建议

(1) 信息安全保障①

以互联网技术引发产生的新媒体，虽然也要求以广电为主体发展，但实际上早已突破了传统媒体限定的边界，成为主体多元、形式多样的社会化、大众化、个性化的媒体，既促进了信息交流和文化发展，也给信息和文化安全带来了隐患。在三网融合过程中，对视听节目集成播控、传输分发、用户接收等各个环节进行实时监控，确保节目的安全播出、可管可控，直接关系到网络信息安全、文化安全乃至国家安全。根据三网融合总体方案的要求，把确保网络安全、文化安全贯穿于三网融合全过程，按照属地化管理原则，谁主管，谁负责，建立健全相关安全监管机构和技术监管系统，落实网络信息安全和文化安全管理职责。

广电总局作为网络视听节目监管的责任部门，在三网融合过程中不仅要对广电机构控制的二级城市播控平台等设施进行实时监控，而且要对电信企业的传输、分发环节部署数据采集和检测系统，进行实时监控。广电负责全国性行业管理，在现有信息网络视听节目监管系统基础上，建立中央 IPTV 和手机电视监管系统；建立本地的技术监管系统，在节目集成播控、传输分发、用户接收等环节安装数据采集和监测系统，加强对各类网络播出、传输视听节目的监管。地方监管系统的建设和运行应当与当地试点业务的开展协调一致，确保同步建设、同步运行，同时要与中央监管系统实现对接，确保播出的内容安全和传输安全。

(2) 信息安全等级保护

信息化是当今社会发展的必然趋势，信息安全工作未来更加严峻，加强行业信息安全工作的指导力度，完善信息安全保护制度，才能推动行业信息安全工作的合理展开。目前随着广播电视信息化的发展，计算机和网络技术已经广泛应用于广播电视服务工作中，各级广播电视播出、传输数字化和网络化的快速发展提高了数据互通、信息共享、设备操控及业务管理等方面的便利性，但同时也对广播电视的信息安全提出了更高的要求。[110]

---

① 陶世明．三网融合与新媒体发展．第十九届北京国际广播电影电视设备展览会发言，2010 年 8 月。

为了将国家信息安全政策要求和标准在行业内良好落地、快速推进信息安全工作的开展，广电行业应从行业标准化入手，围绕信息安全风险评估和等级保护工作，依据行业特点进行了一系列开拓性研究和探索。等级保护制度是信息安全工作的一项基本制度，该制度将有限的财力、人力、物力投入到重要信息网络系统安全保护中，增强信息系统安全防范能力。等级保护制度符合广电行业安全播出分类分级管理原则，对于传统意义上的广播电视传输网和播出系统，按照节目影响力和影响范围将不同的传输网、播出系统划分为三个保障等级，并在系统配置、运行维护和网络管理方面提出不同等级要求。

3. 电信系统安全策略建议

（1）网络系统保障

电信网络是国家信息系统的基础设施，各大运营商作为国内重要的基础网络运营商，其系统的安全在信息化安全工作中占据着十分重要的位置。作为构架在基础网络设施之上的行业之一，电信行业的通信服务应用水平和应用程度远远领先于其他行业。随着经济活动的日益频繁、通信服务的迅速增长，特别是在三网融合积极推进下，具备强大信息安全管理功能的通信网络系统对社会及企业都至关重要。在三网融合的网络一体化的背景下，随着信息、数据以及应用在各大行业的普遍运用，系统自动化程度不断提高，网络环境中的系统保障需要进一步加强。主要策略包括加强网络和设备的运维、加强安全网络的建立、网络的安全评估体系、安全的保证体系、安全的防范体系、建立信息保障通道等。

另外还要注意，提升底层软硬件研发和制造能力。

物理网络设备的研发制造：健壮可靠的物理网络是三网融合的基础，具备了强大的自主研发和制造能力，才能不受制于人，才能够更好的运营、维护和管理网络。

芯片和存储设备的研发和制造：芯片和存储设备室网络和终端智能化程度的硬件体现，是三网融合业务的提供硬件基础。

操作系统和应用平台的研发：优良的操作系统和平台能够覆盖复杂网络环境和不同硬件系统，为三网融合服务丰富有效的基础保障。

（2）信息系统保障

随着三网融合和信息化进程的加快，国家信息系统、行业管理系统、业务运营系统、企业办公系统等信息系统都已经实现了网络化，基础网络系统成为政府管理和企业运营必要的工具。对信息系统及其服务的依赖日益加深意味着所有服务对象更容易受到不安全因素的威胁，安全问题造成的影响更大，一旦发生安全问题，可能影响电信网络的正常运行、影响各行各业的正常工作、泄露各种用户的机密，影响社会的正常运转，对社会经济造成巨大损失。对此，我们可以通过加强网络与信息安全领域方面的安全算法、安全协议、安全基础理论研究、安全基础设施、安全技术、安全管理、安全评测等各个方面来提升整体信息系统保障能力。

(3) 信息安全策略

针对中国的网络与信息安全现状和未来、三网融合的信息互连互通、信息安全面临的挑战以及对网络与信息安全的需求，电信体系在三网融合过程中，可以采用以下几个方面的安全策略。

法律法规方面，加速立法，尽快制定网络与信息安全刚性文件，划清职责、依法行政；监督管制方面，依据法律对涉及国家安全和公众安全的业务及网络严格监管，对不涉及安全的业务及网络适当放松监管尺度；技术标准方面，鼓励具有自主知识产权的安全技术的研发，制定相关安全的行业标准以及国家标准；适度安全方面，运营商应在满足国家法律和监管要求的前提下，综合平衡成本与产出，保障网络及业务的适度安全；技术和管理保障方面，运营商应当运用先进的管理和技术手段，遵照法律法规以及监管要求，为国家的应急通信、执法监听等提供技术手段，为用户提供适度安全；国际合作方面，由于网络的开放性以及全球互通的特性，为保障网络与信息安全，各家运营商必须加强国际合作；自主防护策略，用户应当增加安全意识，在行业自律、政府监管的前提下尽力自主防护。[111]

4. 国家应对策略建议

2010 年 7 月 1 日国务院公布了三网融合首批试点城市名单，三网融合迎来了发展的关键时期。三网融合在带来网络价值增长的同时，内容安全带来的影响也将逐步显现，如何构建三网融合后网络信息安全监管和保障模式，成为三网融合进程中始终必须面对和解决的问题。

(1) 建立网络和信息安全管理机构①

三网融合后面临的安全问题纷繁复杂，需要改变目前多头管理的局面，在原有监管部门的基础上，依法精简合并部门，成立专门的、统一的网络和信息安全管理机构。该机构的职责主要体现在：加大对网络和信息安全工作的指导规划力度，加强基础性管理工作，推动行业自律；制定国家级的网络和信息安全预案，协调相关部门、重点行业的网络和信息安全工作；牵头制定相应的标准和规范，做好基础性工作。

(2) 健全网络和信息安全法律法规体系

近年来，中国在网络和信息安全立法方面做了大量的工作，但是存在着法阶不高的问题，大部分法律都只是部门法规。三网融合需要进一步完善法律法规体系，尤其是要出台一部专门的网络和信息安全基本大法，构建结构严谨、层次分明、功能合理的网络和信息安全法律体系。通过立法明确政府、运营商、用户等在保障网络和信息安全中的权利和义务，为网络和信息安全工作提供强有力的支撑。同时，加大执法力度，对破坏网络和信息安全的行为进行严厉惩罚。

(3) 实行安全保护机制

根据不同单元在系统中的重要程度、面临的风险威胁、安全需求、安全成本等因素，将网络划为不同的安全保护等级并采取相应的安全保护技术和管理措施。实行分级、分层、分域的安全机制，制定不同级别的安全防护机制、安全监测机制、安全恢复机制；深入开展网络安全保护和应急体系建设；完善应急预案，及时有效处置安全事件。不同实体要明确责任，完善安全保护机制，认真开展安全评测、风险评估、技术手段建设等工作。

(4) 发展信息安全技术

1）安全测试评估技术：掌握网络与信息系统安全测试及风险评估技术，按照等级保护的原则进行，建立完整的面向等级保护的测评流程及风险评估体系。

2）安全存储系统技术：一是要掌握海量数据的加密存储和检索技术，保障存储数据的机密性和安全访问能力。二是要掌握可靠海量的存储技术，保障海

---

① 参考三网融合下网络和信息安全问题对策，中国信息产业网。

量存储系统中数据的可靠性。

3）主动实时保护模型与技术：掌握通过态势感知，风险评估、安全检测等手段对当前网络安全态势进行判断，并依据判断结果实施网络主动防御的主动安全防护体系的实现方法与技术。

4）网络安全事件监控技术：掌握保障基础信息网络与重要信息系统安全运行的能力，支持多网融合下的大规模安全事件的监控与新技术，提高网络安全危机处置的能力。需要强调的是三网融合势在必行，不同网的状态下，要实现融合，这就对进行监测提出了一定的要求，监测水平需要有所提升。

（5）做好安全技术保障

国家要针对三网融合中可能出现的网络和信息安全问题，提前部署，进行有针对性的研究，既要加大核心技术的开发和攻关力度，努力实现重大设备的国产化，构建具有自主知识产权的网络和信息安全保障体系；也要把人才队伍建设作为网络和信息安全管理工作的基础任务之一，加强人才队伍建设，努力锻造一支技术过硬的人才队伍。

（6）增强安全技术手段①

无论是政府管理部门还是商业企业，在日常生活和工作中，往往有很多文件、命令、条约、协议、合同等需要签署，以便在法律上能够认证、核准、生效。远程办公、电子商务和网络风险使得传统的手写签名或印章等签名方式不再可靠，远离网络信息风险成为行业、用户的迫切需求，数字认证应运而生。数字签名②采用规范化的程序和科学化的方法，不但能鉴定签名人的身份和认可一项数据电文内容的信息，而且还能验证出文件的原文在传输过程中有没有被恶意篡改。

增强技术手段，采用数字认证识别网络风险，需要“第三方”即电子认证服务机构（CA）对数字认证人的身份进行认证，向交易对方提供信誉保证。事实上，认证机构的可靠与否，对保证数字认证的真实性和电子交易的安全性起着至关重要的作用，因此数字签名的可靠与否，关键要看认证机构的资质和信誉。国际上数字认证发展较好的国家都有对认证机构的评价标准。美国强调市

---

① 数字认证：引领2010保障网络融合安全. 通信世界网，2010年4月。

② 数字签名（又称公钥数字签名、电子签章）是一种类似写在纸上的普通的物理签名，使用了公钥加密领域的技术实现，用于鉴别数字信息的方法。一套数字签名通常定义两种互补的运算，一种用于签名，另一种用于验证。

场选择，所有在数字签章活动中提供认证服务的机构靠自身的技术和信誉获得市场的认可；欧洲则要求中介机构对认证机构进行评测、审计，并对其安全性、可信性给出意见；亚洲一些国家则是政府许可型，如日本从事认证业务必须经过许可，韩国的认证机构均由政府指定，新加坡要求认证机构必须由政府批准。中国电子认证市场刚进入起步阶段，国家相关管理部门也发布了一些行业规范，随着数字认证法的出台，势必会加强对认证中心的管理。

（7）发展信息安全、健康传媒与正确舆论导向，区分哪些是传统信息安全范畴，哪些是健康传媒与正确舆论导向的范畴，哪些是传统违法违规行为的网络版本，哪些是新的威胁，哪些是企业的担当，哪些是政府的职责，这都是需要进一步完善和科学理性对待的。只有这样才能分别监管，区别对待，防止信息安全冷化，因噎废食，影响到群众的正常信息生活、知情权和媒体合法的舆论监督权。只有全面实施安全应对策略，才能使得三网融合成为一个安全、放心和可靠的全面融合，才能使百姓更加便捷、经济享受网络信息时代的产物。未来三网融合下的网络和用户场景可以从图 7－2 中清晰见到。

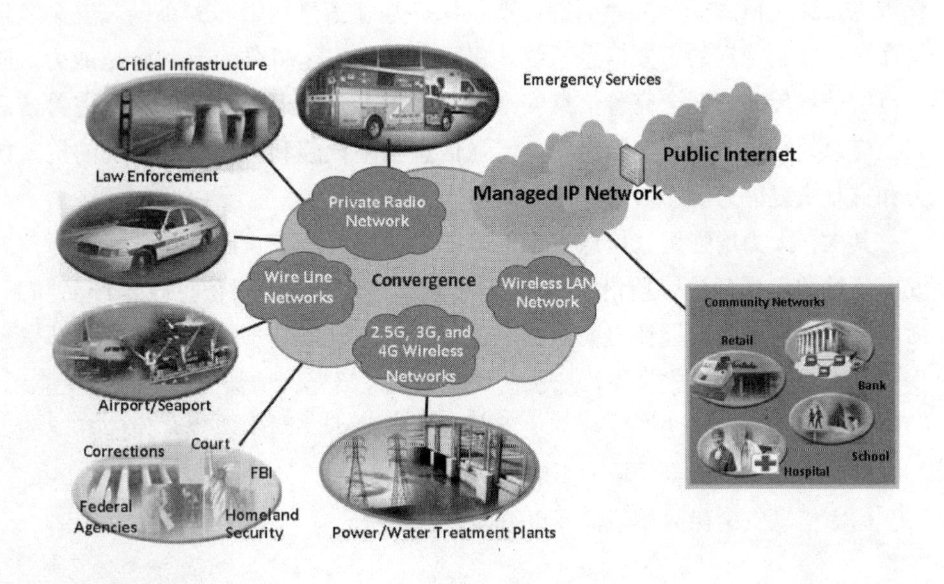

图 7－2　未来三网融合下的场景

第三节　国家信息安全保障体系建设策略与建议

1. 国家信息安全保障体系[112]

国家针对国家信息安全战略问题，下发了相关的指导文件。2003 年，中央办公厅下发【2003】27 号文件《国家信息化领导小组关于加强信息安全保障工作的意见》。2005 年，国家信息化委员会下发【2005】2 号文件《国家信息安全战略》。2006 年中央办公厅下发【2006】11 号文件《2006—2020 年国家信息化发展战略》。

国家在顺应当前时代发展和社会信息化发展的前提下，提出了建设国家信息安全保障体系的要求。

首先，全面加强国家信息安全保障体系建设。探索和把握信息化与信息安全的内在规律，主动应对信息安全挑战，实现信息化与信息安全协调发展。确保重点，优化信息安全资源配置。重点保护基础信息网络和关系国家安全、经济命脉、社会稳定的重要信息系统。提高对网络安全事件应对和防范能力，防止有害信息传播。健全完善信息安全应急指挥和安全通报制度，不断完善信息安全应急处置预案。从实际出发，增强信息基础设施和重要信息系统的抗毁能力和灾难恢复能力。

其次，大力增强国家信息安全保障能力。积极跟踪、研究和掌握国际信息安全领域的先进理论、前沿技术和发展动态，抓紧开展对信息技术产品漏洞、后门的发现研究，掌握核心安全技术，提高关键设备装备能力，促进中国信息安全技术和产业的自主发展。加快信息安全人才培养，增强国民信息安全意识。不断提高信息安全的法律保障能力、基础支撑能力、网络舆论宣传的驾驭能力和中国在国际信息安全领域的影响力。

国家信息安全保障体系涉及以下内容：

（1）两个原则

1）坚持积极防御，综合防范的原则

探索和把握信息化与信息安全的内在规律，立足当前，放眼长远，主动应对信息安全挑战；重视信息安全攻防技术的研究，强调军民结合、资源共享、军民互动的原则，以此来反映积极防御的第一个内涵；重视面对信息安全新技术要积极研究信息安全的新风险，要积极应对与挑战，以反映积极防御的第二个内涵。

2）坚持立足国情，综合平衡安全成本和风险的原则

确保重点，优化信息安全资源配置；目前是8+2（海关、保险、银行、证券、税务、电力、铁路、民航；电信、广电），重点的内涵还在扩充中。

（2）三个要素

增强国家信息安全保障能力有三个要素：人、管理、技术。

1）加快信息安全人才培养，增强国民信息安全意识

人才的培养表现在两个方面：一是学历教育；二是职业教育（继续教育）。目前信息安全正在争取成为一级学科。国民信息安全意识的提高重点则主要是依靠宣传普及。

2）注重管理以及治理手段

从法制、体制、机制、措施四个角度开展管理工作，并积极完善法律保障、行政管理、行业自律、经济制约、舆论监督的治理手段。

3）发展信息安全技术与产业

提升前沿技术、装备设施、安全服务、自主产业四个要素，积极跟踪、研究和掌握国际信息安全领域的先进理论、前沿技术和发展动态，抓紧开展的信息技术产品漏洞、后门的发现研究，掌握核心安全技术，提高关键设备装备能力，促进中国信息安全技术和产业的自主发展。

（3）四个核心能力

1）不断提高信息安全的法律保障能力

形成有体系的法律、行政法规、部门规章、行业标准。在国家法律层面，信息安全法的形成，包括《刑法》、《电子签名法》等；在行政法规方面，信息安全条例的形成，包括《计算机信息系统安全保护条例》、《商业密码管理条例》、《互联网信息服务管理办法》；在部门规章、文件、地方法规方面，包括信产部的《中国互联网络域名管理办法》、公安部的《计算机病毒防治管理办法》、国新办的《关于开展信息安全风险评估工作的意见》、辽宁省的《计算机信息保密管理规定》；在国家标准、行业标准方面，制定GB17859《计算机信息系统安全保护等级划分准则》。

2）不断提高信息安全的基础支撑能力

重视信息安全基础设施的建设：包括信息安全监控系统、信息安全支撑系

统、信息安全保障系统等。具体内容涉及数字证书认证/公钥基础设施体系、计算机网络应急响应体系、灾难恢复基础设施、病毒防治服务体系、产品与系统安全检测和评估体系、密钥管理基础设施、授权管理基础设施、信息安全事件通报体系、ICP/IP 域名备案管理系统、网络安全检测技术平台、网络舆情掌控与预警体系。

3）不断提高网络舆论宣传的驾驭能力

要明确建立舆情指数体系。针对如何提高处置网络突发事件的能力，如何发现舆情并作出反应，如何引导舆论方面，要从建设、发现、疏导、监管、过滤入手掌控舆论。舆情驾驭具体目标包括舆情的发现与获取、舆情的分析与引导、舆情的预警与处置。

4）不断提高中国在国际信息安全领域的影响力

核心是信息安全对抗能力。从信息对抗的角度看国际影响力，重点提升以下各个方面的能力：加强信息安全管理队伍、信息安全执法队伍建设，加强打击犯罪的力度，扩大国际合作；发挥信息安全资源的整体优势，不断提高防范控制、发现处置能力，有效治理网上反动、淫秽、迷信等有害信息，形成有效打击网络违法犯罪活动的能力；加强技术手段建设，形成强大的信息安全对抗能力；要研究制订国内突发事件和非常时期的国家信息安全保障方案。

（4）五项主要技术工作

1）风险评估与信息安全等级保护

加强信息安全风险评估工作，建立和完善信息安全等级保护制度。重点保护基础信息网络和关系国家安全、经济命脉、社会稳定的重要信息系统。建立信息安全等级保护制度，制定信息安全等级保护的管理办法和技术指南。

2）密码技术与网络信任体系建设

加强密码技术的开发利用。建设网络信任体系。要充分发挥密码在保障电子政务、电子商务安全和保护公民个人信息等方面的重要作用：满足需求、方便使用、加强管理。要加强密码技术的开发利用，建立科学的密钥管理体系。要建立协调管理机制，规范和加强以身份认证、授权管理、责任认定等为主要内容的网络信任体系建设。

3）建设和完善信息安全监控体系

提高对网络安全事件应对和防范能力，防止有害信息传播。

基础信息网络的运营单位和各重要信息系统的主管部门或运营单位要根据实际情况建立和完善信息安全监控系统，提高对网络攻击、病毒入侵、网络窃密的防范能力，防止有害信息传播。

、国家统筹规划和建设国家信息安全监控系统，依法为加强信息内容安全管理、查处违法犯罪和防范网络攻击、病毒入侵、网络窃密等工作提供技术支持。

4）重视信息安全应急处理工作

健全完善信息安全应急指挥和安全通报制度，不断完善信息安全应急处置预案。国家和社会各方面都必须重视信息安全应急工作。要进一步完善国家信息安全应急处理协调机制，建立健全指挥调度机制和信息安全通报制度。制定并不断完善信息安全应急处置预案。

5）重视灾难备份建设

增强信息基础设施和重要信息系统的抗毁能力和灾难恢复能力。各基础信息网络和重要信息系统建设要充分考虑抗毁性和灾难恢复，灾难备份建设要从实际出发，提倡资源共享、互为备份。要加强信息安全应急支援服务队伍建设，鼓励社会力量参与灾难备份设施建设和提供技术服务。

（5）一个机制

维护国家信息安全的长效机制。

在组织上加强领导小组的作用，明确主管领导，协调要用力；发挥国家信息化专家咨询委员会的作用，研究信息安全战略和信息化发展进程中的重大问题，提出建议。

在机制上齐抓共管，建立和落实信息安全管理责任制，坚持谁主管谁负责；信息安全建设必须与信息化同步规划，同步建设。

在资金上多渠道投入，要保障信息安全建设资金，包括安全服务资金。发改委、科技部、自然基金委、电子发展基金、重大专项资金都需要有效地支持信息安全建设。

2. 国家信息安全保障建议

根据近年来国外网络信息安全管理立法、政策和实践，从总体上来看，各国对互联网的管理都采用了政府、企业与社会互动，法律、技术、社会、教育并用的综合管理模式，但各国在具体做法上略有不同。中国属于互联网大国，但互联网管理相对落后，他山之石可以攻玉，参照国外互联网管理的成功经验，我们认为以下几个方面值得中国借鉴。

（1）完善互联网发展和管理政策规划及法律体系

互联网在世界各国快速发展以来，各国政府在互联网管理方面的做法发生了很大变化。20 世纪 90 年代多实行“重行业自律，轻政府管理”的管理机制，但到 2000 年后许多国家政府认识到互联网管理的重要性，相继制定了构建信息社会、发展互联网产业、保障网络信息安全的计划或规划①。例如，美国制定了《确保网络空间安全的国家战略》；俄罗斯制定了《俄罗斯联邦信息安全学说》；印度制定了《信息技术行动计划》；日本制定了《信息安全总体战略》和年度计划；澳大利亚制定了《国家电子安全章程》；德国制定了《2006 德国信息社会行动纲领》；加拿大制定了《保卫开放式的社会：加拿大国家安全政策》等。有些国家如加拿大、澳大利亚等还根据信息社会的最新发展，不断地对互联网发展和管理规划进行与时俱进的审查和修改。这些互联网发展计划或规划的实施，极大地促进了互联网产业的发展和国家信息安全保障体系的建立。

为了应对信息化的迅速发展，中国于 1997 年 4 月出台了《国家信息化“九五”规划和 2000 年远景目标》，之后于 2001 年 9 月出台了《信息产业“十五”规划纲要》，并在 2002 年 7 月出台了中国第一个国家信息化专项规划——《国民经济和社会发展第十个五年计划信息化重点专项规划》。“十五”期间，国家信息化领导小组对信息化发展重点进行了全面部署，作出了推行电子政务、振兴软件产业、加强信息安全保障、加强信息资源开发利用、加快发展电子商务等一系列重要决策。2006 年 3 月，党中央、国务院出台了《2006—2020 年国家信息化发展战略》，提出了中国信息化发展的指导思想和战略目标、战略重点、战略行动和保障措施，为中国信息化的发展规划了蓝图，并要求各部门各地区编著自己的信息化发展规划。我们建议，中国可以考虑在总体战略规划框架下，制订具体的专项发展计划，以利于短期目标的实现和长期目标的达成。并且，由于信息社会发展日新月异，对于已经制订的发展规划，应定期进行审查、修订，以保障规划与时俱进，体现信息社会的最新发展动态。

随着互联网的战略地位不断提升以及对社会生活的影响巨大，“传统法律难以治理互联网”的理念逐渐占上风，网络发达国家和地区注重互联网立法工作，出台了一批有关互联网的新法律法规。在立法模式上既在原有法律条文中修改、增加互联网管理的内容，也根据互联网业务特点制定出新的法律法规，并形成

---

① 参考了国外互联网法律制度比较研究等相关资料，信息产业部电信研究院通信政策与管理研究所，2007 年 8 月。

体系。

各国最基本的互联网管理专门立法包括信息化基本法、网络安全法、电子商务法、电子商务消费者保护法、电子证据法、反垃圾邮件法、个人信息保护法、电信法等。而中国目前互联网立法除了极少数专门的法律和法规外，主要是部门规章，立法层级低，各部门规章之间缺乏协调，这种立法局面非常不利于常规性的互联网治理，实践中对于互联网引发的重大新问题，往往只能采取“专项行动”的方式来处理。因此，我们建议，应尽快制定和完善互联网治理领域的基本法律，具体应包括网络信息安全法、电子商务法、电子商务消费者保护法、电子证据法、反垃圾邮件（垃圾信息）法、个人信息保护法、电信法等。立法应明确各主管部门或监管机构在互联网监管上的法律地位和法律职责，明确个人、企业和其他非政府组织在网络安全方面的权利和义务。

（2）完善网络信息安全监管机构体系

职责明确、合作协调的网络信息安全监管机构体系是保障网络信息安全的前提。作为社会公共基础设施，互联网的影响深入到社会的各个层面，互联网治理不是哪一个部门能够独立完成的。因此，各国对互联网管理采取的多是集中与多元并存的管理机制。

1）建立高层级的领导和协调机构，以实现统一集中管理

在集中管理方面，为了统一领导和协调各相关部门的工作，网络发达国家互联网监管机构有逐渐统一化、高级别化的趋势，例如美国拟在总统执行办公室内设立的国家网络安全顾问办公室、法国网络信息安全局、澳大利亚的电子安全政策和合作委员会、韩国国家信息化战略委员会等。值得注意的是，美国在《2009年网络安全法案》中特别提到，“网络安全的独特性需要新的领导模式”；并授权总统可宣布网络安全紧急状态，命令限制或关闭任何损害联邦政府或美国的关键基础设施的信息系统及网络的互联网流量；出于对国家安全利益的考虑，总统可命令切断任何联邦政府或美国关键基础设施的信息系统或网络。可见，美国立法正考虑给予总统更大的网络安全管理权限，以提升网络安全监管机构级别。另外，在军事上，美国于2009年6月23日宣布建立网战司令部，成为全球首个公开将战争机构引入互联网的国家。

目前，中国对网络信息安全监管实行的是多元管理体制，在集中管理方面略显不足。中国也曾成立了国家信息化领导和协调机构。1993年12月10日，国务院批准成立国家经济信息化联席会议，国务院副总理邹家华任主席；1996年1月13日，国务院信息化工作领导小组及其办公室成立，国务院副总理邹家

华任领导小组组长，原国家经济信息化联席会议办公室改为国务院信息化工作领导小组办公室；1999年12月23日，国家信息化工作领导小组成立，国务院副总理吴邦国任组长，并将国家信息化办公室改名为国家信息化推进工作办公室；2001年8月23日，国家信息化领导小组重新组建，由国务院总理任组长①。此后，国家信息化领导小组先后召开了五次会议，开展了卓有成效的工作，制定了中国信息化的大政方针，先后讨论或出台了《信息产业“十五”规划纲要》(2001)、《国民经济和社会发展第十个五年计划信息化重点专项规划》(2002)、《关于中国电子政务建设的指导意见》(2002)、《振兴软件产业行动纲要》(2002)、《关于加强信息安全保障工作的意见》(2003)、《关于加强信息资源开发利用工作的若干意见》(2004)、《关于加快中国电子商务发展的若干意见》(2004)、《国家信息化发展战略（2006—2020)》（2005）等重要文件。但是，2006年以来，国家信息化领导小组没有再召开会议。

总体来讲，目前中国在对网络信息安全的集中管理方面略显不足，缺乏全局性的互联网管理领导、协调机构，各分管部门之间缺乏高效率的日常协调合作机制。日益严峻的网络信息安全威胁客观上需要一个跨部门的、高级别的国家网络信息安全领导协调机构。我们建议，中国也设立一个类似于国家网络信息安全委员会的机构，统一领导、监管和协调各个部门在网络信息安全方面的政策与行动。该委员会成员应包括涉及网络信息安全的具体主管部门，如公安部、工信部、文化部、国新办、国防部、国家安全部、国家保密局、国家密码管理局、国家计算机网络与信息安全管理中心等。委员会可以定期召开网络信息安全会议，部署、协调各部门的网络信息安全工作，并每年提交一次国家网络信息安全评估报告。

2）明确各机构的职责分工和信息共享，以实现有效的多元监管

在多元管理方面，各部门应按照各机构各负其责的原则，根据各自的职能、权限，各自或联合对网络信息安全实施监管。在中国，已经初步形成了网络信息安全监管的三层监督体系：

第一层为工信部、国务院新闻办、公安部、广电总局、地方政府、国家计算机网络应急技术处理协调中心等构筑的政府监管体系；

第二层为中国互联网协会、互联网企业等构筑的自律体系；

第三层为网民和公众媒体等构筑的社会公众监督体系。

为进一步健全监督体系，应完善以下几个方面：

① 本节参考了中国互联网发展大事记（1987～2007)。

①完善立法，明确监管法律依据。对互联网的监管关涉自然人、法人和其他组织的基本权利，监管机构实施监管及其监管措施必须有法律依据。在美国，监管机构的权限均由国会的立法予以明确，监管活动严格依法进行。在中国，有些监管机构实施监管的法律依据不明确，或者通过规章自我授权，这样的监管当然就有些“名不正，言不顺”。因此，我们建议进一步完善立法，明确监管机构的法律地位和权限职责。监管的法律依据应尽量采取人大立法，最少也应是国务院的行政法规。只有这样，监管活动才能做到“师出有名，名正言顺”。

②明确各监管机构的分工和职责，避免交叉重复和监管空白。在网络信息安全监管执法中，由于监管机构之间的权限和职责划分不清晰，往往会导致各监管机构之间的责任推委和利益争夺。例如网络色情的泛滥不能不说与众多机构均有监管权有关；而对网络游戏的管理，文化部和新闻出版总署之间也存在争执。因此，为了实现日常性的高效监管机制，必须通过立法明确各监管机构的权限职责，做到分工明确，各司其责。

③建立各监管机构之间的信息共享机制和协调机制。由于监管机构众多，为了提高监管效率，减少监管成本，应建立监管机构之间的信息共享机制和协调机制。

（3）加强个人数据信息保护，维护网络消费者权益

网络时代，个人的信息多以数字化形式被保存。近年来，在商业、金钱利益的驱动下，一些国家机关和电信、金融等单位在履行公务或提供服务活动中获得的个人信息被非法泄露的情况时有发生，对个人的人身、财产安全和隐私构成严重威胁。为此网络发达国家纷纷制定法律强化保护个人数据信息，如美国《个人数据隐私和安全法》、英国《1998 年数据保护法》、德国《联邦数据保护法》、法国《数据处理、数据文件及个人信息自由法》、加拿大《个人信息保护和电子文档法》、日本《个人信息保护法》、韩国《信息通信网应用促进及信息保护法》等。

中国保护个人信息，刑法先行。《刑法修正案（七）》在个人信息法律保护方面迈出了具有重要意义的坚实一步，对个人信息保护具有积极意义。但刑法具有谦抑性，仅仅是针对具有严重危害性的犯罪行为，对于一般的侵害个人信息的违法行为，还不能适用刑法。因此，中国也应当制定个人数据信息保护法，加大保护个人数据信息的力度。个人数据信息法至少应当包括以下内容：①个人数据保护的基本原则；②数据主体拥有的权利；③个人数据处理的合法性条件；④对个人数据处理的监管机构；⑤个人数据处理前必须履行的手续；⑥数据控制人的义务；⑦对个人数据处理的豁免；⑧侵害他人数据信息的民事法律责任和行政法律责任等。

随着电子商务、网络游戏产业的迅猛发展，近年来，网络发达国家如美国、加拿大、日本等，特别注重保护网络消费者的合法权益，制定有专门的《电子商务法》、《电子商务消费者权益保护法》、《数字媒体消费者权利法案》等，以平衡网络服务提供者和消费者的权利义务，防止网络欺诈，促进电子商务、网络游戏产业的健康发展。

中国近年来电子商务发展尤为迅猛，电子商务事业已经进入高速发展期，目前以每年高于70%的速度持续增长，预计到2010年电子商务交易额将达15万亿元。仅淘宝网一家日交易额最多时就达6亿多元，2009年交易额将达近2000亿元。在电子商务、电子游戏产业快速发展的同时，网络消费者的权利保护日益迫切，现有的法律体系和消费者保护制度难以适应电子商务、电子游戏产业发展的需要。因此，中国应当尽快制定完善网络消费者保护的法律，以保障网络消费者的合法权益，促进电子商务的健康发展。

（4）完善反垃圾信息法律，发展网络安全文化

以垃圾邮件为代表的垃圾信息扼杀了人们对网络的信任度，从某种程度上也扼杀了网络经济：垃圾信息占用了大量的传输、存储和运算的网络资源，造成网络资源的浪费；同时花费了大量用户的时间和金钱来处理垃圾信息。垃圾邮件还可能被不法分子利用散发各类虚假广告、从事国家明令禁止的传销等违法行为，扰乱市场的秩序和稳定；垃圾信息对于网民的隐私权、私人生活安宁权、虚拟财产也都可能造成侵害。

为了应对互联网上极度泛滥的垃圾邮件，一些国家制定了专门的反垃圾邮件法，如美国《2003年反垃圾邮件法》（美国几乎所有的州都制定有反垃圾邮件法律）、澳大利亚《2003年反垃圾邮件法》、日本《特定电子邮件规范法》、韩国《信息与通信的传播、通信网络的应用以及信息保护法》对垃圾邮件进行规范。美国《反垃圾邮件法》甚至规定了刑事责任。该法规定，任何人未经授权向多人（数量至少要达到24小时发100条、30天发1千条或1年发1万条）发送含虚假商业信息的电子邮件均为违法，可以受到罚款或关押最高不超过5年的处罚，或两罚并用。2008年，美国弗吉尼亚州一家法院做出了该国首例“垃圾邮件发送者犯有重罪”的宣判。

中国目前规范垃圾邮件的法律是信息产业部2005年制定的《互联网电子邮

件服务管理办法》。此外，中国互联网协会2004年制定了《中国互联网协会互联网公共电子邮件服务规范》（试行）。上述规章和规范效力层级低，对发送垃圾邮件的行为处罚力度不够，不足以威慑违法分子。因此，建议尽快制定《反垃圾邮件法》或《反垃圾信息法》，并配合反垃圾信息技术，以减少垃圾信息对个人、企业和社会公共利益的的侵扰。

提高网络信息安全系统的安全性保证，要求个人、企业及行政管理部门必须在网络信息安全方面得到良好的教育、培训和信息通报。政府当局固然在提高公众、中小企业、集团公司、行政管理部门及学校的安全意识方面承担着重要的角色，但互联网治理和网络安全不只是政府的事情，而是全社会的共同利益所在。因此，除了政府外，企业、家庭、个人都应参与到互联网治理中。早在2005年联合国互联网治理工作组在其提交的报告中就指出，“互联网治理是政府、私营部门和民间社会根据各自的作用制定和实施旨在规范互联网发展和使用的共同原则、准则、规则、决策程序和方案”①。网络发达国家多在培养和教育网民网络安全知识方面制定政策和增加投入。如澳大利亚《国家电子安全章程》特别将个人、家庭、企业和政府共同纳入电子安全保障体系。美国《2009年网络安全法案》中也规定，商务部副部长应制定并开展一场国家网络安全意识运动，以提高公众对网络安全问题的关切和认识，告知政府在维护互联网安全和自由、保护公民隐私方面的作用，并能够利用公共和私营部门手段向公众提供信息。

建议通过编写各行业、各领域的网络安全手册、网络安全进入课堂等多种渠道和形式向社会公众普及网络使用知识和网络安全知识，指导行业人员和社会公众的网络行为；要让全民都知道，保障网络信息安全决不仅仅是政府和个别企业的事情，而是关乎国计民生的大事，是全社会都应高度重视的问题。国家和社会，包括媒体和学校等公共机构，都有义务把网络信息安全深入到全民意识中，在全社会提倡和普及网络信息安全文化。在网络安全保障方面，全民的网络安全意识和公众的积极参与必不可少。

同时，还需要进一步制定相关的措施，促进各部门之间的信息交流，这可以有力地推动安全意识的提高，培养网络信息安全文化，为民众、消费者、企业和公共组织谋取福利，积极推动和维护国内市场机能的正常运转。

① 参考了因特网治理工作组，因特网治理工作组的报告，2005年6月于博塞堡。

(5) 完善网络犯罪法律制度

1) 各国网络犯罪立法及执法现状

①立法模式。综观各国网络犯罪立法模式，主要有以下几种：一是将新的网络犯罪刑事法律或分散或集中地规定在原刑法典的章节之中，例如德国、日本即采用此种模式，中国《刑法典》第286条的非法侵入计算机系统罪、第287条的破坏计算机系统罪也属于这种立法模式；二是制定惩治计算机网络违法犯罪行为的单行法律，美国和英国是此种立法模式的代表，这也是英美法系国家采用的主要模式；三是通过附属刑法，即其他法律法规设置网络犯罪条款。以上立法模式各有利弊，不少国家都同时采用了两种或两种以上的立法模式。

②网络犯罪的概念与罪名。纵观各国立法，多数国家对网络犯罪的概念基本还是付诸阙如，只有部分国家对网络犯罪的最初形式——计算机犯罪作出定义。由于缺少定义，网络犯罪的范围，即网络犯罪所包含的罪名也五花八门。2001年11月通过的欧洲理事会《关于网络犯罪的公约》（简称《公约》）在其序言中，明确规定了网络犯罪的内涵，即“危害计算机系统、网络和数据的保密性、完整性和可用性以及滥用这些系统、网络和数据的行为”，并在其第二章第一部分第2条至第11条中，第一次明确了各种网络犯罪的内容。这些行为主要包括四类：第一类是侵犯计算机数据或系统的机密性、完整性及可用性的犯罪，具体包括非法侵入、非法拦截、数据干扰、系统干扰、设备滥用五种行为；第二类是与计算机有关的犯罪，包括与计算机有关的伪造和与计算机有关的欺诈；第三类是与内容有关的犯罪，主要是指通过计算机系统实施的与儿童色情有关的犯罪；第四类是涉及侵犯著作权及邻接权等相关权利的犯罪。此外，《公约》还要求各国将故意帮助或教唆他人犯上述犯罪的行为也列为犯罪；对非法截获、数据干扰和系统干扰，与计算机有关的伪造、欺诈犯罪，以及与计算机有关的儿童色情犯罪中的“制造”、“散布和传播”行为未遂的，也构成犯罪。由此可见，《公约》将网络犯罪圈划定得相当广泛，社会生活中所见的网络越轨行为基本上都在《公约》中有所反映。

③管辖权。网络犯罪的一大特点就是犯罪行为与犯罪结果在时间和空间上的分离，这就给各国的刑法管辖带来新问题，特别是容易造成多个国家对跨国跨地区的网络犯罪行使管辖权时的冲突。目前多数国家并未对网络犯罪的刑事管辖权问题作出专门规定，网络犯罪的刑事管辖仍遵从本国刑法中有关空间效力的规定。但有些国家专门就网络犯罪的管辖做了规定。例如，英国1990年《计算机滥用法》即规定了三种网络犯罪，该法第二部分第4条至第9条则规定

了这三种犯罪的管辖。依照该法的规定，犯罪人实施未经授权进入计算机资源罪和非法修改计算机资源罪的犯罪行为，如果犯罪行为或者其他犯罪事实，包括行为造成的结果、行为针对的计算机在英国，或者实施犯罪行为时行为人在英国国内的，英国刑法对以上两种犯罪有刑事管辖权。对于以进一步实施或者准备实施其他犯罪为目的未经授权进入计算机资源罪，只要该犯罪符合全部犯罪构成要件，无论犯罪行为是否发生在英国国内，只要该犯罪所意图实施的犯罪是《1990年计算机滥用法》规定的未经授权进入计算机资源罪，英国刑法都有刑事管辖权。

在管辖权问题上，欧洲理事会的《网络犯罪公约》规定得相当宽泛。根据该公约，人们有可能被指控犯了计算机犯罪，即使其所在国并不认为他们的行为构成犯罪。公约第二章第三部分第22条规定："各国有权采取必要的立法和其他措施，就本公约第2条至第11条规定的犯罪确立管辖权，当该犯罪：（a）发生在其领域内；或（b）发生在悬挂该国国旗的船舶上；或（c）发生在该国登记注册的航空器上；或（d）由本国国民实施且根据行为地刑法该行为可罚的，或者是本国国民在任何成员国的领域管辖范围外实施的。"另外，鉴于管辖权问题的复杂性，公约允许对有关规定加以保留，并明确"不排除任何根据国内法实施的刑事管辖权"。针对管辖权的冲突，公约规定，当不止一方对一项根据本公约确定的犯罪主张管辖权时，有关各方应经过适当协商，决定最恰当的管辖权进行起诉。

④刑罚。由于网络犯罪的特殊性，对其仅仅适用传统的自由刑效果并不理想，因此，不少国家对网络犯罪多使用罚金刑与财产刑，并广开思路使刑罚方法更趋灵活。例如，美国对网络犯罪初犯和累犯的刑罚强度差别较大。有些罪，初犯仅处罚金或一年以下监禁或者两者并处，而再犯则为罚金或十年以下监禁或两者并处。还有些地方甚至对网络犯罪者判处资格刑，剥夺或限制其从事计算机网络活动的权利。如美国佛罗里达州曾判处一名从事网上儿童色情的嫌疑犯5000美元罚金和5年缓刑，并禁止他在缓刑期间享受任何网络服务。

⑤儿童保护。互联网的普及使网络儿童色情犯罪日趋泛滥，使之成为国际社会广泛关注的严重犯罪问题。许多国家的立法机构加强了对网络儿童色情犯罪的立法工作。有些国家制定了单行法律来打击针对儿童的网络犯罪，例如美国1998年《儿童互联网保护法》、德国2009年的《阻碍网页登录法》，欧盟也在2007年签订了《保护儿童不受性剥削和性虐待公约》，有些国家则在本国刑法中明确对儿童网络色情犯罪的打击，如美国、英国、加拿大、德国、日本等国家均在本国刑事法律中详细规定了网络儿童色情犯罪的法条。此外，还有一

些国家采取措施强化对网络儿童色情犯罪的执法，如德国、俄罗斯、加拿大等。

⑥恐怖主义。21世纪以来，恐怖主义犯罪日益升级，而且正在蔓延至网络空间。对此，各国均采取了多种措施加以防范和打击。美国一向是恐怖主义犯罪的首要目标，其反恐立法也更为严密。2002年10月，美国国会通过《反恐怖主义法》。法案将黑客攻击视为恐怖主义行为之一，把打击网络恐怖主义列为其中一项重要内容，并为反恐怖主义设立了特殊的法律措施，如允许执法机构窃听恐怖嫌疑分子的电话，并跟踪其联网和电子邮件的使用。英国2000年通过的《2000年反恐怖主义法》也把黑客入侵列为恐怖行为。2001年12月，英国议会通过了新的紧急反恐法案，把网络恐怖活动列入打击目标。德国政府也在筹划建立一个特别安全机构并制定相关防御计划，研制更多独立的、全国性的软件和密码程序，以应对网络恐怖袭击。此外，日本、加拿大等国家也在立法和执法领域加强了对网络恐怖犯罪的打击力度①。

2）各国网络犯罪立法执法状况对中国的启示

与互联网较发达的国家相比，中国对网络犯罪无论从立法上还是执法上均显滞后。我们认为，总体而言，应当从以下几个方面加以完善：

①刑事立法层面

第一，制定网络犯罪单行法。与传统犯罪相比，网络犯罪有着难以替代的独特之处，因而发达国家多数都以单行法律的形式加以整合和规制。中国目前不仅没有这方面的单行法律，而且在现行刑法典中也仅有寥寥数条，对打击网络犯罪而言杯水车薪。如果制定单行法律，则可以有效地解决诸如网络犯罪的概念、范围和种类；网络犯罪的刑事管辖权，以及网络犯罪的定罪量刑等问题，明确地将网络犯罪与传统犯罪区分开来，结合网络犯罪的特点，更有力地打击网络犯罪。

第二，在现行法律对网络犯罪的规定尚不完善，而网络犯罪单行法律又未制定的背景下，完善现行刑法法典中的网络犯罪条款，明确网络犯罪的罪名、构成，设置合理的刑种和刑度；与此同时抓紧制定和完善相关行政法规，最大限度地弥补法网中的漏洞。

②执法层面

第一，中国目前的网络安全是由公安部、国家安全部、保密局以及工信部等部委交叉管理，存在职责不清、协调困难等情况。可考虑设立如美国“总统网络安全顾问执行办公室”的国家级网络安全机构，以协调各部门的职能，消

---

① 皮勇. 论网络恐怖主义活动及对策. 武汉大学学报（人文科学版），2005年第5期。

解其间的冲突。

第二，加强网络犯罪专门执法机构内部的协调。目前中国打击网络犯罪的专门机构内部存在着网络管理与犯罪侦查之间的分工。为了适应打击网络犯罪的需要，应明确各部门的职责，协调不同部门之间的关系，并建立拥有办案权的真正的网络警察。

第三，培养网络安全领域的技术力量。针对中国当前的网络犯罪现状和发展趋势，有必要吸收大量专业技术人员参与网络犯罪的执法工作，同时对现有执法人员进行这方面的培训。

③国际合作层面

网络信息安全是全球互联网治理的共同主题，世界各国需要相互借鉴、共同分享彼此在维护网络信息安全方面的成功经验和做法，需要互相对话、交流和磋商。我们倡议全球各国以更积极开放的心态，相互尊重、求同存异、紧密沟通合作，建立主权公平的互联网国际治理机制，共同维护网络信息安全，使互联网更好地造福公众。为了保证世界各国共同研究和妥善解决网络信息安全问题，为了保证世界各国在互联网治理方面能信息共享和一致行动，为了保证互联网国际对话交流渠道畅通，世界各国需要探索行之有效的合作机制。

合作的依据可以双边或多边协议。如果有可能的话，在各国家之间达成广泛共识，制定公约，甚至建立类似于世界贸易组织和世界知识产权组织这样有约束力和影响力的国际组织。合作的方式包括如下几个方面。

一是通报。各国互联网执法机构之间可以就特定案件相互通报，这是国际合作既简单又常见的一种方式。例如，当一方的执法活动可能影响另一方的重要利益时，应向另一方进行通报。

二是信息交流。例如，各国官员每年定期会晤，以便就各自互联网执法的状况与重点、各方有共同利益的部门、可能的政策变化以及其他涉及互联网执法的事项进行交流；每一方应向他方提供已经为其所注意到的有关互联网安全的重要信息，这些信息将牵涉或者引发他方互联网主管机关的执法活动；根据他方的要求，每一方应该向他方提供其所掌握的、关系他方正在考虑或开展的执法活动的信息。

三是协调执法活动。例如，一方可参加他方案件调查过程中举行的某些听证或会议，以避免对方管辖范围内毁灭证据的可能性。即使这些主管机关对某些问题有不同的意见，但这种联系使得他们能够相互理解对方的想法并相应地完善自己的分析。

四是国际礼让。由于在政治、法律或各管辖区掌握的证据方面存在差别，国际合作并不总是可以避免意见冲突或达成共同接受的解决办法，这时国际礼让就显得非常重要，每一方在网络执法的任何阶段都应该保证考虑另一方的重要利益。

网络犯罪的一大特点就是国际化，因此，国际社会一直对网络犯罪给予高度关注。中国应积极签订共同对待网络犯罪的国际公约，加强打击网络犯罪的双边或多边协作，如引渡、调查取证、管辖权移转和判决的承认与执行。

本章结语

本章通过对三网融合中的信息安全问题分析，从计算机网络安全、信息网络安全、信息内容安全和信息社会安全四个方面对信息安全进行了详细的描述，其中在计算机网络安全中重点分析了系统、数据库和非常规安全问题；在信息网络安全中侧重分析了技术、网络和软件等各类问题；在信息内容安全中分析了内容和信息融合安全问题；在信息社会化中分析了安全影响及其健康传媒和正确舆论的导向等问题。在此基础上，针对网络融合中出现的问题，从电信网、广播电视网和互联网层面给出了相应的策略和建议，并从国家战略的角度提出不同的信息安全具体应对策略和办法。最后，通过国家信息安全保障建设的具体工作，详细描述了信息安全开展的措施和方法，并借鉴国外的信息安全保障办法，提出了中国国家信息安全保障建设的建议。

附录一：方滨兴院士访谈录

1. 漫谈网络与信息安全

（2009－03－13）

腾讯科技讯 2009年2月27日10时30分，中国工程院方滨兴院士做客腾讯网，和网友漫谈了网络与信息安全。

中国工程院方滨兴院士做客腾讯网

以下为此次访谈实录：

郭桐兴： 各位观众，大家上午好！欢迎大家来到院士访谈，今天我们非常荣幸地请到了中国工程院院士、北京邮电大学校长、国家信息化专家咨询委员会网络与信息安全专委会副主任、国家应急管理专家组成员、国家计算机网络与信息安全管理中心科技委主任、国家973计划信息安全理论及若干关键技术首席科学家、中国互联网协会副理事长兼网络与信息安全工作委员会主任、中国计算机学会副理事长兼计算机安全专业委员会主任、信息网络与信息安全专家方滨兴院士，方老师您好！

方滨兴：你好！

郭桐兴：欢迎您！今天我们想请方老师就网络与信息安全这一个话题给我们做一个介绍。首先想请教您，信息安全表现在哪些方面？

方滨兴：从专业的角度来看，信息安全具体表现在四个层面上。

郭桐兴：哪四个层面？

方滨兴：第一个层面我们叫做物理安全层面，我们可以简单把它看成是硬件安全，它主要关心的内容就是电磁辐射、电子对抗这方面的事情，所以我们一般靠屏蔽、靠防干扰来解决这个问题。当然，还有可能是硬件损害，我们从技术上就得靠灾难备份来解决问题。物理安全还涉及动力安全，要保证供电；人员安全，要有门禁系统；还有环境安全，要防火、防水、防烟、防尘等，这些我们称之为物理安全。第二个我们称为运行安全，也可以看做是软件安全，是假定设备在电气性能上都是正常的，但其逻辑代码在运行的时候可能会发生错误。这种问题在早期我们看成是计算机安全，到有了互联网的时候，我们就扩展到了网络安全。在这里，从技术角度来说我们一般可以从八个角度来考虑它。我们用 APPDRRUT 来描述，A 就是安全分析，比如我们要做风险评估，我们要检查是否有漏洞，我们要做一些必要的测评。第一个 P 就是安全策略，我们要制定什么样的保护策略？事先要研究好相应的安全模型，我们应该采用什么样的保护等级等。第二个 P 是防护，要有防护措施，可以是主动防护，也可以就是一般的被动防护，像防病毒、防恶意代码、防垃圾邮件都是相应的防护措施。D 就是检测，也就是说你要有检测能力，安全事件来了你不知道也不行，所以入侵检测是一个很重要的事情，这里面包括大规模的入侵检测技术怎么来解决的问题。第一个 R 就是响应，就是出现了安全事件该怎么反击，怎么追踪它，怎么取证，也可以是怎么躲避它。第二个 R 就是恢复，出了安全事件其核心还是恢复，前面做的再好，出了问题恢复不了，最后的损失就是看事实上的损失。所以我们要有一些冗余的能力或者是数据要有备份，要有一些降级恢复的手段。U 是 UTM，就是统一威胁管理，所有这些手段合在一个平台上，相互能够配合起来、协调起来，既提高效率又提高它的准确性。再一个 T，T 是从理论上来提高安全的理念，我们叫做可信计算，就是说能不能创造一个环境，使得系统根本不会发生病毒，我们说病毒是什么呢？病毒是一段恶意代码，插入进来的，我们现在通过这么检测那么检测不知道是不是我们可以从底层采用硬件芯片，我们相信芯片不会有人改动，然后验证上一层 BIOS 有没有问题，有没有被破坏，要是破坏的话就停止运行，一旦验证没有破坏，就开始正常运行，然后再验证引导程序。这些都需要经过验证，所以可信平台可以处于一个比较理想的安全状态。

郭桐兴：等于从一开始就把它控制住？

方滨兴：对，所以要解决那个硬件的根，那个改了也不行。所以有的人说我的硬件不能买国外的，要是给我假的怎么办？这样就有人提出来搞移动的根，比如这个U盘是我的，谁也没动过，我用这个U盘来做可信根。还有一个是环节要解决，就是可信传递链，这个验证过程被人替换了也不行。

郭桐兴：给安全提供的一个基本保障？

方滨兴：对，所以我们说这八项就是在运行安全层面要关注的工作。第三个层面我们叫数据安全，其实就是狭义的信息安全，过去我们讨论信息安全，所关注的就是这个数据不能被别人偷走了，不能被别人篡改了或者是伪造了，这都是最早从通信的角度来考虑问题。所以传统的我们也叫通信安全或者是信息安全。但现在信息安全的面扩展了，所以我们就管它叫数据安全。数据安全，第一就是防泄密，你得加密，加密之后你拿走了它也看不懂。第二是防篡改，一个数据人家给你改了怎么办，你得判断出来这个东西是不是改了。第三是防伪造，就是根本就没有这个东西，我得判断出是伪造的。第四是防抵赖，就是说你做完了这个，比如你交易，我跟银行说你付一百块钱，我卖这个软件，最后说我没同意付，不认账了，怎么办呢？要用数据安全技术来解决，主要是靠数字签名，你签名了就不能抵赖了。第四个层面叫内容安全，过去国际社会也不认为信息安全里面应该包括内容安全，说内容安全是社会行为，跟技术没关系。但事实上，后来人们发现内容安全本身确实是社会行为，既不破坏系统，也与保护系统无关，但是它需要一定的技术来解决社会安全问题。这个技术就是内容安全技术，所以从技术层面还是要把它也放在这个里面。到了21世纪，国际社会也都认可内容安全的存在了，最早是我们国家在提，我很早就提出内容安全的概念。国际社会早期安全标准确实没有内容安全。内容安全其实也有一点拿来主义，一个是过去没有的技术我们现在有，比如信息监控，把信息拿来进行分析看看有没有问题。过去人们已经做过的一些事情，现在我们也开始做了，也放在内容安全里面说。比如舆情，你要分析文本，要分析图像，这是保障内容安全的一个技术手段，所以我们也是把它放在内容安全的方面来做，比如舆情判断、跟踪。还有一个就是防止泄密的技术。

郭桐兴：这个太重要了，比如网上银行、网上证券系统等。

方滨兴：极端的方法就是物理隔离，这个太极端了，双刃剑，保护了你，也伤害了你。

郭桐兴：就是限制住你在某一个空间或者是领域？

方滨兴：对，所以有人提出了单向传输，只能进不能出，或者是传某种特定的数字文件，这个也是出于保密的目的。最后一个是信息隐藏，我在一个图片里面藏文字，你看的是图片，但懂这个技术的人能够看到里面的文字。当然从情报来说是夹带情报，但这在数字版权保护中也很有用。我隐藏水印，比如我这个照片，是方滨兴的，人家改完了之后到里面一查还有“方滨兴”这三个字，就肯定是我的东西，这是一种保护性的。还有一种水印，是鉴别有没有人篡改它，比如我发过这个照片，我说这是原版照片，有人把这个照片给改了，说他照出来就这样，但我这里有水印就足以证明你肯定改了，所以这个都是版权保护的范畴。

郭桐兴：原版照片进行的技术处理，你不能随便变动，你修改了以后我就能发现？

方滨兴：对，我可以证明这是你改动的，破坏了原始性。现在看到的一些历史原始档案，都加上这种保护。档案的真实性，有人想改也改不了，这就是要尊重历史。总结起来，信息安全涉及四个层面，物理安全、运行安全、数据安全和内容安全。这四个层面，我们可以看成三个层次。物理安全和运行安全都是信息系统的安全，信息系统的硬件，信息系统的软件。数据安全是信息自身的安全，不管在哪个系统里面，传输也好，处理也好，这个是信息自身。内容安全是信息应用的安全，在内容里面保证它的安全应用。信息系统、信息自身和信息应用这形成了一个体系。

郭桐兴：构成一个完整的信息网络体系？

方滨兴：所有安全问题都在这几个层面表现出来。

郭桐兴：只要把这些问题解决好了以后我们的信息网络安全就能得到基本的保障。下面您能给我们介绍一下当前网络安全的情况吗？

方滨兴：国内有很多部门在关注网络安全事情，并且在这个上面做工作。我觉得国内实力最强的，就是我原来的那个单位，国家计算机网络与信息安全管理中心，我原来是那里的主任。它有一整套的系统，是国家科技部支持建设的，是“863”的成果，叫做“863－917”平台。通过这个平台可以获取大量的信息，通过这些信息可以反映出来网络安全的一些情况。我要了去年一年的数字，当然这也是采样，不是全都能拿到，但能反映出一个大概的情况。从木马角度来看，去年一年他们看到了将近60万台机器中了木马。关键的问题在哪儿呢？这些木马被谁控制了呢？因为木马的特点是要有外部控制端，就是说，我这个机器有一个木马，外面有一个可以控制这个木马的系统，让我这个木马给他做事情，你把信息传给他，偷东西，或者你把这些信息给破坏掉，可以做任何事情。

郭桐兴：借这个机会，您能不能给我们大致介绍一下木马病毒到底是怎么回事？

方滨兴：木马是那么一段不被人知的一种代码，是一段程序代码。为什么不被人知呢？我们知道特洛伊木马是一个历史故事，希腊人九年没有攻下特洛伊城，最后怎么办呢？他们在城外造了一个大的木马，士兵藏在木马里面，然后军队撤退了，把木马留在城墙那儿，特洛伊城人一看他们撤退了，就把门打开了，把木马给拖进城，等你睡觉的时候，木马肚子里的士兵把木马打开，冲进城里了。由此可见，木马自己是没有攻击能力的。

郭桐兴：靠什么攻击呢？

方滨兴：一个是黑客，黑客黑完你顺便放一个木马。还有挂马，就是说这个网站上有一段网页，黑客没有办法把这个网站给破坏，但是可以通过漏洞把你这个网页改一下。比如腾讯网，腾讯网有网页，如果你网络安全没有做好，它可能会把你腾讯网上某个网页改一下，这么一改网页它就会多一条指令，比如说指示你到某一个网站下载东西，用户浏览你网页的时候，自然会浏览这一页，自然会按照要求下载。用户不知道该不该下载，因为很多网页都要下载，比如图像，或者是音乐，都会进行下载。一旦一个网站管理不好，被别人挂马，所有访问这个网站的人就会中木马。

这就需要网站管理者认真检查所发布的内容，包括像华军软件园，都会告诉你他们所发布的软件上面是否有插件。什么叫插件？木马也可以说是一种插件，但插件是不是有害的就说不清楚了，这个插件是木马还是正常的？很多插件都具有木马的能力，其实所有杀毒软件都具有木马的能力。木马就是能够远端遥控你，对杀毒软件来说就是升级。你为什么能升级，因为你这里有一个升级软件，定时就可以下载新的。既然它也具有木马的能力，为什么我们不叫它木马呢，那是因为它告诉了你它的存在，它没有想隐藏它自己。但木马不告诉你它的存在，所以它们俩在技术上完全一样，差别就是在于让你知道和不让你知道方面，明的就不叫木马了，就叫插件，你愿不愿意这么干可以选择，暗的就叫木马了。这个木马的远程控制端能掌握你的信息，这就比较危险。我们大概统计了一下控制端，境外的控制端中接近一半在中国台湾。你能感觉出来为什么国家对泄密事情那么重视。将近一半的木马控制端在中国台湾，这个让人深思。还有一个是网站被黑，安全中心有一个办法能够监控谁的网站被黑了，他们看到的网站，去年一年将近五万四千个网站被黑，而且这些网站，有相当一部分网站我们叫做夹带页，就是第一页没黑，黑客把这个网站控制了之后里面插了一页黑客的网页，所以很多网站运行一年多，这个黑客网页还在里面，说明他自己都不知道他们的网站被黑了，甚至还有一些执法部门都有这样的情况发生。我最近给人演示，当场就演示了四五个，包括政府部门和很高层的执法部门。很多人由于对这方面不了解，表面没被黑以为没事，其实它已经有了你家门的钥匙，在你家墙上写一个“到此一游”你还不知道，这表明它天天都可以随时都再来。刚才我说五万多，其中“. gov”的网站就一定是政府的，“. gov”平均每月在三百点左右，差不多百分之六点多，当然还有不是“. gov”的网站也是政府的。我以前统计过，差不多政府占到10%，而且很多是长期停留。这意味着什么呢？你要想搞电子政务，在这种网络安全技能下搞电子政务是不可思议的。比如我要搞统计，问问老百姓你们现在同不同意我发代金券，当我想统计这个问题时，你这个网站如果被黑了，这个票是老百姓投的还是黑客给填的你怎么知道，这种可信度就难以保证了。安全中心有一个手段，可以发现新的恶意代码，平均每天发现四百多一点新的恶意代码。这么一算，等于一年安全中心看到的新代码是一万多，恶意代码的更新还是比较快的。

还有僵尸网络，我们知道它的存在，但是解决起来比较棘手。对僵尸网络而言，首先要有蠕虫，在你的机器有缺陷时，自动地把我的东西注进去，注的是蠕虫。木马是一个木马对应一个控制端，这个僵尸网络是一堆被害的网站对应一个控制端，这一堆就成为一个网络，相当于一个控制端管了一个网络，这个网络可以同时听这一个人的指挥，同时干一样的事情，所以它的能量就放大了。僵尸网络要是拥有超过五千个节点，就是说一个人控制了五千台机器，拿五千台机器攻击一台机器，这台被攻的机器就很难躲避开了。还有一个差别，木马基本上是直接一对一控制。僵尸由于控制的太多，怕里面有间谍，有专门管我的，就要考虑躲避，要找一个跳板，通过跳板来控制这些网络。就算你找到我，你找到的也不是我本人，而是我的替身，这样就形成了僵尸网络。我们看到的僵尸网络的控制点有36%相当于三分之一以上在美国。

郭桐兴：前段时间报道的中美黑客大战。

方滨兴：还有一个比例，就是受害，安全中心在全世界范围内采样，因为来来回回都能看见大概的情况，可以看到全世界范围。在安全中心所看到的范围，僵尸网络的受害者中，中国占的比例有34%。我们打一个折扣，平衡一下，在全世界范围内大概得有20% ~25%的僵尸网络受控者在中国，换句话说中国是受害大国。这反映一个什么问题呢？就是国内用户对自己机器的安全管理不是太注意。

郭桐兴：比较松懈？

方滨兴：对，不太注意，才容易被别人注上一个僵尸，我们说这是一个傀儡机，在别人的掌控下干事情，让你攻击你就攻击，让你替我发垃圾邮件你就发垃圾邮件，有什么“机密”两个字的文件都转给我，你就转给它了。

郭桐兴：无条件的？

方滨兴：因为控制你了，有木马控制你。

郭桐兴：我还有一个问题想跟您请教一下，什么是蠕虫，蠕虫病毒是怎么回事？

方滨兴：首先这个程序里面有一些我们称为缺陷的地方，比如这个程序我做了一个很好的保护，可是有些事没有想全，比如我这个程序，我说你只能输入数字，但是有谁输入了一个字母，不是数字，可能我这个系统就有点乱了。我们说你输入数字1到5，结果它通过字母插进去就把它给搞破坏掉，破坏掉之后等于允许你长驱直入。这样的话，它找到一个自动的方式去攻击你。所以我们说，蠕虫和黑客的差别在哪儿呢？黑客是手动地攻击你，得反复判断，你这样有没有问题，你那样有没有问题，蠕虫是自动地攻击你。只要你有同样的漏洞，就可以攻击。比如说房间，我拿一个大锤，只要是木门我就能砸进去，我就找谁是木门。而黑客呢，要进行判断。蠕虫就是一种自动化的攻击。你设想什么东西能自动化攻击，一定是你的安全漏洞是一个固定的，是他知道的，所以我先判断你有没有这个漏洞，有这个漏洞就用同样的方法一做就可以了。

郭桐兴：蠕虫是不是比其他的病毒更高级一些呢？

方滨兴：木马是没有攻击力的，但蠕虫可以带木马进去，所以蠕虫不能跟木马进行比较。蠕虫要想做事情，首先是你有它所需要的那种漏洞才行。比如说我发明了一个工具，这个工具可以加热，你的门一变形就自动开了，那么我就找哪有特别怕热的门，找到这个我一加热你就开了。但是有些门不怕热，我这个就不好使了。所以我先判断有谁符合我的攻击条件。蠕虫的危害是非常迅速的，因为自动化。黑客一天能攻击几个，高手恐怕也得五分钟一个，蠕虫因为是自动化，可以一下子到处攻击，最快的时候，大概在十分钟内全世界所有有漏洞的系统都被它给攻击了，它主要是速度快。我们现在有补丁，如果把所有漏洞打上补丁的话，蠕虫就没什么办法了，因为它自身还不够智能，而黑客则很智能。你要是有补丁，这个问题就解决了。蠕虫主要是表现在自动化上，是程序化的东西。人编完蠕虫就离开了，它就失控了。最早的莫里斯病毒，是1988年出现的，莫里斯就是一个程序爱好者，大三的学生，编了这个蠕虫，据说他想一传二，二传四，结果这个东西释放的时候忘了设数量上的控制条件，所以就迅速传染了，当时全世界互联网大概有六万多台机器，他传染了10%。那个时候他也着急，就把补丁发给大家，因为他本来不是想真这样做。因为在他之前没有谁这么做事情，所以他也是一种尝试，他发现了三个漏洞，然后编了攻击程序发给大家，说我这是一个圣诞树，他的朋友接受了，后来就传染了。最后在他发补丁时，别人说你已经害了我，我还能相信你吗？导致补丁没能解决问题。法院后来判他做义工，罚他款。蠕虫的特点就是自动化，这是蠕虫和黑客的最大差别，黑客是人参与，所以能力非常强，但是它的攻击范围不宽，蠕虫的攻击范围很宽，但是你防护好的话，也是可以避免的。所以蠕虫一般攻的都是学校，公开的机器，网吧的机器。但是有了僵尸网络，这个事就不一样了。它不一定非得攻击政府那台机器。它找网吧这些不重要的机器，形成了一个战斗力，然后再压制你那个机器，让你动不了。就是相当于我用一万比一的力量让你根本别想说话，在网上别想说话。

郭桐兴：让你瘫痪？

方滨兴：对，让你瘫痪。就好像说一堆人堵在门口，你不就完了吗，你的门我进不来，政府门太硬了，但是我弄一堆人在门口，让你也出不去。这个就叫僵尸网络，这样就太厉害了。

郭桐兴：您能否给我们广大计算机用户一个建议，比如我们个人用的计算机，怎么样才能防止中病毒？平常应该注意哪些事情？

方滨兴：防病毒肯定是要有防病毒工具，因为你再有本事，没有一个成熟的工具，因为它动作快，反应快，所以是防不胜防。因此工具是大家必须要用的，尤其是你不懂的话更要用了。

郭桐兴：杀毒软件？

方滨兴：对，再有一个就是你必须假定中木马了，杀毒软件也不能完全解决木马，因为木马变化太快。它所解决的木马都是已经流行的木马。但有些还没流行，或者这个木马就是专门针对你一个人的，就想偷你的东西，这都是有可能的。所以你必须假定中了病毒。我机器有病毒了，这事我做还是不做，有木马了我做还是不做，这是我的一个观点。比如上网上银行，要是有木马了，你上网时银候所敲的账号、口令都会被拿走。但是很多网络银行可以提供一个额外的认证，你敲完账号、口令，就找你要那个认证，这个认证序列号的特点是用完一次就换一个。假设你有木马，账号、口令被他拿走了，这次认证的序列号也被它拿走了，等他想上你账号的时候，他知道你账号是对的，口令也是对的，但是他拿的那个认证序列号是错的。为什么？因为那个认证已经过时了，只能用一次，第二次认证他没有。所以这个时候你的账号就安全了。银行是否给用户提供一次性认证是很关键的，一定要一次一密。像这种银行就是很负责任的银行，就算你现在有病毒，我也保证你的安全。

郭桐兴：因为现在有很多经济往来，很多交易都在网上进行，甚至于订机票、证券交易、银行存款、购物。

方滨兴：所以一定要解决一次一密的问题。一次一密就不怕木马了。一个东西就怕反复使用，一旦能反复使用，那木马也就跟着使用了。

郭桐兴：现在是不是可以这么理解，我们要注意一下是不是有一次一密的保护?

方滨兴：对，这种保护机制是安全的。

郭桐兴：如果有的话，可以放心大胆地在网上使用?

方滨兴：当然也不完全。还有一种可能，这个认证U盘插进去，用完了要拔下来。如果你插进去永远不拔下来，黑客在别处上网时用你的账号，你的口令，人家找他要一次一密的密钥，他没有，可是你这个东西还在机器上，还有木马，他可以找这个木马说你找这个U盘要第二次认证密码，它就给你要来了，因为你还在上面放着。我刚才说了，你要把事情想到最坏，所以我管它叫做"恶人假定"，假定在最坏的情况下。所以这个东西插在那里，在最糟糕的状态下你就会出问题，插上用完后就拔掉。

郭桐兴：拔掉的是指什么?

方滨兴：就是认证的那个设备，通常是一个小U盘，这个东西插上去马上拔掉，不能老在那儿待着，在那儿待着就会被别人远程使用。做到这一点，就是把这个系统变成开放的。系统一旦开放了就安全了。什么叫开放?就是必须有人干预才能做事情，一旦有人干预才能做的事情，那黑客就做不到了，因为它一般都必须自动化了，中间还有人干预，它不能指挥你，木马说你快给我插上去，你不可能听它的。所以要想的事情是我的体系是不是开放体系，一次一密就是开放的，这次用下次不能用。我把U盘拔下来就是开放的了，一旦开放这个系统就完全了，你就真的可以放心使用了。

郭桐兴：听您这么一介绍我们就放心多了。

方滨兴：所以有的银行搞刮刮卡，那个就是开放式的，就很安全。

郭桐兴：这个原理是什么呢?

方滨兴：一次一密，这个卡是纸质的，卡里是用金属把密码给盖上了，银行告诉你要你把哪一行哪一列刮开，这就有人在参与了。在有木马上你的账号的时候，银行说让木马把几行几列刮开，木马没有刮刮卡，它找你要你给他吗?

工商银行等于是一个卡里面有一堆密码，今天刮这个，明天刮那个，后天刮另一个，每次都刮一个，这个东西在纸片上，不在机器上，所以病毒无法获得。

郭桐兴： 国家有关信息安全，是不是有相应的一些保障体系？

方滨兴： 国家在2006年出了一个文件，这个文件是中共中央办公厅、国务院办公厅联合发布的，叫做《2006—2020年国家信息化发展战略》，在这个战略里面，信息安全专门提了一条，叫做建立国家信息安全保障体系。这个内容比较多，我没有带来。我总结了一下，叫做“一二三四五”保障体系。

主持人郭桐兴与方滨兴院士

一是一个机制，要建立信息安全长效机制。什么是长效机制呢？就是资金链我应该怎么保障，体系应该怎么做，要有一套做法，这个叫做长效机制。

二是两个原则，第一个原则叫做积极防御，综合防范。积极防御就是说你要主动去发现现在的新技术是否会带来信息安全问题，不能出了问题之后再想。综合防范的意思就是管理和技术并重，光有管理没有技术手段也不行，光有技术管理跟不上也不行。第二个原则，我叫做立足国情，优化配置，或者叫做适度安全。中国不是一个富有国家，不能够很奢侈地上系统，所以你要看最优配置放在哪儿，哪块最重要，哪块次要，我们现在叫等级保护体系，就是说你影响面很广的系统我就要重点保护，影响面窄的我就可以次要保护。我们讨论风险的时候怎么讨论？主要看资产价值，你这个资产价值总共才值五百块钱，弄一个两千块钱的保护，那就不值。资产价值值两千万块，你才拿两万块钱的保护恐怕也不行，这里面要有一个配套。这是两个原则。

三是三个要素，抓住三个要素。第一个是人，一定要有管理人才、技术人才，所以提出了一系列的包括培养学位，学历教育怎么培养，继续教育怎么培养，而且还提出来全民安全意识怎么培养，你要知道什么能做，什么不能做。第二个是管理，就是你要有一套管理体制。这个管理可以从“三制一措施”来讨论问题。第一个叫法制，你要建立法制体系，当然现在还没有做得很好，信息安全法还没有出来，理论上应该有信息安全法，现在这个没有出来，下面出来的不少。法包括法制，包括行政规章，像国务院令等，还包括部门的规章，像各个部门的一些红头文件，条例、规定等，还包括标准，按照标准来做就好了。法制解决的是依靠什么来管的事情，管要有依据，依据这些规章制度、法律来管。当然了，还有部门内部的规章制度。第二是体制，就是谁来管这个问题，谁来干这个事。体制有领导机构，现在有一点问题，国家原来有一个网络与信息安全协调小组，这个小组现在一直没有一个很明确的管理体系，负责人是谁现在也不明确，所以这套协调部门划到了工信部，一个政府部门协调别人的部门，别人的部门凭什么听你协调，你是运动员，又当裁判员。这个目前我认为是一个很大的问题，早晚会暴露，需要解决。下一层都挺好，部门各自为政都在管。文化部管文化，公安部管公安，是分门别类的。部门里面做的很好，高层协调我认为存在一些问题。第三叫机制，就是你怎么做这件事情。比如市场准入，通过检测、评估、保护等，再有一个协调、打击犯罪等。这是“三制”，法制解决的是依靠什么来做，依据什么来做；体制是谁来管；机制是怎么来管；再一个就是管什么。现在规范了，现在管的是准入，管的是标准，管的是等级保护，管的是风险评估等，像这个就是依靠标准来管，而过去是一种传统的安全意识。第三个是技术。

四是国家现在提出的四个能力。第一个是法制保障能力，法制体系很重要，原来有国信办，可以先写信息安全法，但现在不是这样，可能到国家法制部门不受理，因为部门来起草信息安全法那里的争议太多了，所以现在有点问题。法制保障要有体系。第二个是基础支撑能力，你要有基础。比如你要有认证系统，网上的身份，凭什么说这个身份是你的，这个身份是我的，需要一种基础措施来支撑你的认证。现在是各自为政。再比如说密钥管理体制，中国密钥是由国家密码管理局管理的，这个还可以，因为有统一管理。再比如说认证体制等，这些都叫做基础能力，没有这个基础能力很多事情做不了。管理、技术并重，这个技术要有可运行的东西。第三个叫做舆情驾驭能力，网上说话，政府不能放弃话语权。当然这个话语权有几种，一是要准确发现，大家在争论什么，什么态度，什么观点。网上一整就是上千万人说话，谁能准确发现？那就要有一套体系。比如现在对一个问题多少人赞同，多少人反对，核心观点是什么，这么一汇总你才能有的放矢地来看我们现在出了什么问题。

郭桐兴：条理很清楚？

方滨兴：这是一种舆情的掌控，二是你还要能及时地把一些真相交代给大家，你要去说话，现在政府做得非常快。我们出现一些问题，第一时间就说出来。有些地方政府喜欢瞒，其实不应该这样。第四个叫做提高国家信息安全的国际影响力。这个写得很生涩，很难理解，但是从我们爱国的角度来说，应该是提高国家的信息对抗能力，你得在这个上面有发言权，国际才认可你。比如你有核武器了，你是不是提高了影响力？其实是先提高了对抗能力，然后才有影响力，才有发言权。

五是五项主要工作。五项主要工作就是一些重要事件要做。第一个是风险评估和等级保护。第二个是监控系统，病毒你得监控它，得有技术手段知道它。第三个我们叫做应急响应。第四个是灾难备份系统，就是说你建这么大的系统，假设这个系统彻底垮掉，你必须要有一个备份，像9·11炸的一些大楼，有备份的公司就活过去了，没有备份的公司就完了。银行过去还有纸质的存档，现在在ATM机上就划来划去，这个信息要没了，意味着什么呢，意味着凭据都没了，这是唯一的信息资产，所以一定要灾难备份。

郭桐兴：等于是最底线的保障措施？

方滨兴：对，第五个就是网络信任体系。我们要建立一套网络信任体系，能够把人这个身份做一个全面的验证。咱们腾讯也有游戏，这个游戏现在有很多虚拟人物，虚拟装备，有人就把这个装备偷了，引起了法律争执，你就起诉。起诉应该谁负责了，应该偷的人负责。但是网上抓的虚拟人物对应的真的人是谁，不知道，不知道怎么办，腾讯自己就赔。腾讯就郁闷，我为什么不知道呢，因为没有一个人保证我说这个身份和什么人是对应的，过去没有身份证，靠户口本，现在有身份证了，人是对应的。网上现在也有这种身份，这个人通过权威机构，比如公安部门建的这些东西，能够和人唯一对应，这样的话一旦有问题，就落到他头上。

郭桐兴：实际上就是你的驾驭和掌控的能力？

方滨兴：那个是舆情掌控能力，这个也是一种掌控能力，是对行为的掌控能力，对行为要能够承担责任。现在我们有身份证，每个人要对他的行为承担责任，出示身份证什么意思呢，出了事你要承担责任。网上为什么没有这个呢？因为没有一个统一的认证体系，都敢在上面发表。

郭桐兴：前段时间媒体还在争论有关网络实名制这样一个话题。

方滨兴：大家把这个焦点给弄歪了，本来实名制是两个含义，一个含义是网络信用体制的含义，就是说最终这个人是可追溯的。还有一个是公开我的身份，这不是一个概念。比如我到腾讯注册，我有我的体系，但是腾讯承诺我的注册信息是隐私信息，你不能出示，除非有法院要求。

郭桐兴：网站有权利保护我的隐私？

方滨兴：这种实名是我真实人和我这个身份绑定了。但在网上还是虚拟的，只要我没犯罪，我没触犯法律，没有人知道我是谁，网站也不能散布出去。但是现在把这个概念弄错了，我只要说话，就说方滨兴这样说，这个没有必要。我有时候想调侃，你看我是校长，我说话就必须不要让人误解。其实我有时候也想说跟校长没有关系的话，我作为安全专家，或者是作为博士生导师可能说一些跟校长没有关系的，你允许我用别人的名说我就想说。但是我要犯罪了，你就能查出来，实名制应该是从这个角度来说。

郭桐兴：不违反国家相关法律的情况下，每个人都应该有他个人的私人空间？

方滨兴：对，对外不是实名，但注册的时候应该是实名。一个是发言实名制，另一个是注册实名制，我们一定要捍卫注册实名制，这是必须的，但是我们不要搞什么发言实名制。

郭桐兴：完全是不同的两个概念。

方滨兴：比如说您在单位恐怕不会跟别人吵架，因为您觉得有身份，但是在公车上产生摩擦，可能跟别人吵架，我就是作为一个人反映我的情感。但如果先说名，我是谁谁谁，那您就不吵了，这就是实名制导致我不自由的原因，但并不意味着你找不到我，犯罪了就能找到我。

郭桐兴：所以一些社会知名人士、明星的行为都需要注意不被别人发现自己。

方滨兴：对，他那张脸就是实名制了，所以有人说没有名气的人是最大的匿名。

郭桐兴：从某种意义来说，老百姓最大的快乐就是自由。

方滨兴：但还是要有身份证，你真犯事了能找到。根上是实名制，但外显行为不要实名制。我觉得焦点没有弄对，是想说注册还是发言，要说注册实名，这是你的权利。有没有人在争论要不要身份证呢？没有人争论。但是就发言而言，不要搞实名制。

郭桐兴：为了维持社会的秩序，为了保障整个社会的安全，这是最基本的，但是另外的概念就完全不一样了，这个问题前段时间争论的比较热烈。最后请您就信息安全与信息网络安全这个话题给我们做一个总结性的概括。

方滨兴：我提四句话。积极预防，及时发现，快速响应，力保恢复。积极预防，就是说你要有积极态度采取手段，防护别出现安全问题，你首先要有这个积极态度，比如事先检查，漏洞扫描，等级保护，先做“事先”的事。然后及时发现，是“事中”。我得有手段，一旦出了问题，我得第一时间知道，否则的话都受害了你还不知道也不行。第三个是快速响应，发现了之后要有能力迅速解决问题。一个小单位没有这么多人，社会上有很多安全服务体，花一笔钱请他保护你，就像保安公司，出了问题，你来解决。比如我一年交十五万元，所有问题他都给你解决了，就像保险的道理，你这一年没出什么事，第二年它的保费会降低，十五万元没什么事，降到五万元。这是弹性的，跟保险一样，这是服务市场，请服务体来做最好，他们见的多，做的最有效。最后是力保恢复。

郭桐兴：根本问题是保证用户的正常使用？

方滨兴：不仅仅是正常使用，就是说你要有一个手段，假定黑客就是打进来了你怎么办，所以灾难备份就是力保恢复最重要的手段。比如你这个机器里面有很重要的内容，经常复制到移动硬盘上，这个就叫恢复手段，力保恢复，什么东西一定给它做备份。比如我今天来做节目，就多带一台机器来，这台机器万一是坏的，用那个播放也来得及。所以这四点里，积极预防、及时发现、快速响应、力保恢复，第一重要的是力保恢复，因为不打进来不太可能，我认为第二重要是及时发现。由于不打进来不太可能，打进来你不知道也不行。

郭桐兴：在最早的时间里发现问题？

方滨兴：对，因为这个东西防不胜防，人家打一面，你防一点，点和面什么比例啊！

郭桐兴：这肯定是一个长期的持久战。

方滨兴：与时俱进的事情，永远存在。

郭桐兴：非常感谢方老师就网络与信息安全这样一个话题作了这么精彩的讲话，感谢您，同时也感谢大家收看院士访谈，我们在下一期院士访谈再见。谢谢！

2. 网络监管与网络信息安全

（2010-01-24　来源：新华网）

新华网北京1月22日电（记者窦灏洋、刘军）。21日，美国国务卿希拉里·克林顿发表题为“网络自由”的演讲，影射中国限制互联网自由。此前，美国搜索引擎公司谷歌声称，因不满中国网络监管制度准备退出中国。针对这些问题，新华网记者独家专访了北京邮电大学校长、中国工程院院士方滨兴，请他介绍当前中国和世界各国互联网监管的现状及发展趋势。

网络监管是国际惯例　谷歌不服中国法律可以退出

12日，谷歌在其官方博客上表示，可能将关闭google. cn站点和在中国的办公室。在这份声明中，谷歌声称其退出的原因之一是不愿意继续审查“谷歌中国”搜索到的结果。

对于这一声明，方滨兴院士表示，网络监管是国际惯例，几乎每个国家都会对互联网信息进行审查，这并不是中国的发明，对这一点谷歌是清楚的。方滨兴院士对谷歌以这个理由来退出感到诧异，他说谷歌德国就与美国在线德国、雅虎德国一样，根据德国《青少年保护法》相关部门的要求，其搜索引擎在德国搜索到的内容不会显示非法内容（illegal content）。方滨兴院士当场给我们演示通过www. google. de来搜索色情信息，在谷歌的网页上出现了与谷歌中国相同的德文说明，并在进一步说明的超链接中给出了英文声明，“你所搜索到的一些URL根据德国监管机构的规定属于非法信息而未予显示（A URL that otherwise would have appeared in response to your search, was not displayed because that URL was reported as illegal by a German regulatory body.）”，同时，谷歌搜索结果中还另外提供了一个链接，注明“谷歌接收合法的投诉，根据投诉，谷歌可以从搜索结果网页或所保存的网页中删除相关内容（Google has received a legal complaint and submitted it here to the Chilling Effects database, as described in Google’s Digital Millennium Copyright Act policy. In response to the complaint, Google may have removed content from a search results page or hosted page.）”。由此足以说明谷歌已经适应了在世界各国按照当地政府的要求来限制非法信息的扩散，甚至中国政府对谷歌的要求还没有德国政府要求的高，起码中国政府还没有像德国政府那样要求谷歌必须根据网民的投诉来清除有害信息，在这种情况下，谷歌不因更强硬的审查要求声明退出德国市场，反而以审查为理由要退出中国市场，方滨兴感到百思不得其解，给他的感觉像是出于商业或政治目的而故意挑起事端，甚至是有只手在操纵。

方滨兴表示，各国都有各国的法律，网络也应该是有主权的，必须接受本国法律法规管制。我们国家在网络监管方面有《全国人大常委会关于维护互联网安全的决定》、《中华人民共和国电信条例》等法律法规，对何为互联网有害信息界定的很清楚，中国是依法对有害信息进行监管和过滤的，谷歌在中国就该像在德国等其他国家一样，要按照当地的法律来做事情，“你要不按中国法律来做事情，你就选择退出中国市场”。

世界各国网络管理有差异　但在管理的大方向上是一致的

据方滨兴介绍，世界各国都有对有害信息的定义，英国的比较有代表性，它把有害信息分为三类：一类是非法信息，指危害国家安全等国家法律明令禁止的信息；另一类是有害信息，比如说鼓励或教唆自杀的信息，虽然没有纳入到非法的信息里面，但它已经是有害信息了；还有一类就是令人厌恶的信息，比如有些色情信息。美国、法国、加拿大、澳大利亚等国都通过立法等形式，将色情、暴力、危害国家安全、煽动种族和宗教仇恨歧视等信息明确定义为有害不良信息。

既然有这个定义，对有害信息该怎么处理？方滨兴将其分为五种情况，第一是法律保障，第二是行政监管，第三是行业自律，第四是技术支撑，第五是经济制约。比如，美国的《通讯新闻准则法案》是1996年颁布的，专门针对网络色情。这个法案规定，任何人故意向18岁以下未成年人散布淫秽信息，就得受两年徒刑。

法国专门有一个《费勒修正案》，在这个修正案中专门提出，网络信道——就是提供网络信道的服务商——必须向客户提供信息封锁手段。也就是说，用户能够通过服务商提供的手段封锁有害信息，服务商就算尽责了，否则的话，如果用户通过网络信道获取了不该出现的信息，服务商就要被追究刑事责任。

澳大利亚1999年出台了一个《广播服务修正案》，在这个修正案里提出要对未成年人有害的内容信息传播进行打击。包括一些教授自杀的信息，他们都要进行打击。同时还出台了一个《反种族歧视仇恨言论法》，就是如果在网络出现这种言论也属于非法行为，也要打击。

韩国管理得最严，比中国严得多。韩国也有一系列的法律，像《电子商务通信法》里专门就什么叫不当站点建立标准，而且专门公布了互联网内容过滤法律，这是2001年7月份做的，要求在全国范围内过滤违法和有害信息，限制色情及令人反感的网站站点接入。他们在2001年专门通过了一个修订后的《促进利用和通讯网络法案》，在这个法案中规定，由国家信息通信部（简称MIC）来推广和发展过滤软件，这是一个硬性规定。2005年以后，韩国还有《促进信息化基本法案》、《电信事业法案》、《信息通讯基本法》等法规，这里面明确规定，传播淫秽信息，通过黑客手段攻击计算机，传播计算机病毒属于非法行为。“韩国严格到什么程度呢？2008 年新修改了一个《青少年保护法》，禁止 19 岁以下及高中以下学生在晚上 10 点以后出入网吧，这在中国都没有做到。”

方滨兴认为，与这些国家相比，中国在具体的管理法规上有差异，但在管理的大方向上是一致的，有些部分做得比较好，有些部分做得弱一点。这一方面与中国互联网规模太大有关，另一方面也与社会发展水平、经济和技术实力有关。比如，2007 年，澳大利亚总理签署了一个“NetAlert—保护澳大利亚家庭在线”计划，该计划包括教育、家长支持和提供免费的互联网内容过滤系统，目的是通过努力让儿童免受非法和冒犯性材料的侵扰。该计划总拨款 1.89 亿澳元，其中8 480万澳元用于采购过滤软件免费提供给家庭与学校，这相当于 4 亿多元人民币，中国要拿出这么多钱来购买过滤软件难度就很大，何况中国的家庭数远超过澳大利亚。再比如技术，美国有众多知名的过滤软件，例如 Norton Internet Security、AOL Parental Control、Safe Eyes、K9 Web Protection、N2H2、Smart Filter、Websense、8e6、Cybersitter、NetNanny、Content Protect、Safe Families、Kid Rocket、No Worrys 等都是在国际社会上有竞争力的美国产品，在澳大利亚 NetAlert 计划中中标的过滤产品中就有多款是美国产品。美国政府曾经推出的一种叫“食肉动物”的软件恐怕是技术水平最高的软件之一。由于过滤产品的技术水平高，误封的少，因此容易受到网民的欢迎。而像新加坡等国家，由于技术水平相对较弱，就只能采取简单的封堵，经管能够被有害信息轻易地绕过，但做封堵的目的就是告诉大家一个态度，有害信息传播是被禁止的。当然由于技术水平限制而导致封堵误伤了一些有用信息，这也是没办法的事情。这就好比民航无法鉴别什么液体是有害的，干脆就什么液体都不允许带上飞机，哪怕是你当面能够试喝的白水，也绝对不允许带上飞机，而乘客显然已经接受了这一严格的实物过滤。

美国的主张自相矛盾　做法危及世界网络安全

希拉里在 21 日的演讲中提到，美国的主张就是让互联网信息自由的流动。对此，方滨兴认为美国是自相矛盾。美国联邦和地方有关限制网络信息流动的法律法规有很多，他知道至少有加利福尼亚、科罗拉多、内华达、路易斯安那等 26 个美国州制定了相关的地方法案，明确要求公共图书馆、学校、ISP、家庭等必须采取措施，防止未成年人获取淫秽等有害信息。所以你在美国学校、图书馆，甚至用手机都是接触不到有害信息的，这说明在美国自由也是有环境和条件限制的。在美国，儿童色情信息、种族仇恨信息、未经许可的个人隐私信息、网络欺诈信息、恐怖主义信息等都是严格禁止的，都不允许自由流动。同时，美国是世界上最主要的过滤软件生产国，世界各国封堵信息使用的过滤软件大多数都是美国公司生产的，所以希拉里的说法和美国的做法是矛盾的。

方滨兴指出，美国掌握着国际互联网的根服务器，就相当于掌握了全球互联网的命脉。根服务器就像是全球互联网的“114查号台”，如果哪个国家不听美国的话，或与美国的价值标准不一致，或利益发生冲突，美国就可能停掉这个国家的域名解析，那么就会导致这个国家无法通过域名来访问网站，其互联网就形同瘫痪一样而无法再被使用。索马里的互联网服务就曾经由于这个原因而瘫痪过。因此，许多国家都认为，由美国一国掌控国际互联网的生杀大权是很危险的。

3. 提高网络和信息安全保障水平

（作者：牛小敏　来源：电信技术　2009-02-10）

2008年僵尸网络、木马、拒绝服务攻击的泛滥，给我们的通信网络敲响了警钟。移动、固网、互联网的融合，更使网络世界无一处安全之地。魔高一尺，道高一丈，2009年安全之战如何持续上演？在部委调整、电信重组后，中国的网络和信息安全又面临哪些新问题？在网络安全斗争中的运营商又应何去何从？针对这些问题，本刊记者专访了北京邮电大学校长、中国工程院院士方滨兴。

方滨兴　北京邮电大学校长

《电信技术》：从世界范围来看，网络与信息安全面临的整体形势是怎样的？这两年主要的变化是什么？

方滨兴：从世界范围来看，黑色产业链越来越成为焦点，黑客的技术炫耀开始与经济利益越绑越紧；与此相对应，僵尸网络、木马等变得越来越活跃，而一般性质的蠕虫，尤其是大规模蠕虫则相比过去黯淡了许多；由于几乎没有遇到太多法律上的对抗，导致黑客对网页的攻击越来越泛化，例如钓鱼网站因域名劫持等手段的越来越高超而变得防不胜防。

《电信技术》：中国在网络与信息安全方面面临的形势如何？对于解决网络与信息安全问题，中国的基本策略和指导思路是什么？与国际上有什么区别？

方滨兴：在互联网应用与普及方面中国已经进入了世界大国的行列，因此中国的信息安全问题与国际上的问题基本接轨。比如，中国每年被黑网页在10万个数量级左右，钓鱼网站数量占世界总量比例偏高，位于中国的僵尸网络的肉鸡数量位于世界前列，DDoS的受害者数量非常庞大。

中国在网络安全方面的解决策略是政府重在行动，企业重在引导，公众重在宣传。就是说，凡是政府信息系统，必须接受信息系统安全等级保护条例的约束，以行政的手段来强化信息系统的安全；凡是企业的系统，通过对信息安全产品的市场准入制度，以保证企业所采用的信息安全防护手段符合国家的引导思路；公众方面则通过对网络安全方面的广泛宣传，让公众对网络安全具有正确的认识，从而提高相应的防范能力。

就信息安全而言，根据要求政府在网吧管理方面设立相应的管理措施，以保证网吧处于信息安全管理框架之下；就终端而言，政府集中投资让进入市场的计算机预装上家庭信息安全管理软件，从而保证家庭用户的合法权益，保证青少年的身心健康。

《电信技术》：在信息与网络安全研究方面中国目前重点主要集中在哪些方面？在技术、实施、组织思路方面与国际上相比有什么优劣势？最近两年有什么重大突破？

方滨兴：目前，政府在信息系统等级保护方面加大了推进力度，已经完成了等级保护的定级工作，接下来的工作就是采取有效措施来实施信息系统的安全等级保护技术。等级保护的大力推动，一方面，在国际上展示了中国政府对信息安全和网络安全的管理决心；另一方面，等级管理制度的建立，突破了中国惯性思维的管理理念。随着工信部的成立，公安部与工信部在信息系统等级保护管理方面出现了职能交叉，因此，等级保护工作的进一步开展将取决于两个部委的有效协调和合作。

《电信技术》：如何看待中国开展的高可信网络研究的目的和意义？

方滨兴：高可信网络的研究与应用是社会发展的必然需求。现代互联网技术起源于冷战时期，其发展动力是军事技术的需求，由于当时没有假设面向公众提供服务，因此缺少必要的互联网安全管理的配套手段与可信技术的配套措施。目前互联网已经成为政府、军事、企业、公众等不可或缺的基础设施，提供高可信的网络基础设施便成为互联网技术的必然发展方向。尤其是在中国，让政府从物理隔绝直接走向当前如此开放而又缺乏足够的安全可信保障手段的公共互联网，显然难度极大，但电子政务又呼唤着政府采取相应的形式与公众在互联网上交流与沟通，因此高可信网络技术便成为支撑电子政务发展的迫切而又必要的基础设施与技术手段，影响着面向公众的电子政务的普遍推广。

《电信技术》：网络与信息安全涉及方方面面，工信部的成立以及相关网络与信息安全保障部门的设立对网络与信息安全问题的解决有什么促进作用？

方滨兴：过去国家设立的国务院信息化工作办公室，同时又是国家网络和信息安全协调小组的办事机构，明确地树立了被普遍认可的协调全国网络与信息安全工作的组织地位。目前，随着国务院信息化工作办公室的撤销，工信部下属的网络信息安全协调司取代了国家网络信息安全协调小组办公室的地位。因此，在国家级网络与信息安全工作协调过程中，如何摆正工信部自身所辖的部门利益问题，建立公信力成为一个挑战。

《电信技术》：电信运营商在提高网络与信息安全方面应扮演什么角色？承担什么责任？

方滨兴：作为为公众提供信息传输服务的企业，电信运营商有义务也有条件在网络信息安全方面提供更好的服务。从义务的角度来说，运营商在为用户提供服务的同时理所当然地要保证服务的质量，而网络不安全的后果之一就是导致用户得不到期望的服务，因此，运营商采取措施来防范网络与信息安全理应是分内的工作。事实上，运营商建立的流量清洗中心，正是本着这一理念为防范 DDoS 攻击所采取的措施。从条件的角度来看，运营商有条件在网络的接入端为用户提供网络与信息安全的服务，例如，美国电信运营商 AOL 在用户接入端为用户提供有偿的有害信息过滤功能，以便家长为保护青少年的身心健康而启用相应的手段。类似的服务形态还有很多，取决于运营商对这类服务的认识以及提供相应的安全服务的热情程度。

《电信技术》：电信重组之后，中国的三大运营商都成了名副其实的全业务运营商，在全业务时代，网络与信息安全会面临哪些新的问题？

方滨兴：电信网络的全程全网与互连互通，形成了没有边界的世界，任何网络与信息安全问题都将会是全局性的，绝不会某个运营商的网络出现了严重的安全问题，而其余运营商的网络却安然无恙。因此，运营商之间在网络与信息安全方面采取协调一致的手段是非常必要的事情，绝对不能指望网络安全的问题仅出现在别的运营商而不出现在自己这里。另外，全业务意味着每个运营商都同时拥有移动网络与固定网络，两个网络之间的互连互通是必然的，那时手机上网将会成为极普遍的事情，因此，如何在移动网络与固定网络融合的前提下做好网络与信息安全保障是摆在三个运营商面前的一个极为重要的题目。

《电信技术》：过去实现网络安全更多的是一种成本负担，随着运营商向信息服务提供商转型，提供网络安全成为一种增值服务的空间和潜力有多大？对运营商有什么建议？

方滨兴：随着网络与信息安全问题得到公众的普遍认识，为网络与信息安全买单的意识也逐渐建立起来，最简单的例子是几乎每个计算机用户都会接受为配备杀毒软件而买单的事实。运营商作为电信传输通道的提供商，有着天然的优势来提供网络与信息安全的服务。前面提到的在接入端提供有害信息过滤功能就是一个例子，其可以用月租费的形式来形成增值服务；同样，运营商也可以提供攻击追踪的审计服务，一旦一个用户因攻击而出现瘫痪，从运营商所提供的审计记录中可以发现相应的蛛丝马迹。运营商还可以提供联动追踪能力，由此其他部门做不到的 DDoS 追踪能力可以通过运营商的联动而追查到位。另外，在 IDC 托管中也可以提供相应的安全服务，甚至运营商还可以通过带宽资源来提供 IRC（容灾中心）服务。

附录二：曾剑秋教授访谈录

1. 三网融合下新媒体的机遇与挑战

(2010－08－04)

新华E观察北京8月2日电 在2010年中国互联网大会召开之际，新华网与中国互联网协会联合推出“2010中国互联网大会”系列访谈之三，邀请到北京邮电大学三网融合研究所所长、北京邮电大学经济管理学院教授、信息经济与竞争力研究中心主任曾剑秋，为大家解读三网融合下新媒体的机遇与挑战。

（左）北京邮电大学经济管理学院教授、信息经济与竞争力研究中心主任、三网融合研究所所长曾剑秋

三网融合，融合的到底是什么？

曾剑秋认为，国务院常务会议正式通过了关于三网融合的决议，首先表现了三网融合是从国家层次来强调咱们未来的这种发展是一种国家战略。所以现在有一个很新鲜的词叫做新兴战略产业，三网融合实际上就是中国未来新兴战

略产业发展的非常重要的一部分。

因为它主要是基于电信网、互联网和广电网三大网络通过技术改造，为老百姓提供更多的丰富多彩的产品和服务。另外，通过三网融合能够实现国家的信息化，使中国从现在的信息大国转变为信息强国。所以我想三网融合主要是从这么两个层面来的。

三网融合对于电信运营商意味着什么?

曾剑秋认为，三网融合首先对于广电、对于电信企业、对于互联网企业应该说是一个机会，也是很大的市场。有人预计三网融合是6万亿市值增长的空间，三网融合以后最大的好处就是把目前的信息通信，还有我们的文化产品做得更大，现在的蛋糕到未来可以做得更大。这个对于未来的行业首先是一个极大的机会，而且在这个过程当中我们也有挑战，这种挑战对于电信企业来说，过去他可能就是做移动电话的，做宽带的，现在可能要提供一些娱乐节目和业务，他相应就要去学习互联网，去了解传媒的知识。

当然对于我们的传媒网络行业的发展来说也是一样，三网融合以后，我们肯定需要扩大自己的知识面。不仅仅是了解传媒就够了，我们未来甚至要了解到第三代、第四代移动通信这些技术，在我们三网融合以后如何更好地做传媒，所以三网融合对于我们目前的三个网络产业、企业或者员工来说本身就是一种挑战。

曾剑秋认为，三网融合不是简单的一个融合，涉及的面是非常广的，既有技术又有监管，当然从三网融合的目的性和结果方面来看，三网融合最主要的核心还是业务。

如何看待业务的发展和转变?

业务的发展我们曾经做过一些研究，从技术实现程度方面看，它会从网络最低层的结果到控制、到业务的发展，最后到终端，实现技术程度的融合。市场方面是从顶端往下走的，终端从三网融合角度来看，我们认为可能会实现三屏融合，电话、电视、手机屏幕融合。比如说看电视的时候，过去只用电视看，现在可以用计算机和手机看电视，手机看电视现在节目还比较少，在家里可以非常容易地实现屏幕切换。所以未来发展，三屏融合可以通过市场体现出来，要求业务层、控制层、网络层的融合，所以它是一个市场适应程度和技术适应程度双向运动的过程。

三网融合中的内容提供商和技术提供商

第一、二网融合的内容还是传统的内容，但是将来的三网融合，做内容的、做媒体的要了解技术，要基于技术去做。你将来如果做一个访谈节目，是要做到手机上去，互联网可能会有新的变化，你就要考虑在手机屏幕上怎么运行，因为手机屏幕比较小，所以从未来看，观念方面和知识体系方面可能会有变化。做内容的要了解技术和网络。所以三网融合对我们的就业可能会有影响，通过一些研究发现，这个需求是非常大的，三网融合的确会带动中国的就业岗位，同时也会吸引很多复合型的人才。另外，三网融合的价值链要衍变成一个生态的价值网，也就是说，我们做内容的、做网络的、搞技术的都在这个价值网上共生共存。这是一种价值生态网，不存在你做内容很简单，我搞技术很复杂，而是大家共生共存的，我可能需要你的平台帮助我做一些东西。

网络视频在三网融合之下将怎么发展?

曾剑秋认为，网络视频应该说未来发展的方向就是大众化。我们现在讲的三网融合，就是三屏合一，比如说电视、手机、计算机会合在一起，未来的发展，我认为所有的视频终端都是一个接收器，比如说手表将来可能就是一个终端器。

现在很多家庭主妇喜欢看肥皂剧，将来可能随便有一个显示屏的终端就能够接过来看任何节目，在厨房做饭的时候可能就能够看电视剧，而且也是可以互动的。所以首先要看到视频终端的革命，现在三网融合可能会出现三屏融合，将来会有 *N* 个显示屏融合在一起，这是一个基本的发展方向。我觉得做终端的也好，做视频业务的也好，就要考虑三网融合在视频内部的发展应该怎么做，我们不仅仅是需要一个计算机和电视，未来的这种发展，视频业首先要看到发展的方向，然后再来考虑怎么做视频。目前的三网融合视频大家看着还比较死板，比如说互联网的企业要拿视频的牌照，但是将来视频一定是开放的空间，不仅仅自己能够看这些视频，而且还可以自己做一些视频，这个现在也是可以的。当然这些部分会涉及如何监管的问题，特别是视频有一些黄色信息一定要严厉打击的。

如果是你自己发的视频，你发到网上是要负责任的。现在的很多帖子是非常不规范的，将来一定要规范，因为将来发一条视频，其实都是有源头的，都能够找到你。你可以发送自己的视频，但也要承担相应的责任，你发的视频不能够违法，如果找到了你可能就是很严厉的打击甚至是高额罚金。

如何看待三网融合之下新媒体的技术挑战和机遇?

曾剑秋认为，大概在1978年的时候，美国有一位学者尼古拉·庞德（音），他有一本书叫做《数字化生存》。他在1978年的时候，成为从产业边界理论第一个描绘三网融合的学者，当时他把计算机网、广电网和印刷网重叠到一起，中间交叉的地方他认为就是成长最快、创新最多的领域，这是最原始的三网融合的概念。

我们把这些称为20世纪70年代的三网融合。到了80年代以后，三网融合就变成了计算机网、电信网和广电网。其实在20世纪70年代和80年代，印刷业也迎来了一个发展的高潮，我们知道国内的方正，北大有一个教授叫做王选，他在印刷方面有很大的贡献。

全球也是这样的，印刷业取得了巨大的成功，但是从三网融合的角度，电信业的发展可能影响会更大一些。因为在20世纪70年代末和80年代初，电信技术取得了突飞猛进的发展，使得电信网取代了印刷网。20世纪90年代就变成了网点网、电信网和互联网，互联网取代了计算机网，因为互联网的概念更大一些，中国目前要实现的三网融合，就是指的电信网、广电网和互联网的三网融合，所以我们认为这种三网融合在20世纪末和21世纪初基本上完成了，比如说欧洲。

21世纪以来，我们提出了一个新三网融合的框架，我们觉得中国虽然目前要实现第三阶段的三网融合，但是全球来看三网融合已经进入到了第四阶段，叫做电信网、互联网、传媒网络。也就是说，广电网被传媒网所替代，在理论上有一个概念叫通信的传媒属性，传媒的通信属性，1948年信息论的专家香农做过这方面的理论支撑。

手机被称为所谓的第五媒体，也已经开始了传统媒体和新媒体的转化，从第三到第四阶段对于中国来说只是时间的问题，我们要实现的就是第三阶段的三网融合，但是未来和现在要加强和实现第四阶段，特别是对传媒网络的发展要有足够的研究和重视。

新媒体在第四代三网融合前进的道路上有没有挑战?

无论是新三网融合，还是现在我们做的三网融合，对于三大网络，以及基于三网融合的产业链，现在我们已经进行了进一步细分，对价值网上的行业和企业来说有更大的挑战和机遇。其实到了新三网融合以后，可能就逐步的淡化了这种传媒的概念和通信的概念。我们前面已经说了，有一种说法叫通信的传媒属性和传媒的通信属性。现在我们可以通过手机电视、手机报等，将来都是要融合到一起的。将来这样的一些固定网、本地网、移动网可能都会淡化，这就是为什么我前面讲的未来可能全无线，我们要探索一些新的东西，我认为将来真的都会淡化。

比如说，现在传媒大家都认为就是广播、电视、报纸，通信有手机打电话。三网融合未来的发展挑战首先对于我们是观念上的，然后是知识体系方面的。仅仅有传媒的事实是不够的，你要做的东西是三网融合的。从知识体系来讲，我们传媒行业就要了解互联网、了解通信，通信行业现在也要了解传媒。所以三网融合不仅仅是简单的三个网络融合在一起，而是把所有的东西，包括知识体系、包括业务、产品、服务等融合在一起。

三网融合带来便捷

在谈到三网融合会为百姓生活带来什么改变的时候，曾剑秋认为，我们现在实际上已经生活在一个信息社会里面，我们要不断地利用信息，通过不同的手段进行信息沟通等。比如说家里的固定电话、手机、电视等都是分开的，每一份都要交一份钱，也比较复杂。三网融合就可以利用和发挥各个网络自身的优势，这样就使这些已有的信息通信产品更加广泛，应用更加普及。

比如说，我们现在可以利用手机看电视，利用互联网看视频节目等。三网融合以后，手机上网就能够看电视，看一场篮球比赛的时候，你的亲戚朋友可以在电视上看他们喜欢看的节目，而你就可以用手机看了。三网融合以后，我们老百姓的话费会更加便宜。现在我们三网都要支付费用一共500元，未来三网融合以后，如果你还要支付500元，你收到的服务和产品就比500元钱多一倍。所以三网融合绝对会为老百姓的生活和工作带来便捷，带来丰富多彩的节目和内容，而且费用是可以降低的。

在三网融合的整体过程中，政府、国企、民营企业各扮演什么样的角色？

我认为首先是政府，中国的三网融合这个事儿是政府在推进的，政府看到了三网融合可以使中国从信息大国变成信息强国，这是一个非常重大的决策。政府要利用政府的力量去推进，但政府只是一个平台，起到了搭桥作用，我觉得三网融合真正要做起来的话，首先要让老百姓满意，让老百姓了解三网融合对自己的好处，要做出东西。

比如说，我们搞了试点城市，12个试点城市应该做出一个样子出来，这12个城市现在也成立了很多小组，我觉得最重要的就是要做出样子，让老百姓能够接受，让大家看到三网融合为老百姓真正带来了好处，这是试点城市首先要完成的任务。但是我坦诚地讲，现在我对很多的试点城市不是很满意，有的城市可能就把三网融合作为一个样板工程，考虑到这只是一个领导的业绩问题。还有些城市把三网融合看得很严肃，好像就是要对内容进行管制。我认为三网融合本身是一个好东西，如果你什么都去控制，那么这个三网融合能够做起来吗？

三网融合如果要做起来就要靠老百姓有兴趣，必须有市场，有企业参与才能调动起来，所以要调动三网的积极性，要让电信网、广电网、互联网有积极性，让他们去挖掘市场，让他们去推动市场。比如说电信企业的这些技术，现在有这么一个舞台去表演就要去展示。

三网融合如果按照我个人的观点来看，我们要把光网建起来，尤其是光纤到户，那么三网融合的业务就能够有井喷式的发展。光纤现在真的很便宜，一米长的面条和一米长的光纤相比，光纤要比面条便宜，所以我们要建立起一个光网，既便宜，速度又快。传媒网、互联网企业其实都沉淀了很多的业务和技术。

国外有一些产品比较成熟，比如说有个产品叫做“四方”，这就是网络融合的产品，如果你去用餐的话，通过这个“四方”产品就能够与人联络得更加紧密，真正促进了我们相互之间的沟通。所以三网融合在未来的发展，主要应该发挥企业网络的积极性，同时三网融合也会形成一个价值网，还有很多的企业都在这上面，搭建更好的平台。

对于国企来说应该责无旁贷地参与，更多地要发挥民企的作用。真正的三网融合的内容首先是为了老百姓的，其实就是应该把蛋糕做大。比如说我作为一个老百姓，我在广东看 IPTV 很方便的，世界杯期间看足球赛也非常方便，如果没有来得及看直播，可以重新看。

北京现在就没有，在中国来说北京是落后的，三网融合选择的这 12 个城市里面，我个人认为北京一定会起到示范的作用，但是现在我没有看到这一点，我只看到推进得很慢。

广州、江苏等城市远远走在了北京的前面，我希望一定要考虑老百姓的利益，一定要让老百姓高兴，把三网融合做成真正的民心工程，而不是政绩工程。

我到上海参加世博会的时候，人家就觉得上海的世博会比北京的奥运会搞得好，到了广东以后，他们说我们都三网融合了，你们北京还没有吧。

所以民心所向，老百姓心里是最清楚的，我觉得政府一定要先想到老百姓的事情。

2. 三网融合对电视产业发展影响

（2010 - 08 - 11 - 11：28　　来源：人民网）

三网融合试点工作启动一个月来，各试点城市（地区）都在结合自身特点开展试点工作，迈入实质性的操作阶段。人民网邀请到英国剑桥大学博士、北京邮电大学经济管理教授曾剑秋先生做客人民网谈三网融合及其对电视产业发展的影响。

主持人：各位网友，大家好！欢迎收看人民网视频访谈。三网融合试点工作启动一个月来，各试点城市（地区）都在结合自身特点开展试点工作，迈入实质性的操作阶段。与此同时，工信部、国家广电总局也在积极部署推进三网融合，今天我们请到了英国剑桥大学博士、北京邮电大学经济管理教授曾剑秋老师，欢迎您来到人民网，跟人民网的网友打声招呼吧。

英国剑桥大学博士、北京邮电大学经济管理学院教授曾剑秋先生

曾剑秋：主持人好，各位网友好，非常高兴来人民网跟大家一起探讨三网融合的问题，特别是三网融合跟我们老百姓的生活息息相关，跟我们的家电关系密切，所以我想今天跟大家一起交流，共同探讨三网融合到底给我们带来哪些好处。

主持人：您能先给我们介绍一下中国三网融合的现状，以及国家实施三网融合政策的意义吗？

曾剑秋：好。今年1月13日国务院召开了常务会议，通过了关于三网融合的决议，也就是说三网融合从国家层面看是一个产业政策。三网融合目前的发展，应该说是这样的：三网主要是指电信网、广电网和互联网，这样三个网络要融合在一起，过去是分开的，现在把它们融合在一起，来提供一个所谓的融合产品，或者融合业务。

从国际上来看，三网融合就是我们讲的互联网、电信网和广电网的融合，国际上在20世纪末21世纪初发达国家已经完成了，我们国家现在是要赶上国际三网融合的水平。从我们国家目前的情况来看，三网融合于1月13日国务院通过常务会议下这个决定，从今年开始有12个试点城市进入到先期的试点，这

12 个城市既有像北京这样的一线城市，也有二三线城市，还有像湖南长株潭这样城市群的试点。国家希望通过三到五年的时间，来实现我们国家的三网融合，目前是这样的一个基本状况。

对于三网融合的意义，第一，为什么国家搞三网融合？我个人认为，我们国家希望从信息大国向信息强国转变，这是从大的方面来看，也就是说提升国家的竞争能力。我们国家已经是信息大国，我们手机用户的规模 8 个亿，已经是美国的好几倍，但是，目前各个网络都是分开的，互联网的用户也好，手机的用户也好，各个方面都是分开的。所以，融合的产品和业务没有发展起来，这样就限制了我们包括信息通信业方面的发展，国家希望通过三网融合提升我们国家的信息化水平，提升我们国家的竞争能力，实现从信息大国向信息强国的转变。

第二，从拉动经济发展来看，三网融合是要做一个融合业务，或者叫做融合产品，这样的话，对三个产业，比如广播电视、互联网、通信业，都会起到拉动的作用，而且会形成拉动整个国民经济发展的作用。

第三，当然，三网融合最根本的意义在于惠及老百姓，它是可以给老百姓带来好处的。所以我把三网融合定位成这样一个东西，叫做政府搭平台，满足消费者的需求，然后把企业的积极性调动起来，把这个市场做活了，最后真正得利的应该说是老百姓。当然这中间企业要有积极性，也就是说企业要有利可图，所以在三网融合的过程中，不能偏向于一方，而是要使三个产业，甚至在整个产业链上的企业都能够得到好处，我想这是目前三网融合的意义。

主持人：根据您的了解，在三网融合试点工作开展以来，这些试点城市所面临的最大的困难和问题是什么？

曾剑秋：12 个试点城市近一两个月公布了，应该说都在部署，我觉得目前的一个最主要的问题就是试点城市也好，或者我们的相关产业也好，企业也好，最大的一个问题就是没有明白三网融合的目标。三网融合是政府搭平台满足老百姓的利益，通过三网融合使老百姓得到好处，这期间才能给行业和企业带来好处。目前最大的问题是什么呢？从政府试点城市来讲，他没有明白这个道理，他考虑不够，就是说是搭建平台的，使老百姓获得利益。从企业的角度也是这样，企业或者行业光从自己的角度来看，就是说我能赚多少钱，我能够从对方那里挖多少，想到的是切蛋糕，分蛋糕，没想到把这个蛋糕做大。从消费者的角度来看，消费者通过三网融合能够实实在在得到什么，目前没有什么承诺，企业也好，政府也好。所以，目前最大的问题就是要明白三网融合要做什么，这是最大的一个问题，现在好像还不是特别清楚。

主持人：在发展三网融合的过程中，可能包括技术、内容、利益等因素，从这个角度来讲，最大的问题在哪里？

曾剑秋：三网融合，比如广电、电信等企业要做什么，这里面也是有一个很大的问题，就是说所有的企业和产业都要明白，三网融合不仅仅是挑战，不仅仅是机遇，也就是说机遇和挑战是并存的，这个是非常重要的。我们有一些企业过多地认为这是机遇，一下可能就弄了很庞大的计划，想把这个做得非常大，有的试点城市也有了很大的计划。当然，我们也做了一些研究，三网融合到底能够拉动国民经济多少，现在我们看到网上有很多的说法，有的说六万亿元，有的说多少亿，最近深圳也提出来说带来三千亿。我们也进行了这方面的研究，可能并没有那么大，我们要比较客观、理性地看待三网融合。

刚才我们已经讲到三网融合首先是国家的事，要提升国家竞争力，然后是满足老百姓的利益，满足消费者的需求，企业的利益肯定有，可以把蛋糕做大，但是好像并没那么大。你设想深圳那样一个城市三千亿，全国可能就非常非常大了。我们对机会成本进行了研究，所谓机会成本就是我做 A 这个事情，就不能做 B 了。所以，刚才为什么讲三网融合既是机遇又是挑战呢？对于三网融合的这些产业和企业来说，最重要的可能不是赚钱，最重要的是转型。举一个简单的例子，电视机从黑白到彩电发展了很长时间，又到现在的互联网电视，未来的电视该怎么样，这实际上是三网融合对于电视机厂家的一个挑战，当然也是一个机遇，为什么主要是转型呢？现在三网融合了以后，可能按照现在生产的电视机都淘汰掉，卖不出去，所以你必须研究三网融合以后到底应该生产什么样的电视机，它的配比是多少，比如说传统的电视机、互联网电视机，还有所谓的智能电视机。因为三网融合的发展过程中，电视机不是一下就退出来的，需要去研究，这时候机会成本就是这样的，你选择三网融合一些新型的智能电视也好，互联网电视也好，就必定要放弃一部分传统的产品。

如果三网融合拉动的经济，只算增加的部分，不算不能生产的一部分，肯定不行。我觉得三网融合在发展过程中机会和挑战是并存的，我们不要刻意去夸大三网融合对经济有多大的拉动作用，一定要客观、科学、理性，这是非常重要的。从目前我们的研究来看，三网融合的确是一个机会，能够拉动经济的增长，但是并不像现在有一些专家和媒体报道的那么大，我是这么看，可能有点保守，但是我想我们做事情要客观去做，目前我们从机会成本的角度来看，应该说拉动没有那么大，有拉动，而且对国家是非常重要的，但是并不像有些数字讲的那么高。所以，我觉得在三网融合发展过程中，这一点也是我们要注意的，要进行科学的计量，而不是拍脑袋。

主持人：应该说鱼和熊掌不能兼得，具体到企业不单单是受到三网融合利好的增长，对企业来讲，面临的是一个转型，是一个市场策略的改变，是吗？

曾剑秋：最重要的还是这样。

主持人：其实从产品技术上来讲，我们跟国外的一些技术相比较，差距还不是很大，就像你说的，我们可能只是起步比较晚，但是在商业模式和监管政策上我们就相对落后比较多一些，您认为国外有哪些比较好的模式是我们可以借鉴的？在中国这样一个特殊的市场上，我们未来应该给自己如何定位呢？

曾剑秋：发达国家在20世纪90年代末和21世纪初就已经实现了三网融合，它是非常自然而然的过程。对于中国而言，我们现在是政府从产业发展和国家竞争力的发展角度提出的三网融合，中国的情况，首先特别重要的一点就是要把这点搞清楚。就是说中国在三网融合的过程中，首先是要立足于中国的国情，怎么立足于中国的国情呢？刚才我讲了一个道理，就是说中国一定要政府搭平台，服务于老百姓，让老百姓得实惠，然后通过这样一个架构来调动产业和企业的积极性，这一点是重要的一个特色。正是由于这样的一个特色，我认为中国在三网融合的发展过程中，我们可以比国外走得更快。

网上有这么一个观点，说"三网融合主要障碍不在技术，而在体制或者监管"。我有相反的看法，三网融合在中国很可能我们可以利用体制的优势，我们的体制有没有问题？有问题，但是我们中国的体制优势其实也是应该去考虑的，比如金融危机来了，美国没办法，欧洲没办法，中国利用体制的优势应对金融危机是有效的，中国的三网融合是政府搭建平台惠及老百姓，这是一个很好的事情，如果利用我们体制的优势，我们的三网融合可以比国外做得更好。这是我的第一个观点。

其次，国外已经有成熟的经验，包括它的技术、产品、监管，这些东西不存在意识形态这方面，我们要踏踏实实学人家成功的地方，我们不要照搬西方的那些，但是发达国家好的东西，我们一定要有一个当小学生的态度老老实实地学。比如发达国家监管方面，三网融合的发展，国外的一些监管经验可以直接拿过来，比如美国、欧洲等在监管方面有一些很成熟的办法。像美国FCC，他们监管的办法可以参照学习，我们可以成立国家三网融合委员会，我们的国家三网融合委员会跟现在政府推进可以相互之间形成一个互动的关系，促进三网融合的发展，我们目前的体制是什么呢？国务院有一个三网融合领导小组，这是很重要的，但是三网融合的推进非常重要的一点是搭建一个平台，满足老百姓的要求，推动大家的积极性，这样就要有一个至上的组织，比如国家三网融合委员会，这些人员可以独立判决，在三网融合的发展过程中，出现所有有争议的事情，可以提交到国家三网融合委员会，投票来决定，这样就比较民主一些。因为行政机构有行政机构的弊端，特别是在中国，有行政机关，权力太大的话，地方政府就会来公关，一公关这个事情就很麻烦了，个人意志，领导意志大于法，大于权力，我觉得三网融合目前在发展过程中，我们要特别学习和借鉴西方国家的成功经验。

举一个简单的例子，年初有一个报告说广电总局封杀了广西电视的IPTV，他没地方告，这样有了国家三网融合委员会，他就可以申诉，我觉得这样会更加公平。我们在三网融合推进过程中，应该学习和借鉴西方国家成熟的一些经验。成立国家三网融合委员会，我个人认为是一种机制创新，这对于我们国家三网融合的发展和未来其他产业的发展都是有借鉴意义的，中国机制的创新是因为中国需要法治，不是说人治，需要大家做事情有一个规矩，这样可能能够推进我们国家三网融合快速的发展。

主持人：有一些观点认为，在三网融合的过程中可能会出现寡头垄断的现象，不知道您是否认同？因为大家会有担忧，一旦出现寡头垄断可能会影响到消费者的利益，对此您怎么看？

曾剑秋：三网融合从目前来看不排除出现寡头垄断，但是我觉得是这样，对于垄断看你怎么去看，其实从垄断的发展来看，它本身并不是坏的事情，垄断有什么好处呢？首先，在一个竞争的市场当中，垄断的企业是可以以比别的企业更低的成本来取得优势，也就是说它能够取得规模效益，单位成本比较低廉，所以垄断本身并不是坏事情，关键是如果他利用垄断获取超额利润，不进行公平竞争，这个就是需要关注的。正是由于这样的原因，我们想垄断不可怕，但是垄断要去监管、去限制。

在三网融合的发展过程当中，的确可能形成寡头垄断的局面。很有意思，最近我们做了大量的调研，比如前不久我们招博士，我是考官，我们搞了一个活动，那些博士生有的是省一级公司的领导，我们给了一个题目跟这个相关，他们说了这样一个观点，我概括为“三网融合失败论”。他们认为三网融合会失败，为什么呢？他说现在广电对三网融合非常积极，他们要使劲完成省一级的整合，将来要成为所谓的第四大运营商，这帮领导就讲，他走得越快，死得越快，什么意思呢？两三年以后有了四大运营商了，甚至把电力通信纳入进来，有可能出现五大运营商。过几年以后，市场上又变成四五家这样的运营企业，国家可能就会考虑，再重组一下，很可能把广电跟中国移动、中国联通重组在一起，这种情况存不存在呢？我觉得可能是存在的，因为这个跟我们国资委的目标是一样的，国资委就是把国有控股的央企变成80～100家，这样一个发展的确变成寡头垄断了，很可能市场上将来就剩下两家进行寡头垄断。所以，这是一个很有意思的观点，说三网融合走走可能会朝寡头垄断方向走，而且这方面也是有经验教训的。

电信业过去有几个企业是很有意思的，一个就是小网通。中国的小网通刚成立的时候，跟现在的国家有些网络基本类似，他们也是搞宽带网，当时的目标是非常明确的，大家也看好它的发展，但是结果是什么呢？因为它本身没有那么多钱却要建成全国的大网而负债，最后被重组了。还有一个企业就是中国铁通，铁通的发展也很有意思，他们刚成立之初在大兴庞各庄搞了十期培训，他们的积极性非常高，其实铁通有非常好的人才，而且非常想在市场上大干一番事业，但是铁通也被寡头垄断了，也跟移动合并在一块了。所以，谈到寡头垄断，三网融合以后会不会也出现这样的情况，这个也值得关注。

如果朝寡头垄断方向发展，我认为应该相应的在监管方面有一些措施，在这些方面国外也有很多成功的经验。举一个简单的例子，比如英国一家公司，我们国内很多人不了解，拿韩国去比，说韩国市场份额达到多少，不准超过40%怎么怎么样，其实全球的发展是多种多样的，像英国的这家公司占了80%。是不是已经寡头垄断了？但是人家监管方面有很多措施，这值得我们借鉴。所以，寡头垄断不怕，寡头垄断只要能够推进三网融合的发展，只要能够惠及老百姓，在你损害老百姓利益的时候，我们有相应的一些监管办法限制你，就可以了。

主持人：就像您讲的，如果有一定的监管，加大监管力度，它对消费者的不利影响应该是可以降低的。那么，我们的消费者最关心的也是三网融合能否给自己带来实惠，三网融合以后我们又需要支付哪些费用，这可能是消费者最关心的问题，您能给我们介绍一下吗？

曾剑秋：三网融合的本质是惠及老百姓，我们现在家庭里面固定电话交一份钱，电视要交一份钱，宽带要交钱等，多笔钱在支付。三网融合简单描述一下，刚才我们所有交的钱加起来是500块钱，三网融合实行了以后，因为它提供的是融合产品，融合服务，你还是交500块钱，但是你享受到的服务或产品比现在要多很多，这是一方面。另一方面，国外的三网融合一般是方便消费者，对于消费者来说，他只要办一项业务，比方我就办有线电视，数字电视，IPTV，或者是包月宽带，所有的业务都可以办，只要交一份钱就够了，对于消费者来说，我们可以通过三网融合消费更多的产品或服务，同时，我认为资费会降低，这是很实实在在的事情。

主持人：您刚才谈到的这个问题，最终会涉及利益分配，可能消费者交一份钱享受到内容的服务和运营商的服务，这一份钱将来会被各大商家分配，他们如何分配呢？

曾剑秋：这是他们的事情，这个是市场行为。刚才我们讲到三网融合是政府搭平台，满足消费者，政府关心两头就行了，中间由市场决定，这个不要管它，我们现在在这些部分管的太多了。三网融合不是做慈善事业，一定要发挥市场的主导作用，要市场来决定。电视也是，我们前面讲到三网融合对于企业和行业来说，既是机会又是挑战，从电视的角度来看就是这样。年轻人基本上不看电视，看电视的都是老头、老太太和小孩，这是一个危机，大家一定要明白，试点城市也好，企业也好，一定要明白一个道理，年轻人现在不看电视，都上网，三网融合后怎么办？对于企业来说，非常重要的一点，你首先要有危机感，要看到它的挑战，你不要觉得三网融合来了，从广电角度来看，广电那些企业对三网融合特别有兴趣，他们搞数字电视，还要搞 IPTV，还要集中播放权，他很少考虑一个事情，你要做什么，到时候老百姓不买单你就赚不着钱。有一些地方 IPTV 很多企业自动退出，为什么？不赚钱，消费者不买单，所以，我们的企业在三网融合的背景下，不是考虑什么都拿着就行了，你得考虑能不能赚钱。如果不改变目前的这样一些模式，只是提供那么一点内容，或者把内容越限制越死，电视上看的是这个东西，手机上看的也是这个东西，最后大家会越来越远离你。所以，三网融合一定要考虑到挑战，你能为老百姓做什么，这是企业应该考虑的，如果做不了什么，而且在做的过程当中亏本，这就值得警惕。

电视是现在家电最主要的一个电器，我们现在的一些企业，比如 TCL，TCL 近期经常跟我联系说要搞互联网电视，发展智能电视，他们也很困惑到底怎么走。如果我们的电视型号不对，将来脱离了三网融合就卖不出去。同样的，节目内容也是这样的，我们搞集中播控，集中播控的目的是什么？需不需要非常严格的管制，像内容这块，我是主张开放的，因为很多内容除了涉及政治可以管制一下，其他内容一定要开放，内容这块，我认为中国需要法律。比方说在互联网上传播黄色内容，抓着你，法律上非常明确就会判刑，你一个企业如果涉黄，会罚你倾家荡产，还会去蹲监狱。三网融合在发展过程中，是惠及老百姓，你要了解老百姓要什么，不是说你想让老百姓看什么他就看什么，三网融合在发展过程中，一定要有一种开放的心态，开放的眼光，否则三网融合推进不下去，没有市场就会失败。

还有，要符合全球发展的大趋势，要了解老百姓现在到底需要什么，现在老百姓很聪明的，过去有个电视剧叫《刘罗锅》，老百姓是杆秤，现在，看电视的人越来越少，其实是对我们一种警告，我们对电视内容的监管要严格，更要考虑老百姓的需要。

主持人：刚才咱们也提到了互联网电视，应该说互联网电视是在三网融合进步过程中的一个亮点，在今年美国消费电子大会上，TCL、三星也都推出了自己的互联网电视，在国际上受到了很大的关注，您认为在三网融合当中，互联网电视最终会有一个什么样的发展？

曾剑秋：互联网电视或者叫智能电视，肯定有非常好的发展前景。把一个电视变成互联网电视其实很简单，比如国外也有了运动电视、休闲电视，手机还有运动手机，就是把运动型的软件镶在里面，这些不难。智能电视也好，互联网电视也好，现在难在什么地方呢？难在配比。互联网电视和智能电视到底采用什么样的标准，就跟手机电视一样，将来标准是非常重要的，又回到我前面讲的国家三网融合委员会，现在我们国家手机电视是很奇怪的，我们用的是行标，但是还有一个国标。像这些问题，作为国家三网融合委员会完全可以进行仲裁，来决定这两个标准合一，因为国标也好，行标也好，都有它的优点，可以很好地融合在一起，没有必要把标准弄成门槛，只是对一部分企业、一部分产业有利，从国家大的方面惠及老百姓，惠及整个国家产业的发展，对国家有利。

所以，我觉得在电视这块也是这样，现在电视企业比较模糊的地方就是到底把哪个标准搁进去。所以，我们国家在三融合的过程中，其实有很多互连互通的东西，怎么进行接口，采取什么样统一的协议，这些事情可以说时不我待，要很好地研究，而且需要一个机构去仲裁，投票决定。比如工信部、广电部都会相应提出自己的一些标准，这都是行业的标准，这些行业的标准如果三网融合的过程中统一到国家层面，这样就立足于比这个行业更高的层次，要有这么一个机构去做，而且这里面要有一些专家懂行，明白怎么回事。所以，我们电视机的一些厂家是终端，他不知道国家到底怎么走，技术方面也好，标准方面也好，要做很容易，所以我们国家在三网融合发展过程中，对于电视机和互联网这样的企业要给予更多的关注，让他及早地明白国家的产业政策是什么，国家想要确定的标准是什么，这样他就可以省很多时间。

主持人：也有利于转型。

曾剑秋：对。我们很多时候很少考虑企业的利益，企业都自己在摸索，这个从某种程度上来讲，是我们国家在发展过程中，特别是从信息大国向信息强国发展过程中忽略了，企业很受伤，都不知道怎么办，靠自己去摸索。所以，我们讲三网融合政府搭平台，你要把这个平台搭好了，让人家能够明白这个平台是什么样的，是透明的，而不是发几个文件操作起来的东西，让大家能够在这个平台上既能够申诉也能够提出要求，这样就构筑了一个和谐的三网融合发展的局面。

主持人：是不是可以这么说，就像我们的企业在做产品定位以及市场策略的时候，一切都要以消费者为主，基于消费者的喜好，同样我们国家在制定政策的时候，也应该对企业有一个正确的引导。

曾剑秋：应该有明确的东西，企业还可以申诉，比如国家三网融合委员会，这样是一个机制的创新。

主持人：今年有很多厂家停产了大尺寸非互联网电视，这可能就是企业转型的一个开始。而关于互联网电视的宣传也一直没有停止，比如在北京的地铁广告里就可以看到很多有关TCL互联网电视的广告，预计2010年平板电视中有超过30%的产品可能具备了网络功能，互联网电视终端这部分的市场规模据统计有望突破300亿元大关，您怎么看待未来的市场？

曾剑秋：300亿元大关，我怀疑这个数字是怎么计算出来的，怎么不是301亿，我觉得这些数字是需要推敲和研究的。整体来讲，我们刚才已经谈到，我也注意到有一些平板电视不生产了，有的可能是研究觉得这个市场没有前途了，但是我觉得可能有些企业搞不清楚，到底三网融合了以后这个电视还有没有生产的前途。从电视机的发展来看，无论从黑白电视到彩电，还是后来的平板电视，它是一个演进的过程，或者叫S曲线，在这样一个路径过程中，其实在相当长的一段时间内，比如平板电视还是有市场的，但是现在有些企业就停下来了，有可能导致将来平板电视涨价。

所以，我觉得作为企业来说应该很好的利用一些市场分享的工具，比如S曲线等东西，去研究替代的过程，因为替代是一个逐渐的过程，而不是一下就消失掉了。然后来制定企业的发展战略，如果你原来生产的好好得平板电视，平板电视的市场还是非常大的，英国很多家里的电视机都不如中国家庭里的电视机，我有一位英国的朋友，他的电视还是30英寸的彩电，他觉得中国家庭的电视非常先进。当然在国外，好多留学生捡一个电视的情况也有。电视，包括平板电视的市场，我觉得还不到衰落期，我们在三网融合的过程中，虽然有互联网电视、智能电视，但是从目前来看，概念炒作更多一些，真正要实现它还需要一个过程，而且要很好地研究，未来的规划是需要我们企业研究的。

主持人：说到互联网电视就和内容密不可分，2010年广电总局办互联网电视运营和内容牌照以后，国内的创维、海信等积极同内容服务商合作，是否说三网融合正在为新媒体的发展铺垫一条道路？

曾剑秋：新媒体的发展可能是一个方向，三网融合我们做过一个研究，分成四个阶段：第一个阶段是20世纪70年代，当时把印刷、广播电视、计算机放在一块，这是最早的三网融合。80年代，电信网、计算机网和广播网。90年代末也取得了非常大的成就。但是电信业的发展成就更大，特别是无线技术的发展，特别是手机。到了90年代，三网融合变成电信网、广电网和互联网，互联网取代了计算机网，21世纪初我们提出新三网融合，即电信网、广电网和互联网，就是我们讲的新媒体的发展，所以新媒体的发展将来一定会和计算机等融合在一起。在这个发展过程当中，内容这一块还是非常重要的，没有内容，我们三网融合弄好了，等于有了高速公路，路上没有车。

所以，我觉得在三网融合的发展过程当中，内容是非常重要的，内容要靠什么呢？要靠我们自身有一种机制去激励和推进内容的发展，也就是说有很多做内容的企业要做起来。包括互联网也是这样的，像一些网站也做视频，做视频不要把它限制得太死了，未来网络的发展实际上是方便消费者随时随地都可以享受网络的服务，自己做一个东西放到网络上去，这样的机制其实是阻挡不了的，大家的发展是多种多样的。但是内容的发展是要有一定底线的，要有相应的法律法规监管，自己做的视频放到网上，责任你要承担，现在是什么呢？我到网上放一个视频，匿名的去说一个事情，这是不负责任的，是非常危险的。所以，三网融合也好，内容的发展也好，问题是监管缺失，没有规矩。

主持人：三网融合也给我们的消费者带来了更多的乐趣，从开始的看电视，用电视，到现在的玩电视，您怎么看待这个变化？您怎么看待三网融合给彩电厂商提出的一些新的要求？

曾剑秋：我个人觉得三网融合的发展对于彩电的厂家来说，绝对是要去研究的，研究什么呢？第一要研究国家相应的产业政策怎么走，三网融合首先要考虑给消费者带来好处，我们企业要想方设法研究消费者的兴趣、爱好。

第二，也可以借鉴国外的经验，日本有一些智能电视做得非常好，当然彩电厂家，将来三网融合可能要融合在一起，所以在发展过程中，要去寻求三网融合价值链未来可能朝什么方向发展。首先我们的企业要生存下来，这些都需要研究的，未来的厂家是在一个价值网上，而不是现在的终端生产部门。

第三，三网融合是惠及老百姓的，作为终端的厂家，我们未来要考虑消费者的需求，其实需求是要靠拉动的，用电视打电话是非常有市场的，以前过年发短信拜年，现在有了3G，手机视频拜年，设想一下你客厅里有一个60英寸的电视，过年回不了家，你可以通过电视打电话，就跟在一起一样，当然这只是一个产品，还有很多消费者有需求的，可以通过市场的细分和分层来研究消费者的需求，来考虑消费者既有个性化，也有多层次的市场需求的情况。

主持人：您的观点中提到了很多企业在产品定位以及制定市场策略的时候应该注意的一些问题，也希望我们的企业可以参考曾老师的观点，为消费者带来更多更好的产品，推进国家的三网融合，其实最终是希望消费者能得到更多的益处。那么，今天的访谈到这儿就要结束了，也感谢曾老师今天为我们带来这些精彩的观点。

3. 三网融合国际启示

（作者：曾剑秋　　来源：人民日报　2010－01－26　07：36：59）

备受关注的中国三网融合，在2010年年初首度明确“时间表”。1月13日，国务院总理温家宝在国务院常务会议上指出，目前中国已基本具备进一步开展三网融合的技术条件、网络基础和市场空间，加快推进三网融合已进入关键时期。由此，了解国际上三网融合的情况，既是大势所趋，也成为大势所“求”。

20世纪90年代以来，发达国家相继解除了电信企业与广电企业相互进入限制，基本实现电信网、互联网和广电网的三网融合。近年来，随着光接入成本下降带来的“光进铜退”和数字电视技术逐渐取代模拟技术，三网融合市场再次出现了高速增长的势头。2009年年初至今，英国使用数字电视的家庭已经接近50%，并以每周3万户的速度增长，电信宽带和有线电视宽带网络已经覆盖全英国80%的家庭和企业。手机电视、IPTV等新业务层出不穷，资费大幅降低，消费者的信息需求迅速被市场感知、满足，成为三网融合的最大受益者。同时，三网融合衍生的市场机会创造了大量就业，新技术迅速扩散到其他产业，推动了整个社会的信息化进程。

欧美电信企业和广电企业分别依托各自的核心竞争力在三网融合市场上展开竞争。电信运营商具有提供电信服务和Internet接入服务的丰富经验，一直处于信息技术产业的前端，与众多IT公司合作关系密切。伴随移动通信的发展，电信运营商能够提供时间和空间上无缝信息服务，这些因素构成了在融合市场中的核心竞争力。另外，随着DTV（数字电视）技术的进步，以有线电视公司为代表的广电企业以DTV切入电信服务领域。近两年，DTV在欧洲已经覆盖60%的家庭，DTV网络能够同时提供语音和高速Internet接入服务，欧洲的广电企业在提供三网融合业务方面出现了超越传统电信运营商的势态。

除了技术因素，三网融合的迅速发展还得益于其监管政策。发达国家的三网融合在政策法规上主要体现为融合立法和成立融合监管部门：通过融合立法取消原来的政策性产业壁垒，打破垄断，引入竞争；在原有监管部门的基础上成立融合监管部门，提高监管效率；为适应新的情况，确定依法监管、最低程度干预和以行业自律为主的监管原则，着重保护未成年人和个人隐私。

在中国，三网融合由于多年来的政策、监管和行业隔阂等原因，导致手机电视、IPTV 等技术创新和市场等发展不理想。作为国家信息化发展战略的重点，三网融合要遵循客观规律，在借鉴国外成功经验的同时，立足于国情，以促进市场竞争和创新为目的，加快融合立法和建立完善的融合监管机制。三网融合不仅仅是打破垄断，更需要的是电信、广电两部门摒弃门户之见和利益之争，在技术标准、产业政策、融合监管等方面通力合作，以切实让消费者受益、做大做强国内三网融合市场和提升相关产业的国际竞争力为共同目标。

参考文献

[1] C. E. Shannon. *A Mathematical Theory of Communication* [J]. Bell System Technical Journal, 1948, 27 (7): 379 -423.

[2] Norbert Wiener. *Cybernetics or Control and Communication in the Animal and the Machine* [M]. Paris: The Technology Press, 1948.

[3] Dusenbery, David B. *How Organisms Acquire and Respond to Infornation* [J]. Sensory Ecology, 1992.

[4] Stewart, Thomas. *Wealth of Knowledge* [M]. New York: Doubleday, 2001, (379).

[5] Bekenstein, Jacob D. *Information in the holographic universe* [J]. Scientific A-merican, 2003, (8).

[6] Anthony Willis. *Corporate Governance and Management of Information and Records* [J]. Records Management Journal, 2005, 15 (2): 86 -97.

[7] Beynon Davies P. *Information Systems: An Introduction to Informatics in Organizations* [M]. Basing stoke: Palgrave Macmillow, 2002.

[8] Beynon Davies P. *Business Information Systems* [M]. Basing stoke: Palgrave Macinillam, 2009.

[9] 朱月明，潘一山，孙可明. 关于信息定义的讨论 [J]. 辽宁工程技术大学学校（社会科学版），2003，5（3）：5 -6.

[10] Machlup F.. *The Production and Distribution of Knowledge in the United States* [M]. N. J.: Princeton University Press, 1962.

[11] Porat M. U.. *The Information Economy: Definition and Measurement of Telecommunications.* [M]. Washington D. C.: U. S. Dept. of Commerce, 1977.

[12] 宋克振，张凯等. 信息管理导论 [M]. 北京：清华大学出版社，2005：128 -129.

[13] *Final Evaluation of the INFO* 2000 *Programme* [EB]. http: //europa. eu. int/comm/information - society/evaluation/pdf/report/info 2000. en. pdf

[14] 徐拥军，李军波. 发展信息内容产业的意义与对策 [J]. 科技管理研究，

2006，(11)：184 - 185.

[15] 贺德方. 中外信息内容产业的对比分析 [J]. 中国软科学，2005，(11)：31 - 38.

[16] Negroponte，*Nicholas. Recent Advances in Sketch Recognition* [J]. Proceedings of the National Computer Conference，1973，(6)：3.

[17] Ron Ashkenas. *Creating the Boundaryless Organization* [J]. Business Horizons，1999，42 (5)：5 - 10.

[18] 吴广谋，盛昭瀚. 企业的模糊动态边界与企业集团 [J]. 管理科学学报，2001，(3)：9 - 13.

[19] 周振华. 产业融合：新产业革命的历史性标志——兼析电信、广播电视和出版三大产业融合案例 [J]. 产业经济研究，2003，(1)：1 - 10.

[20] Yoffie，David. *Competing in the Age of Digital Convergence* [M]. Boston，MA：Harvard Business School Press，1997.

[21] Greenstein，Khanna. *What Does Industry Convergence Mean?* in Yoffie，David (Ed.). *Competing in the Age of Digital Convergence* [M]. Boston，MA：Harvard Business School Press，1997：201 - 225.

[22] ONO R，AOKI K. *Convergence and New Regulation Frameworks：a Comparative Study of Regulatory App Roaches to Internet Telephone* [J]. Telecommunication，1998，22 (10)：817 - 838.

[23] 植草益. 信息通讯业的产业融合 [J]. 中国工业经济，2001，(2).

[24] Stieglitz，Nils. *Digital Dynamics and Types of Industry Convergence - The Evolution of the Handheld Computers Market*. In Jens Froslev Christensen，Peter Maskeu (ed.). The Industrial Dynamics of the New Digital Economy [M]. London：Edward Elgar Publishing Limited，2003：179 - 208.

[25] Lind. *Ubiquitous Convergence：Market Redefinitions Generated by Technological Change and the Industry Life Cycle* [R]. New York：Paper for the DRUID Academy Conference，2005

[26] Evans. D，Schmalensee. *The Industrial Organization of Markets with Two - sided Platforms* [J]. Competition Policy International，2007，3 (1)：150 - 179.

[27] Eisenmann，T. Parker，Alstyne. *Platform Envelopment* [EB/OL]. Harvard Business School Working Paper，2007.

[28] 马健. 产业融合理论研究评述 [J]. 经济学动态，2002 (5)：78 - 81.

[29] *Technology Acquisition Through Convergence: the Role of Dynamic Capabilities*. [R] Vienna, 14th International Conference on Management of Technology, May 22 - 26, 2005.

[30] 厉无畏，王慧敏. 国际产业发展的二大趋势分析 [J]. 学术季刊，2002，(2)：53 - 60.

[31] 何立胜、李世新. 产业融合与产业变革 [J]. 中州学刊，(6)：59 - 62.

[32] 韦乐平. 融合唱响电信业主旋律 [N]. 人民邮电报，2006，12 (8).

[33] *Global information Infrastructure terminology: Terms and definitions*. ITU - TY. l0l 2000，03.

[34] 周钦清，吴洪. 通信的传媒属性 [J]. 通信管理与技术，2006，(5).

[35] C. E. Shamon. *A Mathematical Theory of Cormmtiocxbis* [J]. Bell System Technical Founal，1948，27 (10)：623 - 656 .

[36] 曾剑秋. 网络融合是一个融合的过程 [J]. 中国新通信，2008，(10).

[37] 曾剑秋. U 信息化与电信改革 [J]. 中国数字电视，2008，(4).

[38] 李晶. 传讯的交换网向基于软交换的下一代网络的演进 [J]. 商品与质量，2010，(5).

[39] 杨艳松，吴伟平. 从运营角度看 IMS 的技术发展 [J]. 邮电设计技术，2006，(9).

[40] 郑俊辉，周绪光. 下一代网络——NGN [N]. 西南民族大学学报（自然科学版），2006，(10)：37.

[41] 彭小平. 第一代到第五代移动通信的演进 [J]. 中国新通信，2007，(4).

[42] 鲜继清，张德民. 现代通信系统 [M]. 西安：西安电子科技大学出版社，2003.

[43] 纪越峰. 现代通信技术 [M]. 北京：北京邮电大学出版社，2004.

[44] 邵隽，陈文正，郑瑾. 双向 HFC 网络 MAC 层协议的原理与实现 [N]. 杭州电子工业学院学报，2000，(6).

[45] 徐振媛. CMMB 体系架构及技术特点 [J]. 内蒙古广播与电视技术，2007，(27).

[46] 陈康，郑伟民. 云计算. 系统实例与研究现状 [N]. 软件学报，2009，(5).

[47] 徐贵宝. 我国 IPTV 发展现状与走势分析 [J]. 通信世界，2005，(34).

[48] 张武德. VoIP 建设四个问题的探证 [J]. 华南金融电脑，2007.

[49] 肖建华，张平．移动通信网络的演进 [J]．现代电信科技，2002，(10)．
[50] 程靖尧．物联网的基本概念及对电信运营商的影响 [J]．科技信息，2010．
[51] 侯自强．方兴未艾的物联网 [J]．电信工程技术与标准化，2009，(12)．
[52] 宋向东．宽带 + IPTV + VoIP 加速美国三网融合 [EB/OL]．通信世界周刊，2010 - 2 - 1．
[53] 陈燕芳．下一代网络技术分析与发展展望 [J]．应用科学，2009，(5)．
[54] 张园，赵慧玲．全业务环境下核心网演进趋势分析 [J]．电信科学，2009，(10)．
[55] 边锋．网络安全融合之道 [J]．中国计算机用户，2007，(38)．
[56] 黄浩．三网融合信息化的提速，新政重构产业链 [J]．中国信息化，2010，(4)．
[57] Clark J. M.. Toward a concept of workable competition [J]. American Economic Review，1940，30：241 - 256.
[58] 罗小布．国家利益："三网融合"十大关键词 [J]．中国数字电视，2010，(1)．
[59] 宋新宁，陈岳．国际政治学概论 [M]．北京：中国人民大学出版社，2000．
[60] 孙盘兴．经济竞争学 [M]．北京：中国城市出版社，1991．
[61] 吴洪，黄秀清，苑春荟．通信经济学 [M]．北京：北京邮电大学出版社，2008，(279)．
[62] 陈肇雄．全面提升我国电子信息产业可持续发展 [J]．中国电子报，2007．
[63] 诸葛维．互联网电视发展的十大焦点问题 [J]．中国 IPTV 产业动态，2010，(7)：42 - 43．
[64] 武佳．国力中的国家信息安全 [EB/OL]．互联网周刊，2009 - 10 - 5．
[65] 玲村兴太郎．日本的产业政策 [M]．北京：经济管理出版社，2000．
[66] 下河边淳，管家茂．现代日本经济事典 [M]．北京：中国社会科学出版社，1982，(192)．
[67] 小宫隆太郎．日本的产业政策 [M]．北京：国际文化出版公司，1988，(5)．
[68] 杨治．产业经济学 [M]．北京：中国人民大学出版社，1984，(5)．
[69] 苏东水．产业经济学 [M]．北京：高等教育出版社，2001．

[70] 吴鸣. 公共政策的经济学分析 [M]. 长沙：湖南人民出版社，2004.
[71] 胡春民. 推进三网融合述评之一：网络建设需要统筹规划 [M]. 中国电子报，2010.
[72] 张馊颢. 三网融合的政策研究 [D]. 上海：上海交通大学，2007：
[73] 张鸿，张超. 电信产业链整合模式探析 [J]. 西安邮电学院学报，2007，12，(4).
[74] 唐守廉，郑丽，王江磊. 电信产业价值链的演变和价值网络 [J]. 电信科学，2003，(9).
[75] 张鸿，韩黛娜，李娟. 电信产业价值链演变路径研究 [J]. 财经论丛，2008，(1).
[76] 王军，赵英才. 电信业价值链及其增值研究 [J]. 改革与战略，2009，(8).
[77] 刘贵梅. 上海文广制播分离对广播电视业的影响 [J]. 今日科苑，2010，(8).
[78] 马天元，江潇. "台网分离"与广电有线网络的发展 [J]. 中国记者，2001，(8).
[79] 胥悦红，崔天志. 培育和壮大创意产业链的新视角——三网融合 [J]. 现代管理科学，2010，(8).
[80] 张卫. IPTV 的商业模式和产业发展趋势分析 [J]. 中国有线电视，2009，(3).
[81] 马凌，潘伟静. 产业融合视角下交互式电视产业链发展策略研究 [J]. 改革与战略，2010，(4).
[82] 徐俭. IPTV 产业链的发展策略探讨 [J]. 数字通信世界，2007，(3).
[83] 刘芳. 解析我国数字电视产业链及其困境 [J]. 山东视听，2005，(5).
[84] 刘冰. 谈谈我国数字电视产业链建设 [J]. 农村、农业、农民，2009，(6).
[85] 罗菊. 新形势下三网融合的发展策略 [J]. 数字通信，2010，(4).
[86] 魏凯. 面向三网融合的互联网电视关键技术与发展趋势 [J]. 电信网技术，2010，(9)：42－45.
[87] 杨雪峰. 三网融合给有线电视网络带来的机遇及挑战 [J]. 广播与电视技术，2010，(2)：50－52.
[88] 黄理俊. "三网融合"下广电运行模式的思考 [J]. 广播与电视技术，2010，(2)：46－49.

[89] 乔波，李健. 直面“三网融合”——未来广电行业发展的思索 [J]. 有线电视技术，2010，(8)：74－75.

[90] 林毅. “三网融合”背景下广电网络发展之道 [J]. 广播电视信息报，2010，(7)：23－25.

[91] 郑煊，丁颐. 实现三网融合的技术对策 [J]. 有线电视技术，2010，(8)：76－79.

[92] W. K Viscusi，J. M . Vernon，J. E. Harrington. *Economic of Regiclation and Antitrust* [M]，Cambridge：The MITPress，1995，(295).

[93] 丹尼尔·F·史普博. 管制与市场 [M]. 上海：上海人民出版社，1999，(45).

[94] 植草益. 微观规制经济学 [M]. 北京：中国发展出版社，1992：1－2.

[95] 张文春. 管理经济学理论与实践 20 年的发展演变 [J]. 财经问题研究，2004，(3).

[96] 唐守廉. 电信管制 [M]. 北京：北京邮电大学出版社，2001：59－65.

[97] 王俊豪. 中国政府规制体制研究 [M]. 北京：经济科学出版社，1999.

[98] 对广播电视行业政府规制改革的思考. 华为技术，2005，(1004).

[99] 忻展红等. 现代信息经济与产业规制 [M]. 北京：北京邮电大学出版社，2008，(157).

[100] 钟瑛，刘瑛. 中国互联网管理与体制创新 [M]. 广州：南方日报出版社，2006.

[101] 张永伟. 电子空间的发展与规制 [J]. 行政法论丛，2001，(4)：473 .

[102] 钱蔚. 政治、市场与电视制度 [M]. 郑州：河南人民出版社，2002：59－60.

[103] 严三九. 论网络内容的管理 [J]. 广州大学学报社会科学版，2002，(5).

[104] 黄建华，张春燕. 三网融合的利益冲突机制 [J]. 中国市场，2008，(44)：148－149.

[105] 胡丹. 浅谈三网融合的法律规制 [J]. 北京邮电大学学报（科学社会版），2009，(4).

[106] 朱金周. 国际上三网融合的监管体制和政策及对我国的启示 [J]. 电信软科学研究，2001，(11).

[107] 闫志刚. 浅谈网络信息安全 [J]. 硅谷，2010，(18).

[108] 郝文江，马晓明. 三网融合背景下信息安全问题与保障体系研究 [J].

信息网络安全，2010，(9).

[109] 唐亮. 三网融合下的安全威胁与挑战（二）[EB/OL]. 中国互联网发展研究报告，2010 - 7 - 14：

[110] 张瑞芝. 广电行业信息安全等级保护工作探究 [J]. 信息、网络安全，2010，(9).

[111] 魏亮. 网络与信息安全策略的研究 [J]. 电信科学，2007，(1).

[112] 方滨兴. 从国家信息安全保障体系视角谈信息安全 [R]. 北京：中共中央党校，2010.

后 记

本书的出版首先要感谢国家社科基金为方滨兴院士、曾剑秋教授提供了一个关于三网融合的特别委托研究课题，同时要感谢原信息产业部吴基传部长为本书作序。本书以北京邮电大学三网融合研究所为基地，融合了国家社科基金项目、教育部科技委重大项目、工业和信息化部项目以及广东移动支撑的产学研三网融合项目等的研究成果，成员主要包括曾剑秋、方滨兴、李国斌、周晔、李欲晓、李挺、王应波、张静、沈孟如、陆天波、张剑、罗枫、谢晓芳、张春陶、雷俊、张群、杨萌柯、刘雪姣、王鹏、陈理、樊海岚。本书有独特的观点与视角，同时也学习、借鉴了国内外其他专家的观点、成果和参考了大量的文献、资料并注明来源，难免疏漏，北京邮电大学三网融合研究所将承担未尽事宜之责。感谢北京邮电大学出版社代根兴社长与同仁在我国三网融合的元年出版本书，希望本书起到抛砖引玉的作用。

内容简介

本书作为国家社会科学基金特别委托项目的成果之一，是目前国内正式出版的专门研究三网融合的著作。

全书共分七章，涉及三网融合多个层面，包括三网融合的理论、技术演进、战略定位、产业政策、体制与监管、实验模式、业务发展和信息安全建设等。本书立足于社会关注的焦点，以翔实的资料、数据、案例研究与深度分析，权威解读三网融合政策走向、发展趋势以及对广大民众生活产生的影响。

本书可供三网融合产业链上的战略制定者、经营管理者、研究人员、政府相关部门参阅，也可作为高校研究生和本科生的教学参考书，亦适合所有关注三网融合的人们阅读。

图书在版编目（CIP）数据

网和天下：三网融合理论、实验与信息安全／曾剑秋，方滨兴编著. —北京：北京邮电大学出版社，2010. 12

ISBN 978-7-5635-2504-1

Ⅰ. ①网… Ⅱ. ①曾…②方… Ⅲ. ①信息产业—经济发展—研究—中国 Ⅳ. ①F49

中国版本图书馆 CIP 数据核字（2010）第 235666 号

书　　名：网合天下——三网融合理论、实验与信息安全
作　　者：曾剑秋　方滨兴
责任编辑：满志文　姚　顺
出版发行：北京邮电大学出版社
社　　址：北京市海淀区西土城路 10 号（邮编：100876）
发 行 部：电话：010-62282185　传真：010-62283578
E-mail：publish@bupt.edu.cn
经　　销：各地新华书店
印　　刷：北京忠信诚胶印厂
开　　本：787mm×1092mm　1/16
印　　张：19.5
字　　数：346 千字
版　　次：2010 年 12 月第 1 版　2010 年 12 月第 1 次印刷

ISBN 978-7-5635-2504-1　　定价：38.00 元

·如有印装质量问题，请与北京邮电大学出版社发行部联系·